21 世纪高等职业教育计算机技术规划教材

21 ShiJi GaoDeng ZhiYe JiaoYu JiSuanJi JiShu GuiHua JiaoCai

计算机基础及
MS Office 应用教程
（项目式）

FUNDAMENTALS OF COMPUTER &
MS OFFICE APPLICATION

王韦伟 主编

钱政 副主编

王大灵 蔡瑞瑞 王锦 参编

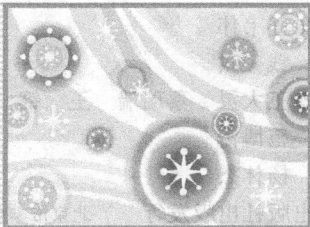

人民邮电出版社

北 京

图书在版编目（CIP）数据

计算机基础及MS Office应用教程：项目式 / 王韦
伟主编. -- 北京：人民邮电出版社，2015.9（2020.9重印）
21世纪高等职业教育计算机技术规划教材
ISBN 978-7-115-39575-7

Ⅰ.①计… Ⅱ.①王… Ⅲ.①电子计算机－高等职业
教育－教材②办公自动化－应用软件－高等职业教育－教
材 Ⅳ.①TP3

中国版本图书馆CIP数据核字(2015)第186862号

内 容 提 要

本书内容以当前主流操作系统 Windows 7 及办公应用软件 Office 2010 为基础，由 10 个项目构成，分别为计算机基础知识、Windows 操作和应用、Word 文档基本编排与表格操作、Word 图文混排与邮件合并、Word 长文档编排、Excel 数据输入与格式设置、Excel 数据编辑与运算统计操作、Excel 数据管理的应用、PowerPoint 制作演示文稿和网络基础及信息安全。

本书可作为高职高专院校计算机教育公共基础课程教材，也可供初学者入门学习使用。

◆ 主　　编　王韦伟
　　副主编　钱　政
　　参　　编　王大灵　蔡瑞瑞　王　锦
　　责任编辑　范博涛
　　责任印制　杨林杰

◆ 人民邮电出版社出版发行　　北京市丰台区成寿寺路 11 号
　　邮编　100164　电子邮件　315@ptpress.com.cn
　　网址　http://www.ptpress.com.cn
　　涿州市京南印刷厂印刷

◆ 开本：787×1092　1/16
　　印张：17.5　　　　　　2015 年 9 月第 1 版
　　字数：448 千字　　　　2020 年 9 月河北第 7 次印刷

定价：42.00 元

读者服务热线：(010)81055256　印装质量热线：(010)81055316
反盗版热线：(010)81055315

前言

本书充分考虑到全国高等学校计算机水平考试及计算机等级考试的实际需求，内容覆盖一级教学（考试）大纲要求，采用项目化教学模式，引领教学内容，强调理论与实践相结合，突出对学生基本技能、实际操作能力及职业能力的培养。本书基于工作岗位进行内容设计，采用的所有教学项目均来源于生活和工作中的实际任务，教学内容组织逻辑为：明确任务要求，提出解决方案并进行技术分析，完成实现步骤，进行项目总结，展开拓展训练。考虑到大多数学生都不同程度地接触过计算机，希望能进一步深入、系统地了解计算机的相关知识，因此本书在内容上确保基础与提高兼顾，理论与实用结合。

本书由安徽电子信息职业技术学院王韦伟任主编，钱政任副主编，王大灵、蔡瑞瑞、王锦任参编。

编者

2015 年 7 月

目　录 CONTENTS

2

项目一
计算机基础知识

学习目标

随着社会的发展和进步，计算工具经历了从简单到复杂、从低级到高级的发展过程，出现过诸如绳结、算盘、计算尺、手摇机械计算机等多种计算工具。它们在不同的历史时期发挥着不同的作用，而且也孕育了电子计算机的设计思想。

通过计算机基础知识的介绍，目的是让读者了解计算机的发展和应用、信息的表示与常用数制之间的转换、计算机工作原理及系统的组成、数据库、多媒体等相关知识。

通过本案例的学习，能够掌握以下计算机等级考试及计算机水平考试知识点。

知识目标

- 计算机的特点、分类和发展。
- 计算机系统基本结构及工作原理。
- 微型计算机系统的硬件组成及各部分的功能、性能指标。
- 计算机信息编码、数制及其转换。
- 计算机系统软件、应用软件、程序设计语言。
- 计算机传统应用及现代应用。

技能目标

- 能进行计算机中数制之间的转换。
- 理解数据库及数据库管理系统的概念。
- 了解多媒体技术的基础知识。
- 了解电子商务、电子政务等基础知识。
- 了解物联网及应用。
- 了解云计算、大数据和计算思维。

1.1 任务要求

小卢作为某大学大一计算机应用专业的新生，他对计算机的了解仅仅是会上上网，玩一些小游戏，为了更好地学习专业课程，他需要对计算机进行系统的了解和学习。

1.2 解决方案

1. 了解计算机的发展史、特点、应用领域，掌握计算机中数制的概念，以及进制之间的转换。

2. 掌握计算机的工作原理以及系统的组成，掌握计算机软件系统，理解数据库及数据库管理系统的概念。

3. 了解多媒体技术的基础知识、电子商务、电子政务、物联网及应用以及云计算、大数据和计算思维等基础知识。

1.3 基本概念

1.3.1 计算机的发展与应用

进入 21 世纪以来，计算机的发展非常迅速，其已经渗透到科学技术、国防事业、国民经济、工农业生产以及社会生活等各个领域，改变了人们的工作、学习以及生活的方方面面，成为目前信息社会不可缺少的一部分。

1. 计算机的产生

1946 年 2 月，世界上第一台通用的电子计算机——电子数字积分计算机（Electronic Numerical Integrator And Computer，ENIAC）在美国宾夕法尼亚大学由教授约翰·莫克利（John Mauchly）和他的研究生埃克特（John Presper Eckert）研制成功，ENIAC 共用了 18000 多个电子管组成，占地 170 平方米，总重量为 30 吨，耗电 150 千瓦，它的运算速度达到每秒能进行 5000 次加法、300 次乘法，主要用于计算弹道轨迹及氢弹的研制，如图 1-1 所示。

图 1-1 历史上第一台计算机 ENIAC

在 ENIAC 研制过程中，美籍匈牙利人冯·诺依曼（John von Neumann）发表了一个全新的"存储程序通用电子计算机方案"，即 EDVAC（Electronic Discrete Variable Automatic Computer），报告广泛而具体地介绍了制造电子计算机和程序设计的新思想。这份报告是计算机发展史上一个划时代的文献，它向世界宣告：电子计算机的时代开始了。EDVAC 方案明确了新机器由 5 个部分组成，包括：运算器、逻辑控制装置、存储器、输入和输出设备，并描述了这 5 部分的职能和相互关系。报告中，冯·诺依曼对 EDVAC 中的两大设计思想做了进一步的论证，为计算机的设计树立了一座里程碑。

（1）计算机中采用二进制。在计算机内，程序和数据均采用二进制代码表示。

（2）存储程序控制。程序和数据存放在存储器中，计算机执行程序时，能自动运行，并得到预期的结果。

冯·诺依曼被称为"计算机之父"，他的这些理论的提出，解决了计算机的运算自动化的问题和速度配合问题，对后来计算机的发展起到了决定性的作用。现在使用的计算机，还是采用冯·诺依曼方式工作的。

根据冯诺依曼的原理，计算机是一种在存储的指令集控制下，接受输入、存储数据、处理数据并产生输出的电子设备。

2. 计算机发展的几个阶段

从第一台计算机问世到现在已有 60 多年的时间，在这个过程中，科学技术的进步推动了计算机的快速发展，计算机的功能越来越强，体积越来越小，体格越来越低，应用范围越来越广。按其所采用的电子元器件来划分（电子元器件如图 1-2、图 1-3、图 1-4 所示），计算机的发展已经历了如表 1-1 所示的 4 个阶段。

图 1-2　电子管

图 1-3　晶体管

图 1-4　集成电路

表 1-1　计算机发展的 4 个阶段

代次	起止年份	采用的电子元器件	数据处理方式	运算速度	应用领域
第一代	1946-1958	电子管	机器语言	几千~几万次/秒	军事、科学研究
第二代	1959-1964	晶体管	高级语言	几万~几十万次/秒	工程设计、数据处理
第三代	1965-1971	中、小规模集成电路	操作系统应用、高级语言	几十万~几百万次/秒	工业控制、文字处理
第四代	1971 年至今	大规模、超大规模集成电路	分时、实时数据处理、计算机网络	几百万~上亿条指令/秒	工业、生活等各方面

从 1970 年开始，许多国家开始研制第五代智能计算机，这一代计算机将把信息存储、采集、处理、通信和人工智能密切结合在一起，能理解自然语言、声音、文字和图像，并具有形式推理、联想、学习和解释能力。它的系统结构将突破传统的冯·诺依曼计算机的思想，实现高度的并行处理。

3. 我国计算机的发展

1958 年 8 月，我国第一台电子管计算机 103 机诞生，速度为 2000 次每秒。

1959 年第一台大型通用电子计算机（104 机）研制完成，其速度为 10000 次每秒。

1965 年，我国成功研制了第一台大型晶体管计算机（109 乙机），对 109 乙机加以改进，两年后又推出 109 丙机，为用户运行了 15 年，有效算题时间 10 万小时以上，在我国两弹试验中发挥了重要作用，被用户誉为"功勋机"。

我国到 1970 年初期才陆续推出大、中、小型采用集成电路的计算机。

1983 年，国防科技大学研制出银河–I 亿次巨型计算机，它是我国高速计算机研制的一个重要里程碑。

1992 年，国防科大研究成功银河–II 通用并行巨型机，峰值速度达每秒 4 亿次浮点运算（相当于每秒 10 亿次基本运算操作）。

1997—1999 年，曙光公司先后在市场上推出具有机群结构的曙光 1000A、曙光 2000–I、曙光 2000–II 超级服务器，峰值计算速度已突破每秒 1000 亿次浮点运算，机器规模已超过 160 个处理机，2000 年推出每秒浮点运算速度 3000 亿次的曙光 3000 超级服务器。

2001 年，中科院计算机所研制成功我国第一款通用 CPU——"龙芯"，2002 年曙光公司推出完全自主知识产权的"龙腾"服务器。

2004 年，由中科院计算所、曙光公司、上海超级计算中心三方共同研发制造的曙光 4000A 实现了每秒 10 万亿次运算速度。

2008 年，曙光 5000A 实现峰值速度 230 万亿次、Linpack 值 180 万亿次，适用于各个领域的大规模科学工程计算、商务计算，还可以作为各种数据中心、云计算中心的支撑平台。

2010 年 9 月，我国首台国产千万亿次超级计算机——"天河一号"的 13 排计算机柜全部安装到位，从 9 月开始进行系统调试与测试，并分步提交用户使用。

2013 年 6 月 17 日，我国超级计算机运算速度重返世界之巅。国际 TOP500 组织公布了最新全球超级计算机 500 强排行榜榜单，中国国防科学技术大学研制的"天河二号"以每秒 33.86 千万亿次的浮点运算速度成为全球最快的超级计算机。

2014 年 6 月 23 日，国际 TOP500 组织公布了最新的全球超级计算机 500 强排行榜，中国的"天河二号"超级计算机以比第二名美国"泰坦"超级计算机快近一倍的速度，连续第三次获得冠军。

4. 计算机的发展趋势

当前计算机的发展趋势是向微型化、巨型化、网络化和智能化方向发展。

（1）微型化

20 世纪 70 年代以来，由于大规模和超大规模集成电路的飞速发展，微处理器芯片的集成度越来越高，计算机的元器件越来越小，使得计算机的计算速度快，功能强，体积小，价格低，加上丰富的软件和外部设备，操作简单，微型计算机很快普及到社会各个领域并走进了千家万户，其中笔记本型、掌上型等微型计算机必将以更优的性能价格比受到人们的欢迎。

（2）巨型化

巨型化是指计算机的运算速度更快，存储容量更大，功能更强。目前正在研制的巨型计算机运算速度可达每秒百亿次，甚至更高。巨型计算机主要用于尖端科学技术、军事国防系统、气象等领域的研究开发。巨型计算机的发展集中体现了计算机科学技术的发展水平。

（3）网络化

网络化是指利用通信技术和计算机技术，把分布在不同地点的计算机互联起来，按照网络协议相互通信，以达到所有用户都可共享软件、硬件和数据资源的目的。现在，计算机网络在交通、金融、企业管理、教育、邮电、商业等各行各业中得到广泛的应用。

（4）智能化

智能化就是要求计算机能模拟人的感觉和思维能力，也是第五代计算机要实现的目标。智能化的研究领域很多，其中最有代表性的领域是专家系统和机器人。智能化是未来计算机发展的总趋势，将会代替人类某些方面的脑力劳动。

5. 计算机的应用

计算机的应用领域已渗透到社会的各行各业，正在改变着人们传统的工作、学习和生活方式，推动着社会的发展。计算机的主要应用领域如下。

（1）科学计算

科学计算一直是计算机应用的一个重要领域，主要是指利用计算机来完成科学研究和工程技术中提出的数学问题的计算。在现代科学技术工作中，科学计算问题是大量的和复杂的，利用计算机的高速计算、大存储容量和连续运算的能力，可以实现人工无法解决的各种科学计算问题。

（2）信息管理（数据处理）

信息管理主要是指非数值形式的数据处理，包括对数据资料的收集、存储、加工、分类、检索等一系列工作。数据处理已广泛地应用于办公自动化、企事业计算机辅助管理与决策、情报检索、图书管理、电影电视动画设计、会计电算化等各行各业。

（3）实时控制

实时控制也称为过程控制，利用计算机及时采集检测数据，按最优值迅速地对控制对象进行自动调节或自动控制。采用计算机进行过程控制，不仅可以大大提高控制的自动化水平，而且可以提高控制的及时性和准确性，从而改善劳动条件，提高产品质量及合格率。因此，计算机过程控制已在机械、冶金、石油、化工、纺织、水电、航天等部门得到广泛的应用。

（4）计算机辅助技术

计算机辅助设计是利用计算机系统辅助设计人员进行工程或产品设计，以实现最佳设计效果的一种技术，包括计算机辅助设计（CAD）、计算机辅助制造（CAM）、计算机辅助技术（CAT）及计算机辅助教学（CAI）等。它已广泛地应用于飞机、汽车、机械、电子、建筑和轻工业等领域。

（5）电子商务

电子商务（Electronic Commerce）是指利用计算机技术、网络技术和远程通信技术，实现整个商务（买卖）过程中的电子化、数字化和网络化，主要为电子商户提供服务，实现消费者的网上购物、商户之间的网上交易和在线电子支付的新型商业模式。

（6）人工智能

人工智能（Artificial Intelligence）是计算机模拟人类的智能活动，诸如感知、判断、理解、学习、问题求解和图像识别等，包括专家系统、模式识别、机器翻译、自动定理证明、自动程序设计、智能机器人、知识工程等。

（7）办公自动化

办公自动化（Office Automation，OA）是将现代化办公和计算机网络功能结合起来的一种新型的办公方式，主要表现为"无纸办公"，通过 Internet 平台，为企业员工提供信息的共享、交换、组织、传递、监控功能，提供协同工作的环境。办公自动化利用科学的管理方法，极大地提高办公效率和质量，提升管理和决策的科学化、自动化水平。

（8）家庭应用

随着不断的普及与推广，计算机已经走入千家万户，成为人们工作、娱乐、学习和通信必不可少的工具。人们可以在家中通过计算机浏览全世界的信息资源，通过邮件、QQ、BBS等方式和亲友联系，计算机游戏、多媒体娱乐丰富了人们的生活，通过远程学习可以接受更多的教育等。

1.3.2　计算机的特点与分类

1. 计算机的特点

虽然各种类型的计算机在用途、性能、结构等方面有所不同，但它们都具备以下一些特点。

（1）运行高度自动化

计算机能在程序控制下自动、连续地快速运算。用户只需根据实际应用需求，事先设计、存储运行步骤和程序，计算机会十分严格地按照程序规定的步骤操作，整个过程无需人工干预。

（2）具有记忆和逻辑判断能力

计算机的存储系统由内存和外存组成，具有存储和"记忆"大量信息的能力，能把大量的数据、程序存入存储器，进行处理和计算，并保存结果。

计算机借助于逻辑运算，可以进行逻辑判断，并根据判断结果自动地确定下一步该做什么。

（3）运算速度快

目前的巨型计算机的运算速度已达到每秒万亿次，微型计算机也可达到每秒亿次以上，使大量复杂的科学计算问题得以解决。例如，卫星轨道的计算、大型水坝的计算、天气预报的计算等，过去人工计算需要几年甚至更长时间完成的工作，现在用计算机只需几天，甚至几分钟就可以完成。

（4）计算精度高

科学技术的发展，尤其是尖端科学技术的发展，需要高精度的计算。一般计算机可以有十几位，甚至几十位（二进制）有效数字，计算精度可达到千分之几到百万分之几，这是其他任何计算工具望尘莫及的。

（5）可靠性高

随着大规模和超大规模集成电路的发展，计算机可靠性大大提高，现代计算机连续无故障运行时间可达到几十万小时以上。

2. 计算机的分类

由于计算机技术的迅猛发展，计算机已成为一个庞大的家族。按计算机的类型、工作方式、构成器件、操作原理、应用环境等划分，计算机有多种分类。

（1）计算机按照其用途可分为通用计算机和专用计算机。

①通用计算机

能适用于一般科学计算、学术研究、工程设计和数据处理等广泛用途的计算。通常所说的计算机均指通用计算机。

②专用计算机

这是为适应某种特殊应用而设计的计算机，其运行程序不变，效率较高，速度较快，精度较好，但不宜他用。例如，飞机的自动驾驶仪，坦克上的火控系统中用的计算机，都属专用计算机。

（2）按照1989年由IEEE科学巨型机委员会提出的运算速度分类法，计算机可分为巨型机、大型机、小型机、工作站和微型计算机。

（3）按照所处理的数据类型，计算机可分为模拟计算机、数字计算机和混合型计算机等。

1.3.3 数据在计算机中的表示

数据是计算机处理的对象。数据包括数值、文字、语言、图形、图像、视频等各种数据形式。计算机硬件的各部分均由两个稳定状态的物理元件组成，因此，计算机中的数据和指令都是用二进制代码表示的。

1．数制

按进位的原则进行计数称为进位计数制，简称数制。长期以来人们在日常生活中形成了多种进位计数制，不仅有经常使用的十进制，还有十二进制（年份）、六十进制（分、秒的计时）等。计算机的内部使用二进制，但二进制数码冗长，书写和阅读都不太方便，所以在编写程序时多用八进制、十进制、十六进制数等来代替二进制数。

（1）十进制数

十进制使用数字 0、1、2、3、4、5、6、7、8、9 来表示数值，且采用"逢十进一"的进位计数制。因此十进制数中处于不同位置上的数字代表不同的值。例如，小数点左面第 1 位为个位，小数点左面第 2 位为十位，小数点左面第 3 位为百位，而小数点右面第 1 位为 1/10，小数点右面第 2 位为 1/100 等。这称为数的位权表示。每一个数字的权是由 10 的幂次决定的，这个 10 称为十进制的基数。例如 1234.5 可表示为

$$1234.5=1\times10^3+2\times10^2+3\times10^1+4\times10^0+5\times10^{-1}$$

事实上，无论哪一种数制，其计数和运算都具有共同的规律与特点。采用位权表示的数制具有以下 3 个特点。

① 数字的总个数等于基数，如十进制数使用 10 个数字（0～9）。

② 最大的数字比基数小 1，如十进制中最大的数字为 9。

③ 每个数字都要乘以基数的幂次，该幂次由每个数字所在的位置决定。

一般地，对于 N 进制而言，基数为 N，使用 N 个数字表示数值，其中最大的数字为 N–1，任何一个 N 进制数 A：

$$A=A_nA_{n-1}A_{n-2}\cdots A_1A_0A_{-1}A_{-2}\cdots A_{-m}$$

均可表示为以下形式：

$$\begin{aligned}A&=A_nA_{n-1}A_{n-2}\cdots A_1A_0A_{-1}A_{-2}\cdots A_{-m}\\&=A_n\times N^n+A_{n-1}\times N^{n-1}+A_{n-2}\times N^{n-2}+\cdots+A_1\times N^1+A_0\times N^0+A_{-1}\times N^{-1}+\cdots A_{-m}\times N^{-m}\\&=\sum_{i=n}^0 A_i\times N^i+\sum_{i=-1}^{-m}A_i\times N^i\\&=\sum_{i=n}^{-m}A_i\times N^i\end{aligned}$$

（2）二进制数

二进制使用数字 0、1 来表示数值，且采用"逢二进一"的进位计数制。二进制数中处于不同位置上的数字代表不同的值。每一个数字的权由 2 的幂次决定，二进制数的基数为 2。例如，二进制数（1001.1011）₂可表示为

$$(1001.1011)_2=1\times2^3+0\times2^2+0\times2^1+1\times2^0+1\times2^{-1}+0\times2^{-2}+1\times2^{-3}+1\times2^{-4}$$

（3）八进制数

八进制使用数字 0、1、2、3、4、5、6、7 来表示数值，且采用"逢八进一"的进位计数

制。八进制数中处于不同位置上的数值代表不同的值。每一个数字的权由 8 的幂次决定，八进制数的基数为 8。例如，八进制数（32.17）$_8$可表示为

$$（32.17）_8=3×8^1+2×8^0+1×8^{-1}+7×8^{-2}$$

（4）十六进制数

十六进制使用数字 0、1、2、3、4、5、6、7、8、9、A、B、C、D、E、F 来表示数值，其中 A、B、C、D、E、F 分别表示数字 10、11、12、13、14、15。十六进制数的计数方法为"逢十六进一"，十六进制数中处于不同位置上的数值代表不同的值。每一个数字的权由 16 的幂次决定，十六进制数的基数为 16。

例如，十六进制数的（5D6）$_{16}$可表示为

$$（5D6）_{16}=5×16^2+13×16^1+6×16^0$$

以上介绍的几种常用数制的基数和数字符号如表 1-2 所示。

表 1-2　常用数制的基数和数字符号

	十进制	二进制	八进制	十六进制
基数	10	2	8	16
数字符号	0~9	0、1	0~7	0~9、A、B、C、D、E、F
符号表示	D	B	Q	H

2. 不同数制之间转换

将数由一种数制转换为另一种数制称为数制之间的转换。在计算机中引入八进制、十进制和十六进制的目的是为了书写和表示上的方便，在计算机内部信息的存储和处理仍然采用二进制数。

（1）十进制数转换为其他进制数

将十进制数转换为其他进制数分为整数和小数两部分进行转换。

① 十进制整数转换为其他进制整数

转换原则：除基取余法，即将十进制数逐次除以转换数制的基数，直到商为 0 为止，然后将所得的余数倒序排列。

② 十进制小数转换为其他进制小数

转换原则：乘基取整法，即将十进制小数逐次乘以转换数制的基数，直到小数的当前值等于 0 或满足所要求的精度为止，最后将所得到的乘积的整数部分顺序排列。

【例 1-1】将十进制数 46.25 转换为二进制数。

【解】46÷2=23　…余 0
　　　23÷2=11　…余 1
　　　11÷2=5　…余 1
　　　5÷2=2　…余 1
　　　2÷2=1　…余 0
　　　1÷2=0　…余 1
　　　0.25×2=0.5　…取整得 0
　　　0.5×2=1.0　…取整得 1
　　结果为 46.25=101110.01B

（2）其他进制数转换为十进制数

转换原则：按权展开求和。

【例1-2】将二进制数 10111.11 转换为十进制数。

【解】$10111.11B=(1\times2^4+0\times2^3+1\times2^2+1\times2^1+1\times2^0+1\times2^{-1}+1\times2^{-2})D$

$=23.75D$

【例1-3】将八进制数 172 转换为十进制数。

【解】$172Q=(1\times8^2+7\times8^1+2\times8^0)D=122D$

（3）二进制数与八进制数、十六进制数之间的转换

① 二进制数与八进制数之间的转换

转换原则：三位一组法。

【例1-4】将二进制数 11100010011 转换为八进制数。

【解】$11100010011B=(\underline{011100010011})B$ ——高位不足三位补0

3　4　2　3

$=3423Q$

② 二进制数与十六进制数之间的转换

转换原则：四位一组法。

【例1-5】将二进制数 11100011101 转换为十六进制数。

【解】$11100011101B=(\underline{011100011101})B$ ——高位不足四位补0

7　1　D

$=71DH$

表 1-3 列出了二进制、八进制、十进制和十六进制的对应关系，借助该表可以方便地进行数制之间的转换。

表 1-3　二进制、八进制、十进制和十六进制换算表

二进制数	八进制数	十进制数	十六进制数	二进制数	八进制数	十进制数	十六进制数
0000	0	0	0	1001	11	9	9
0001	1	1	1	1010	12	10	A
0010	2	2	2	1011	13	11	B
0011	3	3	3	1100	14	12	C
0100	4	4	4	1101	15	13	D
0101	5	5	5	1110	16	14	E
0110	6	6	6	1111	17	15	F
0111	7	7	7	10000	20	16	10
1000	10	8	8	…	…	…	…

3. 数据单位

任何类型的数据在计算机内均表示为二进制形式，二进制在计算机中有不同的度量单位。

（1）位

位（bit）也称为比特，是计算机存储数据的最小单位，是二进制数据中的一个位，一位表示二进制信息 0 或 1。一个二进制位表示 $2^1=2$ 种状态，例如，ASCII 码用 7 位二进制组合

编码，能表示 $2^7=128$ 个信息。

（2）字节

字节（Byte）简记为 B，规定一个字节等于 8 个二进制数位，即 1B=8bit。字节是数据处理的基本单位，即以字节为单位存储和解释信息。通常，一个 ASCII 码用 1 个字节存放，一个汉字国标码用 2 个字节存放。

在计算机中，经常使用的度量单位有 KB、MB、GB 和 TB，它们之间的相互关系为

$1KB=2^{10}B=1024B$

$1MB=2^{10}KB=1024KB$

$1GB=2^{10}MB=1024MB$

$1TB=2^{10}GB=1024GB$

4. 信息的编码方式

计算机内部采用的是二进制的方式计数，因此输入到计算机中的各种数字、文字、符号或图形等数据都是用二进制数编码的。不同类型的字符数据其编码方式是不同的，编码的方法也很多。下面介绍最常用的 ASCII 码、汉字编码和图像编码。

（1）ASCII 码

ASCII 码是由美国国家标准委员会制定的一种包括数字、字母、通用符号、控制符号在内的字符编码，全称为美国国家信息交换标准代码（American Standard Code for Information Interchange）。

ASCII 码能表示 128 种国际上通用的西文字符，只需用 7 个二进制位（ $2^7=128$ ）表示。ASCII 码采用 7 位二进制表示一个字符时，为了便于对字符进行检索，把 7 位二进制数分为高 3 位（ $b_7b_6b_5$ ）和低 4 位（ $b_4b_3b_2b_1$ ）。7 位 ASCII 编码如表 1-4 所示。利用该表可查找字母、运算符、标点符号以及控制字符与 ASCII 码之间的对应关系。例如，大写字母"A"的 ASCII 码为 1000001，小写字母"a"的 ASCII 码为 1100001。

表 1-4 7 位 ASCII 码编码表

$b_4b_3b_2b_1$ ╲ $b_7b_6b_5$	000	001	010	011	100	101	110	111
0000	NUL	DLE	SP	0	@	P	`	p
0001	SOH	DC1	!	1	A	Q	a	q
0010	STX	DC2	"	2	B	R	b	r
0011	ETX	DC3	#	3	D	S	c	s
0100	EOT	DC4	$	4	D	T	d	t
0101	ENQ	NAK	%	5	E	U	e	u
0110	ACK	SYN	&	6	F	V	f	v
0111	BEL	ETB	'	7	G	W	g	w
1000	BS	CAN	(	8	H	X	h	x
1001	HT	EM	)	9	I	Y	i	y
1010	LF	SUB	*	:	J	Z	j	z
1011	VT	ESC	+	;	k	[	k	{

b₇b₆b₅ / b₄b₃b₂b₁	000	001	010	011	100	101	110	111
1100	FF	FS	,	<	L	\	l	|
1101	CR	GS	–	=	M	]	m	}
1110	SO	RS	.	>	N	↑	n	~
1111	SI	US	/	?	O	←	o	DEL

表中高 3 位为 000 和 001 的两列是一些控制符。例如，"NUL"表示空白，"ETX"表示文本结束，"CR"表示回车，"SP"表示空格，"DEL"表示删除等。

（2）汉字编码

计算机在处理汉字时也要将其转换为二进制码，这就需要对汉字进行编码。汉字具有特殊性，因此随着汉字输入、输出、存储和处理过程不同，所使用的汉字代码也不同。例如，汉字录入需用输入码（外码），计算机内部的汉字存储和处理要用机内码，汉字显示用显示字模点阵码，汉字输出用字形码等。

① 国标码

我国根据有关国际标准于 1980 年制定并颁布了中华人民共和国国家标准信息交换用汉字编码 GB2312-80，简称国标码。国标码的字符集共收录 6763 个常用汉字和 682 个非汉字图形符号，其中使用频度较高的 3755 个汉字为一级字符，以汉语拼音为序排列，使用频度稍低的 3008 个汉字为二级字符，以偏旁部首进行排列。682 个非汉字字符主要包括拉丁字母、俄文字母、日文假名、希腊字母、汉语拼音符号、汉语注音字母、数字、常用符号等。

② 汉字机内码

汉字的机内码是计算机系统内部对汉字进行存储、处理、传输统一使用的代码，又称为汉字内码。由于汉字数量多，一般用 2 个字节来存放一个汉字的内码。在计算机内汉字字符必须与英文字符区别开，以免造成混乱，英文字符的机内码是用一个字节来存放 ASCII 码，一个 ASCII 码占一个字节的低 7 位，最高位为 0，为了区分，汉字机内码中两个字节的每个字节的最高位置为 1。

③ 汉字输入码

汉字主要是从键盘输入，汉字输入码是计算机输入汉字的代码，是代表某一个汉字的一组键盘符号。汉字输入码也叫外部码（简称外码）。现行的汉字输入方案众多，常用的有拼音输入和五笔字型输入等。每种输入方案对同一汉字的输入编码都不相同，但经过转换后存入计算机的机内码均相同。

④ 汉字字型码

存储在计算机内的汉字在屏幕上显示或在打印机上输出时，必须以汉字字形输出，才能被人们所接受和理解。计算机中汉字字形是以点阵方式表示汉字的，就是将汉字分解成由若干个"点"组成的点阵字形，将此点阵字形置于网状方格上，每一小方格就是点阵中的一个"点"。以 24×24 点阵为例，网状横向划分为 24 格，纵向也分成 24 格，共 576 个"点"，点阵中的每个点可以有黑、白两种颜色，有字形笔画的点用黑色，反之用白色，用这样的点阵就可以描写出汉字的字形了。图 1-5 所示是汉字"跑"的字形点阵。

根据汉字输出精度的要求，有不同密度点阵。汉字字形点阵有 16×16、24×24、32×32、48×48 等类型。汉字字形点阵中每个点的信息用一位二进制码来表示，1 表示对应位置处是黑点，0 表示对应位置处是空白。

字形点阵的信息量很大，所占存储空间也很大。例如，16×16 点阵，每个汉字要占 32 个字节，24×24 点阵，每个汉字要占 72 个字节。因此字形点阵只用来构成"字库"，而不能用来代替机内码用于机内存储，字库中存储了每个汉字的字形点阵代码，不同的字体对应不同的字库。在输出汉字时，计算机要先到字库中找到它的字形描述信息，然后输出字形。汉字信息处理过程如图 1-6 所示。

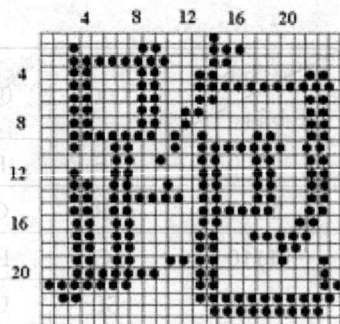

图 1-5 汉字"跑"的字形点阵

图 1-6 汉字信息处理过程

1.3.4 计算机的工作原理及硬件系统组成

1. 计算机基本工作原理

计算机是一个能够实现数据处理的自动化电子装置，这是因为它采用了"存储程序"的工作原理。存储程序原理是计算机自动连续工作的基础，它是美籍匈牙利科学家冯·诺伊曼所领导的研究小组正式提出的，其核心是程序存储与控制。

计算机硬件系统由运算器、控制器、存储器、输入设备和输出设备 5 大部件组成。其中运算器用于实现各种算术及逻辑运算，存储器用于存储需要计算机处理的数据、命令以及结果，输入设备是输入原始数据及相关处理方法，输出设备实现数据的输出显示，控制器是所有部分中最核心的，用于实现对计算机内部工作流程的控制。计算机的基本工作原理如图 1-7 所示。

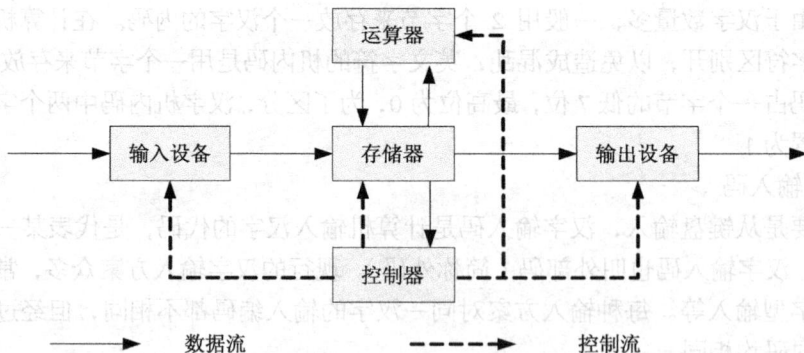

图 1-7 计算机工作原理

2. 计算机硬件系统组成

计算机硬件系统的组成如图 1-8 所示，硬件之间通过系统总线连接为一个整体。

（1）CPU

CPU 是中央处理器（Central Processing Unit）的英文缩写，它是计算机的核心部件，由运算器和控制器组成。CPU 是判断计算机性能高低的首要标准，它一般安插在主板的 CPU 插座上。

```
                              ┌ 控制器
              ┌ 中央处理器 ┤
              │              └ 运算器
      ┌ 主机 ┤              ┌ 只读存储器（ROM）
      │       │ 内存储器 ┤ 随机存储器（RAM）
      │       │              └ 高速缓冲存储器（Cache）
 硬件 ┤
      │              ┌ 外存储器（如硬盘、光盘、U盘等）
      │              │ 输入设备（如键盘、鼠标、扫描仪等）
      └ 外部设备 ┤ 输出设备（如显示器、打印机、绘图仪等）
                     └ 其他（如显卡、声卡、网卡、调制解调器等）
```

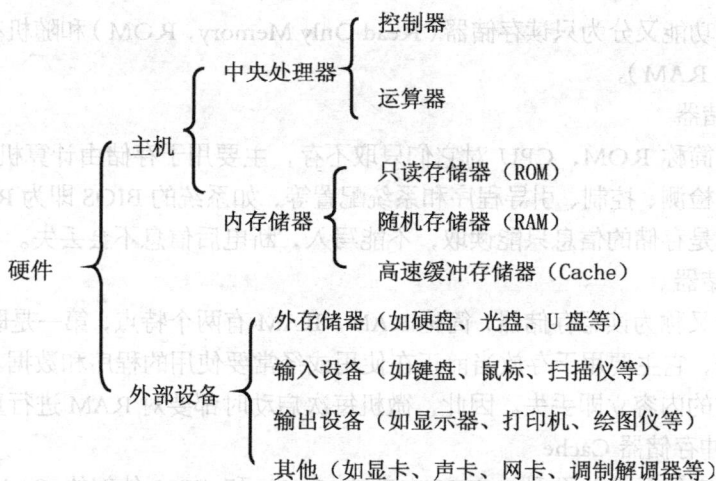

图 1-8　计算机硬件系统的组成

目前世界上最大的 CPU 生产厂商是美国的 Intel（英特尔）公司和 AMD（超微）公司，图 1-9 所示分别是 Intel、AMD 公司的 CPU 产品。我国也于 2002 年研发了"龙芯一号"CPU，2005 年正式发布"龙芯二号"CPU，其性能与 Intel 公司的 1GHz 奔腾 4 处理器相当。

① CPU 的基本功能

CPU 包含两大部件：运算器和控制器。

a. 运算器（ALU）

运算器是计算机的核心部件，是计算机中直接执行各种操作的部件。运算器不断地从存储器中得到要加工的数据，对其进行算术运算和逻辑运算，并将最后的结果送回存储器中，整个过程在控制器的指挥下有条不紊地进行。

b. 控制器（Control Unit）

控制器是计算机的指挥控制中心，主要作用是使计算机能够自动地执行命令。控制器负责从存储器中取出指令，对指令进行分析，根据指令的要求，按时间的先后顺序向其他部件发出相应的控制信号，统一指挥整个计算机各部件协调工作。

② CPU 性能指标

a. 字长是指 CPU 一次能处理的二进制数据的位数，字长越长，CPU 的运算能力超强，精度越高。

b. 主频是指 CPU 的时钟频率，通常用来表示 CPU 的运行速度，单位是赫兹（Hz），工作频率越高，CPU 性能越好。

c. 运算速度是指每秒能执行的指令数。

（2）内存储器

内存储器又称主存储器，是具有"记忆"功能的物理部件，由一组高集成度的 COMS 半导体集成电路组成，用来存放数据和程序。图 1-10 所示为内存储器的一般外形。

图 1-9　Intel、AMD 的 CPU 产品　　　　　　　　　**图 1-10　RAM 存储器**

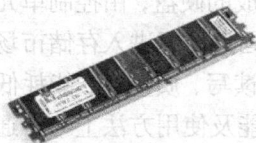

内存储器按功能又分为只读存储器（Read Only Memory，ROM）和随机存储器（Random Access Memory，RAM）。

① 只读存储器

只读存储器简称 ROM，CPU 对它们只取不存，主要用于存储由计算机厂家为该机编写好的一些基本的检测、控制、引导程序和系统配置等，如系统的 BIOS 即为 ROM 存储器。只读存储器的特点是存储的信息只能读取，不能写入，断电后信息不会丢失。

② 随机存储器

随机存储器又称为读写存储器，简称 RAM。RAM 有两个特点，第一是既可以读出数据，也可以写入数据，它主要用于存放当前正在使用或经常要使用的程序和数据。第二是易失性，一旦断电，则它的内容立即丢失。因此，微机每次启动时都要对 RAM 进行重新配置。

③ 高速缓冲存储器 Cache

Cache 按其功能又分为两种：CPU 内部的 Cache 和 CPU 外部的 Cache。CPU 内部的 Cache 称为一级 Cache，它是 CPU 内核的一部分，负责在 CPU 内部的寄存器与外部的 Cache 之间的缓冲。

CPU 外部的 Cache 为二级 Cache，它是独立于 CPU 的部件，主要用于弥补 CPU 内部 Cache 容量过小，负责 CPU 与内存之间的缓冲。

（3）外存储器

外存储器简称外存，它是内存的延伸，主要用于存储暂时不用又需要保护的统统文件、应用程序、用户程序、文档、数据等。CPU 不直接访问外存，当 CPU 需要执行外存的某个程序或调用数据时，首先由外存将相应程序调入内存，然后才能供 CPU 访问，即通过内存访问外存。

与内存相比，外存的特点是存储容量大，价格较低，而且在断电的情况下也可以长期保存信息，所以又称为永久性存储器。外存主要包括软盘、硬盘、U 盘和光盘等。

① 软盘

软盘是个人计算机（PC 机）中最早使用的可移介质。它由软盘、软盘驱动器和软盘适配器三部分组成。软盘是活动的存储介质，存取速度慢，容量也小，但可装可卸，携带方便，现在已基本被淘汰。

② 硬盘

硬盘是微型计算机中最重要的一种外部存储器，它的存储容量大，主要用于存入系统文件、用户的应用程序和数据。硬盘是由若干磁性盘片组成的，每张磁性盘片是一种涂有磁性材料的铝合金圆盘，被永久性地密封固定在硬盘驱动器中，通过主板上的 IDE 接口与系统单元连接。目前常见的品牌硬盘有希捷、西部数据、日立、东芝及三星等，硬盘产品容量可达 80GB、200GB、500GB、750GB、2TB 等，硬盘技术还在不断地发展，更大容量的硬盘还将会继续推出。常见硬盘如图 1-11 所示。

固态硬盘（Solid State Drives），简称固盘，用固态电子存储芯片阵列而制成的硬盘，由控制单元和存储单元（FLASH 芯片、DRAM 芯片）组成。固盘已经进入存储市场的主流行列，它具有传统机械硬盘不具备的快速读写、质量轻、能耗低以及体积小等特点，它在接口的规范和定义、功能及使用方法上与普通硬盘的完全相同，在产品外形和尺寸上也

图 1-11　硬盘

基本与普通的 2.5 英寸硬盘一致，被广泛应用于军事、车载、视频监控、网络监控、网络终端、

电力、医疗、航空、导航设备等领域。

③ 光盘

光盘利用光学方式读写数据，采用塑料基片的凸凹来记录信息。光盘的特点是记录密度高，存储容量大，数据保存时间长，如图 1-12 所示。

目前使用较多的光盘主要有 3 类：只读光盘、一次性写入光盘和可擦型光盘。

a. 只读光盘（CD-ROM），其上的信息只能读出，不能写入，可提供 680MB 存储空间。

b. 一次性写入光盘（CD-R），只能写一次，写后不能修改，必须采用专用的光盘刻录机才能刻录信息。

c. 可擦型光盘（CD-RW），是可反复擦写的光盘，这种光盘驱动器既可作为光盘刻录机，用来写入信息，又可作为普通光盘驱动器，用来读取信息。CD-RW 盘片就像软盘片一样，可读可写。

④ U 盘

U 盘又称闪盘、优盘，是一种采用快闪存储器（Flash Memory）为存储介质，可直接在USB 接口上进行读写的新一代外存储器。U 盘目前被广泛使用，其特点是容量大，体积小，保存信息可靠和易于携带等。常见的 U 盘如图 1-13 所示。

图 1-12 光驱

图 1-13 优盘

⑤ 移动硬盘

移动硬盘是一种采用了计算机外设标准接口（USB 或 IEE1394）的便携式大容量存储系统。移动硬盘一般由硬盘体加上带有 USB/IEE1394 控制芯片及外围电路板的配套硬盘盒构成。移动硬盘具有如下特性：容量大（最大能提供几百 GB 的存储空间或更多，存取速度快，兼容性好，具有良好的抗震性能。

（4）输入/输出设备

① 输入设备

输入设备是用于将信息输入计算机的装置，常用的输入设备有键盘、鼠标、扫描仪、摄像头、数码照相机和数码摄像机等。

a. 键盘

键盘通过键盘电缆线与主机相连。键盘可分为打字机键区、功能键区、全屏幕编辑键区、控制键区和小键盘区这 5 个区，各区的作用有所不同，如图 1-14 所示。

b. 鼠标

鼠标是计算机的输入设备，分有线和无线两种。最常用的鼠标一般有左右两个键，中间有一个滚轮，通常称为 3D 鼠标，如图 1-15 所示。

c. 扫描仪

扫描仪是一种光、机、电一体化的输入设备，它是将各种形式的图像信息输入计算机的重要工具。目前使用最普遍的是 CCD（电荷耦合元件）阵列组成的电子扫描仪，其主要技术指标有分辨率、扫描幅面、扫描速率。图 1-16 所示为图形扫描仪外观。

图 1-14　键盘　　　　　　　　图 1-15　鼠标　　　　　　　图 1-16　图形扫描仪

d. 视频摄像头

视频摄像头又称为计算机相机，是一种视频输入设备，被广泛地运用于视频会议、远程医疗及实时监控等方面。人们也可以彼此通过视频摄像头打网络电话，进行有影像、有声音的交谈和沟通。

e. 数码照相机和数码摄像机

数码照相机和数码摄像机都可以作为计算机的输入设备。数码照相机拍摄的相片直接保存为图片文件，可以存储到计算机中进行加工处理和输出。数码摄像机可以拍摄动态视频，通过配置视频采集卡，可以输入到计算机中处理。

② 输出设备

输出设备是将计算机中的数据信息传送给用户的设备，显示器、打印机、绘图仪、音箱等都是常用的输出设备。

a. 显示器

显示器通过电子屏幕显示输出计算机的处理结果及用户需要的程序、数据、图形等信息。显示器是计算机中最重要的输出设备之一，也是人机交互不可缺少的设备。

显示器按使用技术的不同，可分为阴极射线显示器 CRT 显示器和液晶显示器 LCD 两种。LCD 显示器，具有图像显示清晰、体积小、重量轻、便于携带、能耗低和对人体辐射小等优点。图 1-17 所示为 LCD 显示器。

b. 打印机

打印机是重要的输出设备，它将计算机的处理信息输出打印在纸上，可以长期保存。打印机主要有针式打印机、喷墨打印机和激光打印机 3 种。目前市场上常见的打印机有 Canon（佳能）、联想、HP（惠普）、爱普生等品牌。图 1-18 所示是喷墨打印机和激光打印机。

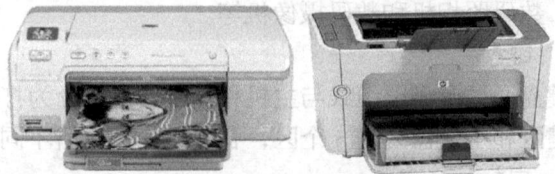

图 1-17　LCD 显示器　　　　　　　图 1-18　喷墨打印机和激光打印机

c. 绘图仪

绘图仪是能按照人们的要求自动绘制图形的设备，它可将计算机的输出信息以图形的形式输出，是各种计算机辅助设计不可缺少的工具。图 1-19 所示为绘图仪外观。

d. 其他输出设备

音箱是多媒体计算机中一种必不可少的设备，用来输出计算机中的声音。音箱一般由放大器、分频器、箱体、扬声器等部分组成。音箱只能在有声频卡的微机中才能使用，声频卡的作用是对各种声音信息进行解码，并将解码后的结果送入音箱中播放。

调制解调器（Modem）和网络适配器（网卡）是计算机连接网络的主要部件。计算机通过调制解调器连接电话线接

图1-19 绘图仪

入因特网，根据 Modem 的形态和安装方式，大致可以分为外置式、内置式、PCMCIA 插卡式、机架式 4 种。网卡是连接计算机与外界的局域网，是局域网中连接计算机和传输介质的接口。

3. 微型计算机系统

微型计算机简称微机，是由大规模集成电路组成的、体积较小的电子计算机。它是以微处理器为基础，配以内存储器及输入输出（I/O）接口电路和相应的辅助电路而构成的裸机。微机的特点是体积小，灵活性大，价格便宜，使用方便，因此是目前社会各个领域广泛使用的工具。

（1）概述

微型计算机又称为个人计算机（Personal Computer，PC），它由运算器、控制器、存储器、输入和输出设备 5 大部件组成。微型计算机的核心部件是微处理器，集成了运算器和控制器两大部分。

目前微型计算机有以下几种。

① 台式机，是一种独立相分离的计算机，主机、显示器等设备一般都是相对独立的，体积较大。台式机的性能相对较强，散热性较好，易于扩展。

② 计算机一体机，它的芯片、主板与显示器集成在一起，显示器就是一台计算机，因此只要将键盘和鼠标连接到显示器上，机器就能使用。

③ 笔记本计算机，是一种小型、可携带的个人计算机，它和台式机架构类似，但是提供了更好的便携性。

④ 掌上计算机，是一种运行在嵌入式操作系统和内嵌式应用软件之上的、小巧、轻便、易带、实用、价廉的手持式计算设备。

⑤ 平板计算机，是一款无需翻盖，没有键盘，大小不等，形状各异，却功能完整的计算机。其构成组件与笔记本计算机基本相同，利用触笔在屏幕上书写。

⑥ 嵌入式计算机，即嵌入式系统，是一种以应用为中心，以微处理器为基础，软硬件可裁剪的，适应应用系统对功能、可靠性、成本、体积、功耗等综合性严格要求的专用计算机系统。

（2）总线

总线（Bus）是连接 CPU 、内存储器和外部设备（I/O 设备）的公共信息通道。按照计算机所传输的信息种类，计算机的总线可以划分为数据总线、地址总线和控制总线，分别用来传输数据、数据地址和控制信号。

微型计算机常用的总线有以下几种。

① ISA 总线

ISA 总线，是一种 16 位总线结构，使用范围很广，目前很多的接口卡都是根据 ISA 标准生产的。

② EISA 总线

EISA 总线，为扩展工业标准体系结构总线，是 ISA 总线的扩展，是一种 32 位总线，目前这种总线用在服务器系统板上。

③ PCI 总线

PCI 总线，是一种 32 位总线，也支持 64 位数据传送。这种总线具有一个管理层，用来协调数据传输，可以支持 3～4 个扩展槽，数据传送率较高，目前主要用在服务器和 Pentium 微型机系统板上。

④ PCI Express 总线

PCI Express 是新一代的总线接口。早在 2001 年的春季，英特尔公司就提出了要用新一代的技术取代 PCI 总线和多种芯片的内部连接，并称之为第三代 I/O 总线技术。它采用了目前业内流行的点对点串行连接，比起 PCI 以及更早期的计算机总线的共享并行架构，每个设备都有自己的专用连接，不需要向整个总线请求带宽，而且可以把数据传输率提高到一个很高的频率，达到 PCI 所不能提供的高带宽。

⑤ USB 总线

USB 总线，它是由 Intel 公司提出的一种新型接口标准。利用它可以将一些低速设备（如键盘、鼠标、扫描仪）连接在一起。USB 总线支持多个并行操作，能为设备提供电源。

（3）主板

主板又叫主机板（MainBoard）或母板（MotherBoard），简称 M/B，它安装在机箱内，是微机最基本的，也是最重要的部件之一。主板一般为矩形集成电路板，由微处理器模块、内存模块、基本（I/O）接口、中断控制器、DMA 控制器及系统总线组成。主板是整个计算机内部结构的基础，无论是 CPU、内存、显卡，还是鼠标、键盘、声卡、网卡都是由主板来协调工作的。因此，主板的好坏，将直接影响计算机性能的发挥。从图 1-20 中可以看到，主板主要包括 CPU 插座、内存插槽、总线扩展槽、外设接口插座、串行和并行端口等几个部分。

图 1-20 主板

主板中还集成了以下直接连接外围设备的接口电路。

① 硬盘接口：硬盘接口可分为 IDE 接口和 SATA 接口。

② 软驱接口：34 针连接软驱所用，多位于 IDE 接口旁。

③ COM 接口（串口）：目前大多数主板都提供了两个 COM 接口，分别为 COM1 和 COM2，作用是连接串行鼠标和外置 Modem 等设备。

④ PS/2 接口：PS/2 接口的功能比较单一，仅能用于连接键盘和鼠标。

⑤ USB 接口：通用串行总线接口（USB）是现在最为流行的接口。

⑥ LPT 接口（并口）：一般用来连接打印机或扫描仪。

⑦ IEEE1394 接口：是苹果公司开发的串行标准。

1.3.5 计算机软件系统

计算机系统由硬件系统和软件系统两部分组成，软件系统必须在硬件系统的支持下才能运行，两者构成了统一协调的整体。丰富的软件是对硬件功能强有力的扩充，使计算机系统的功能更强，可靠性更高，使用更方便。

1.软件的定义

软件（Software）是计算机系统中各类程序、相关文档以及所需要的数据的总称。软件是计算机的核心，包括指挥、控制计算机各部分协调工作并完成各种功能的程序和数据。计算机系统的软件极为丰富，通常分为系统软件和应用软件两大类。

系统软件用来管理、维护计算机及协调计算机内部更有效地工作，主要包括操作系统、语言处理程序、数据库管理系统和一些服务性程序。

应用软件是为了解决某个具体问题而开发的软件产品，如文字处理软件、杀毒软件、财会软件、人事管理软件等。

2.系统软件

系统软件的主要功能是对整个计算机系统进行调度、管理、监视和服务，还可以为用户使用计算机提供方便，扩大机器功能，提高使用效率。系统软件一般由厂家提供给用户，常用的系统软件有以下几种类型。

（1）操作系统

操作系统（Operating System，OS）是最基本、最重要的系统软件。它是对计算机系统进行控制和管理的程序，它可以有效地管理计算机的所有硬件和软件资源，合理地组织计算机的工作流程，并为用户提供一个良好的环境和接口。

操作系统是用户和计算机硬件系统之间的接口。其主要功能是 CPU 管理、作业管理、存储管理、文件管理和设备管理。

（2）机器指令

指令是计算机执行某种操作的命令，是对计算机进行程序控制的最小单位。计算机根据指令的性质完成一个操作步骤，指令用二进制数码表示。一台计算机所能执行的全部指令的集合称为指令系统。

每条指令都由操作码和地址码两部分组成，其命令格式为操作码＋地址码。

操作码表示要执行的操作，如加、减、乘、除、移位等运算。地址码表示操作数据的地址。由机器指令组成的程序为目标程序，用各种计算机语言编制的程序称为源程序。源程序只有被翻译成目标程序才能被计算机接受和执行。

（3）计算机语言

计算机语言是用于编写计算机程序的语言，也称程序设计语言。它是根据相应的规则由相应的符号构成的符号串的集合。它经历了机器语言、汇编语言、高级语言三代的发展。

① 机器语言

机器语言采用二进制代码 0 和 1 形式表示，是能被计算机直接识别和执行的语言。机器语言是计算机能够唯一识别的、可直接执行的语言，因此，它的执行效率高，速度快。机器语言的缺点是：不便于阅读、记忆，易出错，难以修改和维护。

② 汇编语言

汇编语言用助记符号表示机器语言中的指令和数据，如 MOV 表示传送指令，ADD 表示加法指令等。相对机器语言来说，汇编语言更容易理解，便于记忆。但对于机器来说，汇编语言不能直接执行，必须将汇编语言翻译成机器语言，然后再执行。用汇编语言编写的程序称为汇编语言源程序，被翻译的机器语言称为目标程序。汇编语言比机器语言使用起来方便，但因为不同型号的计算机系统一般有不同的汇编语言，使程序不能移植，通用性较差。

③ 高级语言

为了进一步提高效率，克服机器语言和汇编语言依赖于机器、通用性差的问题，人们发明了接近于人类自然语言的高级语言。比如在 C 语言中，printf 表示输出，用符号+、-、*、/表示加、减、乘、除等。另外，高级语言和计算机硬件无关，不需要熟悉计算机的指令系统，只需要考虑解决的问题和算法即可。计算机高级语言的种类很多，常用的有 C、C++、C#、Visual Basic 和 Java 等。用高级语言编写的源程序在计算机中不能直接执行，必须翻译成机器语言才可以执行。翻译的方式一般有两种，一种是编译方式，另一种是解释方式。

a. 编译方式

在编译方式中，将高级语言源程序翻译成目标程序的软件称为编译程序。在编译过程中，编译程序要对源程序进行语法检查，如果有错误，将给出相关的错误信息，否则，将编译成目标程序。编译程序生成的目标程序不能直接执行，还需要经过连接后生成可执行文件。用来进行连接的程序称为连接程序。经编译方式编译的程序执行速度快，效率高。图 1-21 给出了编译过程。

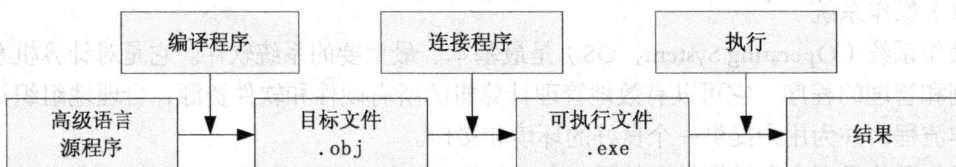

图 1-21　编译过程

b. 解释方式

在解释方式中，把高级语言源程序翻译和执行的软件称为解释程序。解释程序不是对整个源程序进行翻译，也不生成目标程序，而是将源程序逐句解释，边解释边执行。如果发现错误，给出错误信息，并停止解释和执行，否则，解释执行到最后一条语句。解释方式便于查找错误，但效率较低。图 1-22 给出了解释方式的解释过程。

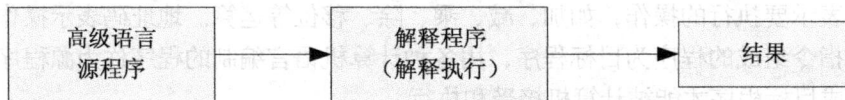

图 1-22　解释过程

3. 应用软件

应用软件是指为了解决各种计算机应用中的实际问题而编制的程序。应用软件具有很强的实用性、专业性，使计算机的应用日益渗透到社会的方方面面，包括有各种应用软件、工具软件、用户利用系统软件开发的系统功能等，如文字处理软件、表格处理软件、图形处理软件等。

（1）文字处理软件

文字处理软件主要对各类文件进行编辑、排版、存储、传送、打印等操作。目前常用的文字处理软件有 Microsoft Word 和金山 WPS 等。它们除了具备字处理功能以处，还具有简单的图形、表格处理功能。

（2）表格处理软件

表格处理软件主要是用于对表格中的数据进行编辑、排序、筛选及各种计算，并可用数据制作各种图表等。目前常用的表格处理软件有 Microsoft Excel 等。

（3）辅助设计软件

计算机辅助设计（CAD）技术是近 20 年来最有成效的工程技术之一。计算机具有快速的数值计算、数据处理以及模拟的能力，因此目前在汽车、飞机、船舶、超大规模集成电路 VLSI 等设计、制造过程中，CAD 占据着越来越重要的地位。辅助设计软件主要用于绘制、修改、输出工程图纸。目前常用的辅助设计软件有 AutoCAD 等。

（4）多媒体处理软件

多媒体技术已经成为计算机技术的一个重要方面，因此多媒体处理软件在软件领域应用非常广泛。多媒体处理软件主要包括图形图像处理软件、动画制作软件、音频处理软件等。目前常用的有 Photoshop、Flash、3ds Max 等。

1.3.6　数据库概述

随着计算机技术的广泛应用，数据库在现代计算机系统中发挥着越来越重要的作用，应用范围越来越广泛，小到学生成绩管理系统，大到企事业管理、银行业务处理系统等，都需要数据库来存储和处理数据。

1. 信息、数据与数据处理

信息（Information）是对现实世界事物的存在方式或运动状态的反映。信息存在于人们生活的方方面面。人们通过信息认识事物，并借助于信息进行交流、沟通，互相协作，从而推动社会不断前进。

数据是描述事物的符号记录。它有多种表现形式，可以是数值、文字、声音、图形、图像等。数据是信息的载体，而信息则是数据的内涵，是对数据的语义解释。

数据处理是指对各种数据进行收集、存储、加工和传播的一系列活动的总和。其目的是从大量的原始数据中收集、处理，最后得出具有价值的信息，供人们决策参考。

2. 数据库

数据库（Database，DB）是长期存储在计算机内的、有组织的、可共享的数据集合。其特点有：

① 数据按一定的数据模型组织、描述和存储；
② 具有较小的冗余度；
③ 具有较高的数据独立性和易扩充性；
④ 为各种用户共享。

（1）数据库管理系统

数据库管理系统（Database Management System，DBMS）是位于用户与操作系统之间的一层数据管理软件。它具有数据定义、数据操纵、运行管理、数据库建立与维护等功能。

（2）数据库系统

数据库系统（Database System，DBS）是采用数据库技术的计算机系统，一般指数据库、数据库管理系统、应用系统和开发工具、数据库用户等的统称，其中数据库用户中有一类专门负责建立、管理和维护数据库的，称为数据库管理员，简称 DBA。

1.3.7　多媒体技术简介

20 世纪 80 年代，随着微电子、计算机和数字化声像技术的飞速发展，多媒体技术应运而生。它的出现标志着信息技术一次新的革命性的飞跃，它给人们枯燥单调的生活增添了生机和乐趣。

1. 多媒体概述

人们在信息的沟通、交流中要使用各种各样的信息载体，顾名思义，多媒体（Multimedia）就是有多种媒体，是指多种信息载体的表现形式和传递方式，在日常生活中，如报刊杂志、画册、电视、广播、电影等。

在计算机领域中，媒体有两种含义：一是指用于存储信息的实体，如磁盘、光盘和磁带等；二是指信息的载体，如文字、声音、视频、图形、图像和动画等。多媒体计算机技术中的媒体指的是后者，它是应用计算机技术将各种媒体以数字化的方式集成在一起，从而使计算机具有表现、处理和存储各种媒体信息的综合能力和交互能力。

因此，多媒体技术至少能够同时获取、处理、编辑、存储和展示两种以上不同类型信息媒体，并且具有交互性。现在人们所说的多媒体技术往往与计算机联系起来，这是由于计算机的数字化及交互式处理能力，这就是计算机的多媒体技术和电影、电视的"多媒体"的本质区别。

综上所述，多媒体技术（Multimedia Technology）是利用计算机对文本、图形、图像、声音、动画、视频等多种信息综合处理、建立逻辑关系和人机交互作用的技术。

2. 多媒体类型

（1）文本

文本指各种文字，包括数字、字母、符号、汉字等。它是常见的一种媒体形式，也是人与计算机交互的主要形式。

（2）图形与图像

从现实生活中获得数字图像的过程称为图像的获取。例如，对用数码相机或数字摄像机对选定的景物进行拍摄，对印刷品、照片进行扫描等。图像获取的过程实质上是模拟信息的数字化过程，它的处理步骤基本分为 4 步：扫描、分色、取样、量化。通过上述方法所获取的数字图像称为取样图像，它是静止图像的数字化表示，通常简称为"图像"。

图像有两种来源：扫描静态图像和合成静态图像。前者是通过扫描仪、普通相机与模数转换装置、数字相机等从现实世界中捕捉；后者由计算机辅助创建或生成，即通过程序、屏幕截取等生成。目前因特网和 PC 机中常用的几种图像文件的格式为 GIF、JPEG、TIF、BMP、JP2 等。

（3）视频与动画

视频（又称为运动图像）：以位图形式存储，因此缺乏语义描述，需要较大的存储能力，分为捕捉运动视频与合成运动视频。前者是通过普通摄像机与模数转换装置、数字摄像机等从现实世界中捕捉；后者是由计算机辅助创建或生成，即通过程序、屏幕截取等生成。

动画（又称为运动图形）：是采用计算机制作可供实时演播的一系列连续画面的一种技术。它可以辅助制作传统的卡通动画片，或通过对物体运动、场景变化、虚拟摄像机及光源设置的描述，逼真地模拟三维景物随时间而变化的过程，所生成的一系列画面以每秒 24 帧左右的速率演播时，利用人眼视觉残留效应便可产生连续运动或变化的效果。

（4）声音

声音是文字、图形之外表达信息的另一种有效的方式。计算机获取声音信息的过程主要是进行数字化处理，因为只有经过数字化后声音信息才能像文字、图形信息一样存储、检索、编辑和处理。声音信息数字化过程的 3 个步骤：采样、量化和编码。

3. 多媒体数据压缩技术

多媒体信息数字化后，数据量相当庞大。因此，对多媒体数据的存储和传输过程都要对数据进行压缩。常用的压缩标准如下。

（1）静态图像压缩标准——JPEG

JPEG（Joint Photographic Expert Group）小组于 1991 年 3 月提出了 ISO CD10918 号建议草案："多灰度静止图像的数据压缩编码"，用于连续色调、多级灰度或彩色图像的压缩标准。数码相机的照片大多是采用这个标准。JPEG 标准属于有损压缩，其压缩比可用参数调节。

（2）运动图像压缩标准——MPEG

MPEG（Moving Picture Experts Group）是运动图像专家组，实际上是指一组由 ITU 和 ISO 制定发布的视频、音频、数据的压缩标准，主要有 MPEG-1、MPEG-2、MPEG-4 和 MPEG-7。MPEG 标准属于有损压缩，采用了帧间压缩和帧内压缩相结合的压缩方式。

（3）无损的二值图像压缩标准——JBIG

JBIG（Joint Bi-level Image Group）可以支持很高的图像分辨率，常用的文件格式为 1728×2376 或 2304×2896，压缩比可达 10:1。

虽然 JBIG 是二值图像的编码标准，但是它也可以对含灰度值的图像或彩色图像进行无失真压缩，在这种情况下，JBIG 是对图像的每个比特面做压缩变换。

1.3.8　电子商务

电子商务对整个人类来说都是一个新生事物，它的产生有其深刻的技术背景和商业背景，是计算机技术和互联网技术高速发展以及商务应用需求驱动的必然结果。

1. 电子商务的概念

从形式上来说，电子商务主要指利用 Web 提供的通信手段在网上进行交易活动，包括通过 Internet 买卖产品和提供服务。产品可以是实体化的，如电视机、日用品等，也可以是数字化的，如软件、电子书等。除了产品之外，电子商务还可以提供各类服务，如远程教育、安排旅游等。

电子商务的出现，打破了以往企业与企业间和企业与客户间时间和空间的界限，创造了一个全球性的、没有时间和空间距离的另一个维度的空间。它的出现和发展改变了企业的格局、价值体系、经营模式，甚至改变了企业的形式。在电子商务的作用下，一些基于 Internet 的全新的企业经营、管理模式等正在不断地诞生和发展。从这个意义上来说，电子商务所指的商务不仅包含交易，而且涵盖了贸易、经营、管理、服务和消费等各个领域，其主题是多元化的，其功能是全方位的，涉及社会经济活动的各个层面。

2. 电子商务的分类

从企业电子商务系统业务处理过程涉及的范围出发，电子商务可以分为企业内部、企业间、企业与消费者之间、企业与政府之间 4 种类型。

（1）企业内部的电子商务指企业通过企业内部网 Intranet 自动进行商务流程处理，增加对重要系统和关键数据的存储，保持组织间的联系。

（2）企业间的电子商务也称 BtoB，或 B2B，指有业务联系的公司之间有电子商务将关键的商务处理过程连接起来，形成在网上的虚拟企业圈。

（3）企业与消费者之间的电子商务是人们最熟悉的一种类型，也称 BtoC，或 B2C，主要是借助国际互联网所开展的在线销售活动。大量的网上商店利用 Internet 提供双向交互式通信，完成在网上进行购物的过程。

（4）企业与政府之间的电子商务，也称为 BtoG，或 B2G，政府与企业之间的各项事务都可以涵盖在其中，包括政府采购、税收、商检、管理条例发布等。政府一方面作为消费者，可以通过 Internet 发布自己的采购清单，公开、透明、高效、廉洁地完成所需物品的采购；另一方面，政府对企业宏观调控、指导规范、监督管理的职能通过网络以电子商务方式更能充分、及时地发挥。

1.3.9　电子政务

电子政务，是指政府机构在其管理和服务职能中运用现代信息技术，实现政府组织结构和工作流程的重组优化，超越时间、空间和部门分隔的制约，建成一个精简、高效、廉洁、公平的政府运作模式。它包含多方面的内容，如政府办公自动化、政府部门间的信息共建共享、政府实时信息发布、各级政府间的远程视频会议、公民网上查询政府信息、电子化民意调查和社会经济统计等。

我国政府部门的职能正从管理型转向管理服务型，承担着大量的公众事务的管理和服务职能，信息应及时上网，以适应未来信息网络化社会对政府的需要，提高工作效率和政务透明度，建立政府与人民群众直接沟通的渠道，为社会提供更广泛、更便捷的信息与服务，实现政府办公电子化、自动化、网络化。通过互联网，政府可以让公众及时了解政府机构的组成、职能和办事章程，以及各项政策法规，增加办事执法的透明度，并自觉接受公众的监督。同时，政府也可以在网上与公众进行信息交流，听取公众的意见与心声，在网上建立起政府与公众之间相互交流的桥梁，为公众与政府部门打交道提供方便，并从网上行使对政府的民主监督权利。

在电子政务中，政府机关的各种数据、文件、档案、社会经济数据都以数字形式存储于网络服务器中，可通过计算机检索机制快速查询，并从中可以挖掘出许多有用的知识和信息，服务于政府决策。

1.3.10　物联网及应用

随着计算机信息技术和微电子技术的发展，物联网得到国内外的普遍重视和较快发展。物联网产业跨越电子信息制造业、智能装备制造业、软件和信息服务业 3 大产业，集计算机、通信、网络、智能计算、传感器、嵌入式系统、微电子等多个技术领域，由终端产品制造商、信息传输与处理商、应用与服务提供商和消费者等参与构成。其产业链长，和行业结合的信息渗透能力强，经济带动能力强，因此将催生一个巨大的新兴产业。据预测，物联网产业市场规模将超过万亿规模，被认为是继计算机、互联网之后世界信息产业的第三次浪潮。

物联网（The Internet of things）是通过射频识别（RFID）、红外感应器、全球定位系统、激光扫描器等信息传感设备，按约定的协议，把任何物品与互联网连接起来，进行信息交换和通信，以实现智能化识别、定位、跟踪、监控和管理的一种网络。

自从 1999 年提出物联网这个词汇以来，物联网的概念一直在不断地发展和扩充，如果以更广泛的角度来说，物联网就是"物物相连的互联网"，这有两层意思：第一，物联网的核心和基础仍然是互联网，是在互联网基础上的延伸和扩展的网络；第二，其用户端延伸和扩展到了任何物品与物品之间，进行信息交换和通信。

1.3.11　云计算

云计算技术是硬件技术和网络技术发展到一定阶段而出现的一种新的技术模型，通常技术人员在绘制系统结构图时用一朵云的符号来表示网络，云计算这个奇怪的名字就是因此而得名的。

云计算（cloud computing）是基于互联网的相关服务的增加、使用和交付模式，通常涉及通过互联网来提供动态易扩展且经常是虚拟化的资源。过去在图中往往用云来表示电信网，后来也用来表示互联网和底层基础设施的抽象。因此，云计算甚至可以让你体验每秒10万亿次的运算能力，拥有这么强大的计算能力可以模拟核爆炸、预测气候变化和市场发展趋势。用户通过计算机、笔记本、手机等方式接入数据中心，按自己的需求进行运算。

云计算使计算分布在大量的分布式计算机上，而非本地计算机或远程服务器中，企业数据中心的运行将与互联网更相似。这使得企业能够将资源切换到需要的应用上，根据需求访问计算机和存储系统。

与传统的资源提供方式相比，云计算具有以下特点。

（1）超大规模

"云"具有相当的规模，Google 云计算已经拥有 100 多万台服务器，Amazon、IBM、微软、Yahoo 等的"云"均拥有几十万台服务器。企业私有云一般拥有数百上千台服务器。"云"能赋予用户前所未有的计算能力。

（2）虚拟化

云计算支持用户在任意位置、使用各种终端获取应用服务。所请求的资源来自"云"，而不是固定的有形的实体。应用在"云"中某处运行，但实际上用户无需了解，也不用担心应用运行的具体位置。只需要一台笔记本或者一部手机，就可以通过网络服务来实现我们需要的一切，甚至包括超级计算这样的任务。

（3）高可靠性

"云"使用了数据多副本容错、计算节点同构可互换等措施来保障服务的高可靠性，使用云计算比使用本地计算机可靠。

（4）通用性

云计算不针对特定的应用，在"云"的支撑下可以构造出千变万化的应用，同一个"云"可以同时支撑不同的应用运行。

（5）高可扩展性

"云"的规模可以动态伸缩，满足应用和用户规模增长的需要。

（6）按需服务

"云"是一个庞大的资源池，可按需购买，云可以像自来水、电、煤气那样计费。

1.3.12　大数据和计算思维

1. 大数据技术

大数据是云计算、物联网之后 IT 行业又一大颠覆性的技术革命。"大数据时代"是全球知名咨询公司麦肯锡提出的，麦肯锡称："数据，已经渗透到当今每一个行业和业务职能领域，成为重要的生产因素。人们对于海量数据的挖掘和运用，预示着新一波生产率增长和消费者盈余浪潮的到来。"进入 2012 年，大数据（big data）一词越来越多地被提及，人们用它来描述和定义信息爆炸时代产生的海量数据，并命名与之相关的技术发展与创新。"大数据"时代已经降临，在商业、经济及其他领域中，决策将日益基于数据和分析做出，而并非基于经验和直觉。大数据的特征是：

（1）数据量大（Volume）

大数据的起始计量单位至少是 PB（1000 个 TB）、EB（100 万个 TB）或 ZB（10 亿个 TB）。

（2）类型繁多（Variety）

包括网络日志、音频、视频、图片、地理位置信息等，多类型的数据对数据的处理能力提出了更高的要求。

（3）价值密度低（Value）

数据价值密度相对较低，如随着物联网的广泛应用，信息感知无处不在，信息海量，但价值密度较低，如何通过强大的机器算法更迅速地完成数据的价值"提纯"，是大数据时代亟待解决的难题。

（4）速度快时效高（Velocity）

处理速度快，时效性要求，这是大数据区分于传统数据挖掘最显著的特征。

2. 计算思维

2006 年 3 月，美国卡内基·梅隆大学计算机科学系主任周以真（Jeannette M. Wing）教授在美国计算机权威期刊《Communications of the ACM》上给出并定义了计算思维（Computational Thinking，CT）。周教授认为计算思维是运用计算机科学的基础概念进行问题求解、系统设计，以及人类行为理解等涵盖计算机科学之广度的一系列思维活动。计算思维的特性有如下方面。

（1）概念化，不是程序化；计算机科学不是计算机编程。像计算机科学家那样去思维意味着远不止能为计算机编程，还要求能够在抽象的多个层次上思维。

（2）根本的，不是刻板的技能；根本技能是每一个人为了在现代社会中发挥职能所必须掌握的。刻板技能意味着机械的重复。

（3）是人的，不是计算机的思维方式；计算思维是人类求解问题的一条途径，但决非要使人类像计算机那样思考。计算机枯燥且沉闷，人类聪颖且富有想象力，是人类赋予了计算机激情。配置了计算设备，我们就能用自己的智慧去解决那些在计算时代之前不敢尝试的问题，实现"只有想不到，没有做不到"的境界。

（4）数学和工程思维的互补与融合；计算机科学在本质上源自数学思维，因为像所有的科学一样，其形式化基础建筑于数学之上。计算机科学又从本质上源自工程思维，因为我们建造的是能够与实际世界互动的系统，基本计算设备的限制迫使计算机学家必须计算性地思考，不能只是数学性地思考。构建虚拟世界的自由使我们能够设计超越物理世界的各种系统。

（5）是思想，不是人造物；不只是我们生产的软件硬件等人造物将以物理形式到处呈现并时时刻刻触及我们的生活，更重要的是还将有我们用以接近和求解问题、管理日常生活、与他人交流和互动的计算概念；而且，面向所有的人，所有地方。当计算思维真正融入人类活动的整体以致不再表现为一种显式之哲学的时候，它就将成为一种现实。

1.4　项目总结

本章主要介绍了计算机的发展历程、特征、计算机的分类、应用领域，信息的表示与常用数制之间的转换，计算机工作原理及系统的组成，数据库、多媒体、电子商务、电子政务等相关概念。

1.5　技能拓展

1.5.1　理论考试练习

一、单项选择题

1. 计算机的发展阶段通常是按计算机所采用的_____来划分的。
   - A. 内存容量
   - B. 操作系统
   - C. 程序设计语言
   - D. 电子器件

2. 以微处理器为核心组成的微型计算机属于_____计算机。
   - A. 第一代
   - B. 第二代
   - C. 第三代
   - D. 第四代

3. 现代数字电子计算机运行时遵循的存储程序工作原理最初是由_____提出的。
   - A. 图灵
   - B. 冯·诺依曼
   - C. 乔布斯
   - D. 布尔

4. iPhone 手机中使用到的 A7 处理器主要应用_____技术制造。
   - A. 电子管
   - B. 晶体管
   - C. 集成电路
   - D. 超大规模集成电路（VLSI）

5. 淘宝网的网上购物属于计算机现代应用领域中的_____。
   - A. 计算机辅助系统
   - B. 电子政务
   - C. 电子商务
   - D. 办公自动化

6. 按照计算机应用分类，12306 火车票网络购票系统应属于_____。
   - A. 数据处理
   - B. 动画设计
   - C. 科学计算
   - D. 实时控制

7. 计算机中采用二进制，是因为_____。
   - A. 硬件易于实现
   - B. 运算简单
   - C. 两种状态的系统具有稳定性
   - D. 上述三个原因都对

8. 通常所说的 RGB 颜色模型是_____三色模型。
   - A. 绿、青、蓝
   - B. 红、黄、蓝
   - C. 红、绿、蓝
   - D. 以上都不是

9. "神舟八号"飞船应用计算机进行飞行状态调整属于_____。
   - A. 科学计算
   - B. 数据处理
   - C. 实时控制
   - D. 计算机辅助设计

10. CAM 是计算机主要应用领域之一，其含义是_____。
    - A. 计算机辅助制造
    - B. 计算机辅助设计
    - C. 计算机辅助测试
    - D. 计算机辅助教学

11. 在计算机中，设置 CMOS 的目的是_____。
    - A. 改变操作系统
    - B. 清除病毒
    - C. 更改和保存机器参数
    - D. 安装硬件设备

12. 使用搜狗输入法进行汉字"安徽"的录入时，我们在键盘上按的按键"anhui"属于汉字的_____。
    - A. 输入码
    - B. 机内码
    - C. 国标码
    - D. ASCII 码

13. 如果想在网上观赏.rm 格式的电影，可使用_____播放。
    - A. WinRAR
    - B. CD 唱机
    - C. 录音机
    - D. RealPlayer

14. 十进制小数 0.6875 转换成二进制数是_____。
    - A. 0.1101
    - B. 0.1011
    - C. 0.0111
    - D. 0.1100

15. 将二进制数 10000001 转换成十进制数应该是_____。

    A. 126   B. 127   C. 128   D. 129

16. 在计算机中，高速缓存（Cache）的作用是_____。

    A. 提高 CPU 访问内存的速度

    B. 提高外存与内存的读写速度

    C. 提高 CPU 内部的读写速度

    D. 提高计算机对外设的读写速度

17. 微型机的中央处理器主要由_____组成。

    A. 控制器   B. CPU 和存储器   C. 运算器   D. 运算器和控制器

18. 现在计算机采用的是双核处理器，双内核的主要作用是_____。

    A. 加快了处理数据的速度   B. 加快了处理多任务的速度

    C. 处理数据的能力比单核快了一倍   D. 加快了读取硬盘数据的速度

19. 在微型计算机性能的衡量指标中，_____用以衡量计算机的稳定性和质量。

    A. 字长   B. 兼容性

    C. 平均无障碍工作时间   D. 存储容量

20. "64 位微型机"中的"64"是指_____。

    A. 微型机型号   B. 机器字长

    C. 内存容量   D. 显示器规格

21. 当硬盘中的某些磁道损坏后，该硬盘_____。

    A. 不能再使用   B. 必须送原生产厂维修

    C. 只能作为另一块硬盘的备份盘   D. 通过工具软件处理后，能继续使用

22. 下列 4 种操作系统，以"及时响应外部事件"（如炉温控制、导弹发射等）为主要目标的是_____。

    A. 批处理操作系统   B. 分时操作系统

    C. 实时操作系统   D. 网络操作系统

23. 计算机主板上所采用的电源为_____。

    A. 交流电   B. 直流电

    C. 可以是交流，也可以是直流电   D. UPS

24. 门禁系统的指纹识别功能所运用的计算机技术是_____。

    A. 机器翻译   B. 自然语言理解

    C. 过程控制   D. 模式识别

25. 计算机程序主要由算法和数据结构组成。计算机中对解决问题的有穷操作步骤的描述被称为_____，它直接影响程序的优劣。

    A. 算法   B. 数据结构   C. 数据   D. 程序

26. 按计算机应用的类型分类，余额宝属于_____。

    A. 过程控制   B. 办公自动化   C. 数据处理   D. 计算机辅助设计

27. 使用百度在网络上搜索资料，在计算机应用领域中属于_____。

    A. 数据处理   B. 科学计算   C. 过程控制   D. 计算机辅助测试

28. 人工智能是让计算机能模仿人的一部分智能。下列_____不属于人工智能领域中

的应用。

  A. 机器人   B. 银行信用卡   C. 人机对弈   D. 机械手

29. 将二进制数 11000101.10011 转换为十六进制数应该是_____。

  A. C5.43   B. 305.43   C. C5.13   D. C5.98

30. 用十六进制数给存储器进行地址编码。若编码为 0000H～FFFFH，则该存储器的容量是_____KB。

  A. 32   B. 64   C. 128   D. 256

31. 十六进制数 A2F9 转换为相应的二进制数是_____。

  A. 1010000111010001B   B. 1010001011111001B

  C. 1010010011111001B   D. 1011001011111001B

32. 两个二进制数算术加的结果 11001001+00100111 是_____。

  A. 11101111   B. 11110000   C. 00000001   D. 10100010

33. 用 8 位带符号的二进制数表示整数范围是_____。

  A. −127～+127 B. −127～+128 C. −128～+127 D. −128～+128

34. 如果用 8 位二进制补码表示带符号的整数，则能表示的十进制数的范围是_____。

  A. −127～+127 B. −127～+128 C. −128～+127 D. −128～+128

35. 下列二进制数中，_____与十进制数 510 等值。

A. 111111111B   B. 100000000B   C. 111111110B   D. 110011001B

二、多项选择题

1. 计算机不能正常启动，则可能的原因有_____。

  A. 电源故障   B. 操作系统故障   C. 主板故障   D. 内存条故障

2. 在下列关于计算机软件系统组成的叙述中，错误的有_____。

  A. 软件系统由程序和数据组成

  B. 软件系统由软件工具和应用程序组成

  C. 软件系统由软件工具和测试软件组成

  D. 软件系统由系统软件和应用软件组成

3. 在计算机的显示器中，目前常用的有_____。

  A. 阴极射线管显示器   B. 等离子显示器

  C. 液晶显示器   D. 以上都不常用

4. 下列关于微型机中汉字编码的叙述，_____是正确的。

  A. 五笔字型是汉字输入码

  B. 汉字库中寻找汉字字模时采用输入码

  C. 汉字字形码是汉字字库中存储的汉字字形的数字化信息

  D. 存储或处理汉字时采用机内码

5. 下列存储器中，CPU 能直接访问的有_____。

  A. 内存储器   B. 硬盘存储器

  C. Cache（高速缓存）   D. 光盘

6. 影响计算机速度的指标有_____。

  A. CPU 主频   B. 内存大小   C. 网络带宽   D. 显示器分辨率

7. 以下属于计算机应用的有_____。

    A. 气象预报   B. 人口统计   C. 资料检索   D. 图像处理

8. 当前巨型机的主要应用领域有_____。

    A. 办公自动化   B. 核武器和反导弹武器设计

    C. 空间技术   D. 辅助教学

9. 在利用计算机高级语言进行程序设计过程中，必不可少的步骤是_____。

    A. 编辑源程序   B. 程序排版   C. 编译或解释   D. 资料打印

10. 以下属于系统软件的有_____。

    A. Office 2003   B. Windows 2000   C. Windows XP   D. Linux

1.5.2 实践操作练习

计算机的开、关机操作及中英文输入。

PART 2

项目二
Windows 操作和应用
——管理计算机资源

学习目标

Windows 操作系统是目前应用最为广泛的一种图形用户界面操作系统，它利用图像、图标、菜单和其他可视化部件控制计算机。本章通过介绍 Windows 的个性化环境设置、文件管理操作、软件和硬件管理控制等任务，以提高大家对该操作系统的整体认识，让大家在将来进行计算机办公的过程中更能得心应手，达到事半功倍的效果。

本项目通过管理计算机文件的案例来掌握 Windows 操作系统的基本使用方法，学习操作系统的相关应用和基本操作。

通过本案例的学习，能够掌握以下计算机水平考试知识点。

知识目标

- 操作系统、文件、文件夹、多媒体等有关概念。
- Windows 操作系统的特点及启动、退出方法，附件的使用。
- 开始菜单、窗口、对话框、快捷方式的作用，回收站及应用。
- 利用资源管理器完成系统的软硬件管理的方法。
- 利用控制面板添加硬件、添加或删除程序等的方法。

技能目标

- 能够使用资源管理器进行系统管理。
- 能够对文件和文件夹进行基本的操作、显示属性的设置。
- 能够使用控制面板进行个性化工作环境设置。

2.1　任务要求

　　小明是学生会的主席。最近，新生入学后新招的学生会干事也越来越多，一开始他把这些学生会成员的信息随意存储在计算机的 F 盘中，文件名也没有什么规律，但随着招新工作进一步开展，学生会成员、成员信息等文件越来越多，加上以前的计算机作业、影视娱乐、照片等文件，一大堆文件显得杂乱无章。想要找一个成员的信息，需要查找很长时间，打开很多文件，然后再查看查找的内容是否是自己所需要的文件。这样会浪费很多时间，不利于工作的开展。因此，他希望对计算机中的这些文件进行有序的管理。在完成文件的有效管理后，小明还希望能对计算机操作系统进行个性化环境设置。怎样才能对计算机中的文件进行有序的管理以及个性化设置呢？他针对这些问题，请教了赵老师，希望赵老师帮助自己对 F 盘里的所有文件、文件夹进行归类整理；在完成文件归类整理后，再对计算机操作系统进行个性化设置，从而构建一个个性化的 Windows 操作系统。

　　赵老师对小明计算机中的 F 盘里的文件进行初步分析后，决定在对文件归类整理的同时，对小明的计算机系统进行一次优化，为今后的学生会工作提供更大的便利。然后对小明计算机系统的属性设置做了一些修改，完成计算机系统的个性化设置。赵老师对此次任务提出了几点建议和要求。

　　（1）C 盘一般作为系统盘，专门用于安装系统程序，娱乐文件及重要文档一般不放在 C 盘上，而放在其他盘上。

　　（2）在 F:盘中建立 4 个文件夹，分别用来存放不同内容和类型的文档，文件名最好用和内容有关的中文名称，便于搜索文件和文件夹信息。

　　（3）对于经常访问的文件夹和文件在桌面上应该建立快捷方式。

　　（4）为计算机设置个性化的环境。

　　（5）当多个用户共同使用一台计算机时，我们为计算机设置多个用户。

2.2　解决方案

　　计算机系统文件管理的解决方案如下。

　　（1）采用正确的方法启动计算机，为下面的文件管理工作做好准备。

　　（2）分析所有文件、文件夹的类型，建立一套简单、清晰的文件管理体系。

　　（3）根据文件、文件夹类型的分析结果和工作的需求，在 F:盘中创建"娱乐""私人""学习""学生会成员管理" 4 个文件夹，以及创建"学生会成员管理"文件夹的快捷方式。

　　（4）归类整理文件和文件夹，如将"学生会成员管理"文件夹中的学生会成员信息文件进行"分类存放"，可以按照每个部门、每个专业、每个班级整理文件。

　　（5）设置文件和文件夹的属性，将"学生会成员管理"文件夹里的内容在 E 盘中做一个备份，将"学生会成员管理"文件夹里的"学生评议结果.doc"文件设为隐藏属性。

　　（6）搜索文件和文件夹，查找"朱丽.txt"文件。

　　（7）为计算机设置一个有特色的桌面背景，并且安装 Flash 软件，删除 Photoshop 软件，以节省计算机存储空间。

　　（8）为计算机设置多个用户，以满足多用户共同使用一台计算机的情况。

2.3　基本概念

1. Windows 桌面

当计算机打开时，操作系统会呈现一个工作界面，也就是我们所称的桌面，我们将从桌面开始认识计算机的基本使用方法。

Windows 桌面主要由 7 部分组成，分别是任务栏、开始菜单、快速启动栏、应用程序列表、系统托盘、桌面背景和桌面图标，如图 2-1 所示。

桌面图标

图标左下角带箭头的均为"桌面快捷方式"

桌面背景

快捷启动栏

应用程序列表

任务栏

开始菜单

系统托盘

图 2-1　系统桌面

（1）任务栏

任务栏一般依次位于桌面的最底部，通常由"开始"菜单、"快速启动栏""应用程序列表"和"系统托盘"组成，如图 2-1 所示。

开始菜单：单击操作系统桌面上的"开始"菜单图标，就可以打开【开始】菜单，如图 2-2 所示。在这个菜单里，可以访问系统中安装的"所有程序""计算器""画图"工具等内容。

快速启动栏：快速启动栏是任务栏的一部分，在开始菜单的右侧。鼠标单击快速启动栏里的应用程序或软件，可以方便快捷地访问某些应用程序和软件。

系统托盘：系统托盘中的是系统在开机状态下存在于内存中的一些项目，如"系统时钟"显示、"反病毒实时监控程序"等，位于任务栏的最右侧。最右边的是时间按钮，用户可以随时看到当前系统的时间，系统托盘里还存放有常驻内存程序的图标，如图 2-1 所示，还存放了"音量调节""汉字输入法""时间"等图标。

应用程序列表：用户每打开一个窗口，任务栏就会出现一个代表该窗口的按钮。例如，在图 2-1 中，由于打开了 Photoshop 应用程序和 Word 文件（第二章 Windows 操作和应用），任务栏上将出现这两个窗口的图标按钮。单击这些图标按钮就可以在已打开的各个窗口之间进行切换（或者按 Alt+Tab 组合键进行窗口切换）。

（2）桌面背景

桌面背景也称为墙纸、壁纸，即桌面的背景图案。

（3）桌面图标

Windows 操作系统是一个可视化的操作系统，在 Windows 环境下，所有应用程序、文件、文件夹等对象都是由一个可以反映对象类型的图片和相关文字说明组成的，双击这些图标即可以打开并运行相应的应用程序和文件。

2. 操作系统的主要作用、特点和类型

操作系统是用户和计算机硬件之间的接口，是对计算机硬件系统的扩充，用户通过操作系统来使用计算机系统。操作系统的作用主要体现在进程管理、存储管理、文件管理、设备管理、作业管理这5个方面。操作系统具有并发性、共享性、虚拟性和不确定性4个基本特点。根据人们对所使用的计算机要求不同，从而对计算机操作系统的性能要求也不同，操作系统按照服务功能分为单用户操作系统、批处理操作系统、分时操作系统、实时操作系统、网络操作系统和分布式操作系统。

3. 窗口的组成

Windows 窗口包括标题栏、菜单栏、滚动条和状态栏等，如图2-3所示。

（1）标题栏

标题栏位于窗口的顶部，显示窗口名称及图标。通过最右侧的3个按钮可以进行最小化、最大化、关闭窗口操作。在标题栏空白处双击鼠标左键会自动切换窗口大小。

（2）菜单栏

标题栏下面的就是菜单栏，它包括了大多数应用程序命令，利用菜单栏可以实现对窗口的各种操作，不同的应用程序提供的菜单栏不完全相同。

图 2-2 【开始】菜单

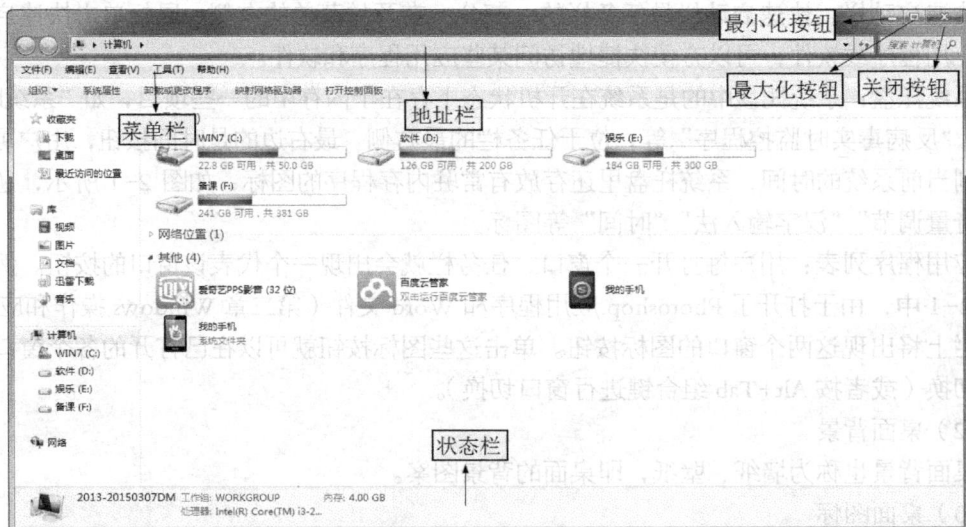

图 2-3 窗口的组成

（3）工具栏

工具栏包括了窗口的常用功能按钮，也可以自己设置工具栏。

（4）工作区

窗口中最主要的区域就是工作区，操作对象都存放在工作区内。

（5）状态栏

状态栏位于窗口的最下面，用来显示该窗口的状态以及进行某种操作时显示的与该操作有关的一些提示信息。

4. 窗口的操作

窗口是 Windows 操作系统的最大特点，窗口操作也是 Windows 系统的最基本操作。

（1）打开窗口

双击需要打开的对象图标，或右击对象图标，在快捷菜单中选择"打开"命令。

（2）关闭窗口

关闭窗口的常用方法如下。

① 可以单击窗口右上角的"关闭"按钮 ⊠ 。

② 双击窗口左上角的"控制菜单"图标。

③ 单击窗口左上角的"控制菜单"图标，在弹出菜单中选择"关闭命令"。

④ 选择【文件】|【退出】命令。

⑤ 按 Alt+F4 组合键。

（3）调整窗口大小

在工作过程中，有时候会打开很多窗口，为了同时查看其他窗口的内容，需要调整各个窗口的大小，我们可以利用窗口控制按钮 ⬓⬜⊠ 实现窗口大小的调整，也可以使用鼠标调整窗口的大小，将鼠标放置到窗口的任意一个四角处，当鼠标变成 ↖ 这个形状时，按住鼠标左键不放，就可以任意调整窗口的大小了。

（4）窗口切换

在桌面上可同时存在多个打开的窗口，但只有一个窗口处于当前状态，其他窗口称为后台窗口。切换窗口最方便的方法是直接单击要激活的窗口，或者单击任务栏上的需要激活窗口的按钮，也可以使用 Alt+Tab 组合键来切换。

5. 文件和文件夹

（1）文件

文件是存储在外部介质上的信息集合。在计算机上，文件一般保存在磁盘上，称为磁盘文件。文件名就像每个人的姓名，是存取文件的依据，即"按名存取"。

（2）文件夹

Windows 操作系统采用树型结构，以文件夹的形式组织和管理文件。图 2-4 所示为 F 盘的"磁盘文件夹结构"。

（3）文件和文件夹的命名规则

文件和文件夹的名称由两部分构成，如"第二章 Windows 操作和应用.docx"，"第二章 Windows 操作和应用"是文件的名称，".docx"是文件的扩展名。扩展名决定了文件的类型，文件类型不同，显示出来的图标也不同。表 2-1 列出了常用扩展名与文件类型的对应关系。

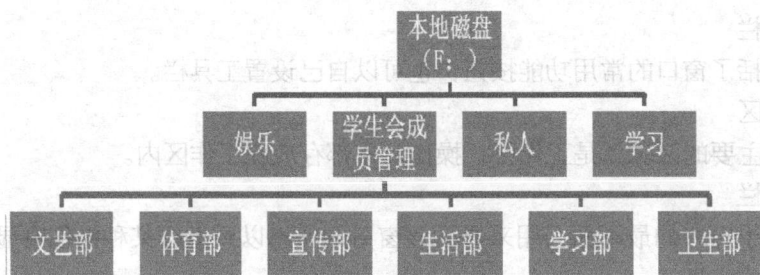

图 2-4 磁盘文件夹结构

表 2-1 常用扩展名与文件类型

扩展名	说明	扩展名	说明
.exe	可执行文件	.sys	系统文件
.com	命令文件	.zip	压缩文件
.htm	网页文件	.docx	Word 文件
.txt	文本文件	.c	C 语言源程序
.bmp	图像文件	.psd	Photoshop 文件
.fla	Flash 文件	.wav	声音文件
.java	Java 语言源程序	.cxx	C++语言源程序

（4）文件的显示方式

单击菜单栏的"查看"图标，下拉菜单中列出了几种查看文件的方式。前面有标识的就是当前使用的查看方式，如图 2-5 所示。当文件夹中的内容较多时，最好采用"平铺"和"图标"方式，这样可以更加清楚地查看文件的图标。如果想尽可能多地显示文件和文件夹，就可以采用"列表"方式显示，以便于看到更多的内容。"详细资料"方式可以显示文件名称、大小、类型和修改时间等信息。

（5）文件的排列方式

有时为了更快地找到特定的文件，可以按文件的其他属性排列文件。右键单击桌面空白处，弹出快捷菜单后选择"排列图标"，里面提供了 4 种排列方式，分别是"类型""大小""名称""修改日期"，可以根据自己的需要选择不同的文件排列方式。

（6）文件的属性

选中一个文件后右击，在右键菜单中选择"属性"。弹出"属性"对话框，如图 2-6 所示。在对话框的最下面显示有"只读""隐藏"2 个属性。"只读"属性是指打开这个文件时，就只能看，而不能修改里面的内容；"隐藏"属性可以把文件隐藏起来，并不是删除文件，这样当我们浏览文件时，就看不到这个文件。

6. 文件和文件夹的操作

（1）文件和文件夹的创建

使用【文件】|【新建】|【文件夹】，可以在当前文件夹中创建一个新的文件夹。如果要创建"记事本文件""Word 文件"等特定文档类型，可以使用【文件】|【新建】，在子菜单中选择要创建的文档类型；也可以使用快捷菜单创建，单击文件夹内容窗格中任意空白处，在快捷菜单中选中"新建"选项，选择需要创建文档的类型。

| 状态栏(B) |
| 超大图标(X) |
| 大图标(R) |
| 中等图标(M) |
| 小图标(N) |
| 列表(L) |
| 详细信息(D) |
| ● 平铺(S) |
| 内容(T) |
| 展开所有组(U) |
| 折叠所有组(C) |
| 排序方式(O) ▶ |
| 分组依据(P) ▶ |
| 选择详细信息(H)... |
| 转至(G) ▶ |
| 刷新(R) |

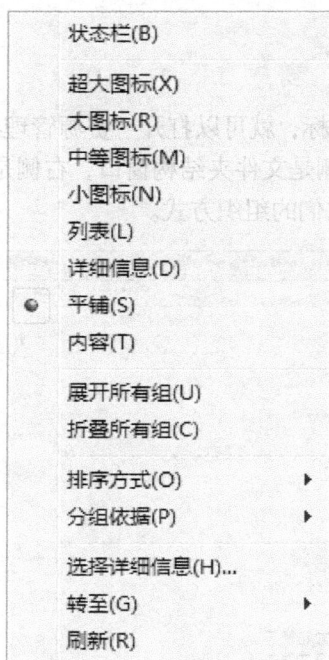

图 2-5　查看文件框

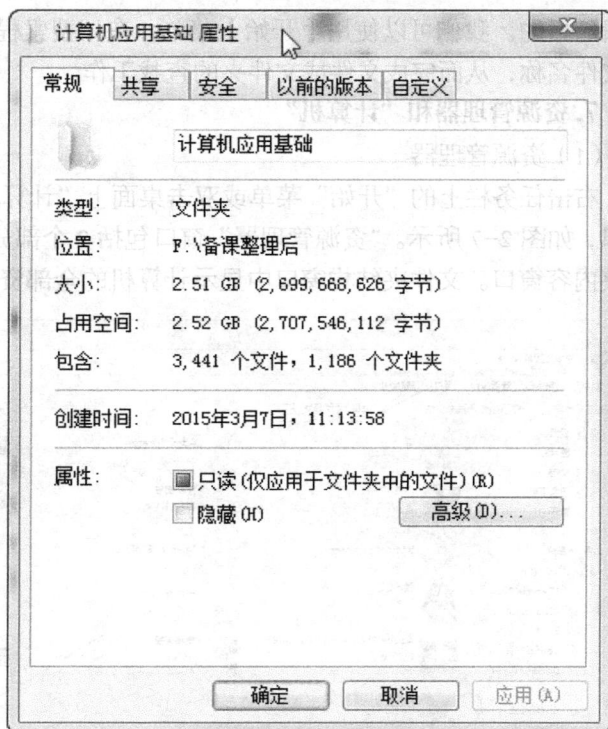

计算机应用基础 属性

常规　共享　安全　以前的版本　自定义

计算机应用基础

类型:	文件夹
位置:	F:\备课整理后
大小:	2.51 GB（2,699,668,626 字节）
占用空间:	2.52 GB（2,707,546,112 字节）
包含:	3,441 个文件，1,186 个文件夹
创建时间:	2015年3月7日，11:13:58

属性:　☑ 只读（仅应用于文件夹中的文件）(R)
　　　　☐ 隐藏 (H)　　　　高级(D)...

确定　　取消　　应用(A)

图 2-6　"属性"对话框

（2）文件或文件夹的复制

我们在操作过程当中，有时候需要将文件或文件夹再次复制一份，这时就需要使用复制操作。选定要复制的文件和文件夹，选择"编辑"菜单中的"复制"命令，或者使用 Ctrl+C 组合键，然后在需要复制的位置上单击鼠标右键，选择"粘贴"命令或者使用 Ctrl+V 组合键就可以实现文件或文件夹的复制。

（3）文件或文件夹的移动

移动文件或文件夹的方法与复制操作类似，所不同的是需要将选择"复制"命令改为选择"剪切"命令即可。若按住 Shift 键的同时用鼠标将选定的文件或文件夹拖曳到目标盘或目标文件中，也可以实现移动操作。

（4）文件或文件夹的删除

当计算机中的文件或文件夹我们已经不再需要时，就可以使用"删除"命令对计算机中多余的文件或文件夹进行删除操作。可以直接使用 Delete 键删除文件，也可以右击要删除的对象，使用快捷菜单对文件进行删除，最简单的方法是可以直接将要删除的文件或文件夹拖动到回收站里。

（5）文件或文件夹的重命名

当计算机中的文件或文件夹的名称已经不再满足我们要求时，我们可以对文件或文件夹进行重命名工作。可以使用"文件"下拉菜单命令进行重命名，也可以采用两次单击对象法进行重命名。

（6）文件或文件夹的查找

当需要查找特定文件或文件夹时，就需要使用 Windows 操作系统提供的文件、文件夹的搜索功能，通过该功能，可以对存储地址不明的文件进行搜索，从而达到快速定位、查看、编辑的目的。我们可以使用【开始】菜单，在"搜索程序和文件"的对话框里输入需要搜索的文件名称，从而完成文件或文件夹的查找工作。

7. 资源管理器和"计算机"

（1）资源管理器

右击任务栏上的"开始"菜单或双击桌面上"计算机"图标，就可以打开"资源管理器"窗口，如图 2-7 所示。"资源管理器"窗口包括 2 个部分，左侧是文件夹结构窗口，右侧是文件夹内容窗口。文件夹结构窗口中显示计算机的全部资源和它们的组织方式。

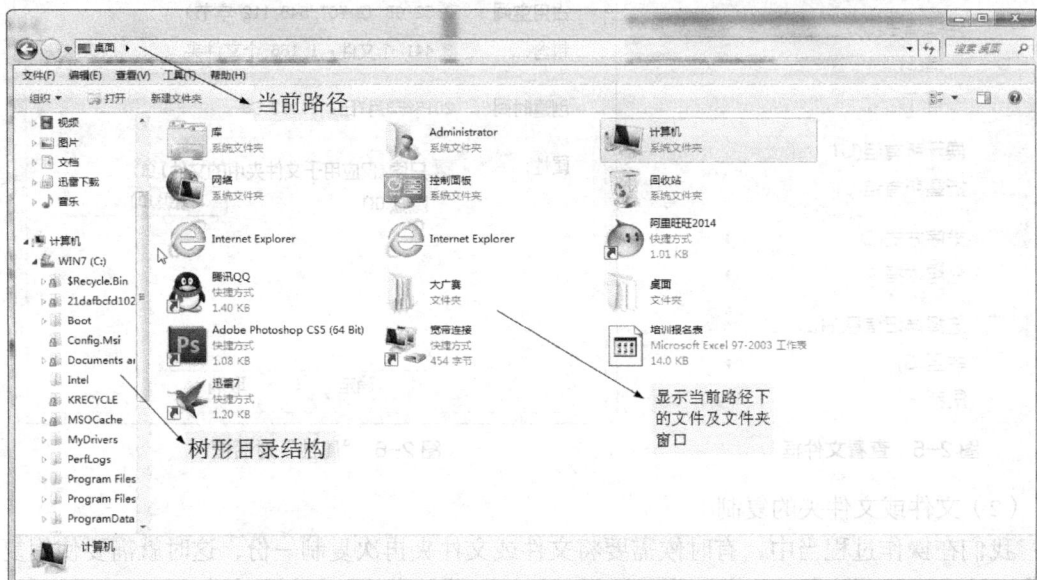

图 2-7　"资源管理器"窗口

"资源管理器"是 Windows 操作系统主要的文件浏览和管理工具，是操作系统中文件管理的另外一种窗口，通过资源管理器的树形文件目录，可以更加方便地对计算机中的文件进行创建和管理。Windows 操作系统中很大一部分操作都是在资源管理器中完成的。它最大的特点是可以在左窗口中显示一个磁盘文件系统的树形结构。

（2）"计算机"

双击桌面上的"计算机"图标，打开"计算机"窗口，如图 2-8 所示，它包含了计算机中的驱动器，各驱动器中又包含文件夹和文件。单击某个驱动器图标，可以在文件夹内容窗口中显示该驱动器中的文件和文件夹列表。

8. 控制面板

控制面板是 Windows 图形用户界面的一部分，可通过【开始】|【控制面板】访问。控制面板是 Windows 操作系统为用户提供的一个管理计算机的场所，通过它不仅可以设置计算机的各种功能，还能按照自己的实际需要设置个性化的计算机，可以根据个人的喜好和习惯管理计算机。

9. 快捷方式

快捷方式是 Windows 的一个重要概念。双击快捷方式就可对它所代表的对象进行操作，快捷方式可以放在桌面上，也可以放在任意文件夹中，"开始"菜单中的很多项目都是快捷方式。使用快捷方式的好处是可以在多个地方方便地操作对象，而又不用存放对象的多个副本，节省存储空间。

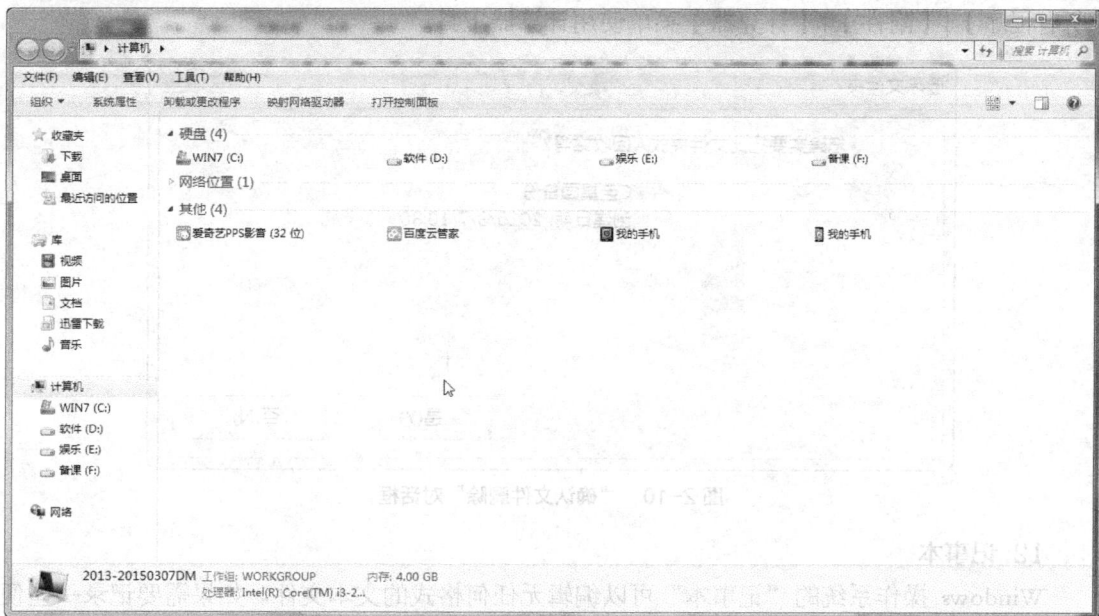

图 2-8   "计算机"窗口

在桌面或文件夹窗口中，快捷方式与文件或文件夹的图标形式类似，不同点是快捷方式图标的左下角有一个黑色弧形箭头 🔲 作为标志。快捷方式的扩展文件名是.LNK，它是一个很小的文件，其中存放的是一个实际对象（程序、文件或文件夹）的链接，可以右击快捷图标，在快捷菜单中选择属性查到实际对象的位置。

10.回收站

回收站就是硬盘总空间中的一部分，它是用来存放被临时删除文件的地方，相当于生活中的垃圾桶，不需要的东西统统扔到垃圾桶。被临时删除的文件，会在回收站保存起来，这样的文件只是在逻辑上进行了删除，如果需要，还可以恢复被删除的文件。与逻辑删除对应的即是物理删除，如果对某一个对象进行了物理删除，该对象便不会在回收站保存起来，而是直接从计算机中清除掉了，在一般情况下不能再被恢复。我们可以选中要被逻辑删除的文件，然后单击鼠标右键，弹出快捷菜单如图 2-9 所示，选中"删除"命令，这时会弹出如图 2-10 所示的对话框，选中【是】按钮即可将文件进行逻辑删除。我们可以直接选中要被物理删除的文件，然后使用 Shift+Delete 组合键进行物理删除。

11.计算器

我们经常会使用附件中的计算器工具。计算器可以帮助用户完成数据的运算，它可分为"标准计算器"和"科学计算器"两种。"标准计算器"可以完成日常工作中简单的算术

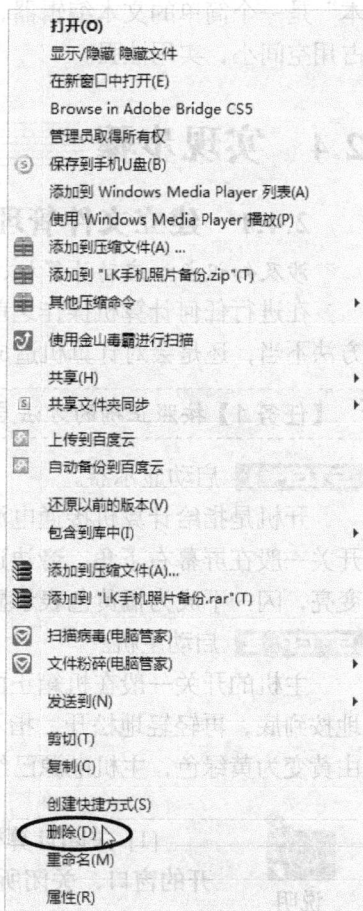

图 2-9   快捷菜单

运算，"科学计算器"可以完成较为复杂的科学运算，比如函数运算等。我们可以通过【开始】|
【所有程序】|【附件】|【计算器】菜单使用计算器工具。

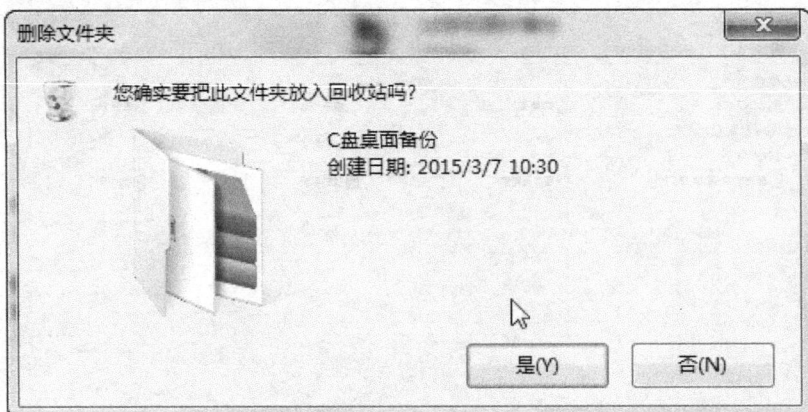

图 2-10　"确认文件删除"对话框

12. 记事本

Windows 操作系统的"记事本"可以编辑无任何格式的文本文件。如果需要记录一些便
条，或者要写一些 HTML 代码，运用"记事本"将会让用户最方便地解决上述问题。"记事
本"是一个简单的文本编辑器，使用起来非常方便，适于备忘录、便条等。它运行速度快，
占用空间小，实用性强。

2.4　实现步骤

2.4.1　建立文件管理体系

涉及知识点：启动计算机、文件类型、记事本文件、输入法安装或删除及设置

在进行任何计算机操作之前，必须要先打开计算机。虽然操作比较简单，但是如果操作
方法不当，还是会对计算机造成不必要的损坏。

【任务 1】按照正确的方法启动计算机，打开计算机以便进行管理计算机文件的操作。

STEP 1 启动显示器。

开机是指给计算机接通电源。一般计算机由两部分组成：显示器和主机。显示器的电源
开关一般在屏幕右下角，旁边还有一个指示灯，轻轻地按到底，再轻轻地松开，这时指示灯
变亮，闪一下成为橘黄色表示显示器电源已经接通。

STEP 2 启动主机。

主机的开关一般在机箱正面，一个最大的按钮，也有的在上面；旁边也有指示灯，轻轻
地按到底，再轻轻地松开，指示灯变亮，可以听到机箱里发出声音，这时显示器的指示灯会
由黄变为黄绿色，主机电源已经接通。

说明 [1] 关闭计算机：关机是指计算机的系统关闭和切断电源。先关闭所有打
开的窗口，关闭所有窗口后，屏幕下面的任务栏是空白的，如图 2-11 所示。

图 2-11 空白任务栏

这时就可以单击"开始"菜单，选择"关机"，如图 2-12 所示。

屏幕提示"正在关闭计算机..."，然后主机上的电源指示灯熄灭，显示器上的指示灯变成橘黄色，再按一下显示器的开关，关闭显示器，指示灯熄灭，这时计算机就安全地关闭了。

[2] 操作顺序：开机的时候先开显示器，后开主机。正确的原则应该是"先外设，后主机"。

图 2-12 关闭计算机

外设在刚加电和断电的瞬间会有较大的电冲击，会给主机发送干扰信号导致主机无法启动或出现异常，因此，在开机时应该先给外部设备加电，然后才给主机加电。但是如果个别计算机，先开外部设备（特别是打印机）则主机无法正常工作，这种情况下应该采用相反的开机顺序。关机时则相反，应该先关主机，然后关闭外部设备的电源。这样可以避免主机中的部位受到大的电冲击。

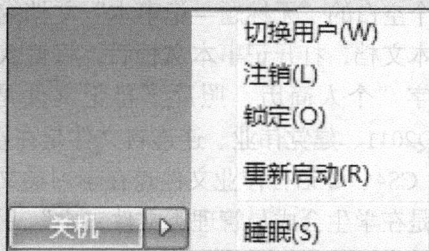

【任务2】对 F 盘内所有文件按照文件类型和所属分类进行认真分析，根据分析的结果制定合理的实施方案，并新建一个记事本文件对分析的结果做一个简单的说明。

整理计算机中的文件，必须先建立文件管理体系，再制定出具体的实施方案。

STEP 1 分析文件类型和所属分类。

赵老师根据小明的介绍，对 F 盘内所有文件按照文件类型和所属分类进行了认真的分析，具体分析结果如表 2-2 所示。

表 2-2　F 盘文件分析表

所属分类	文件名称	文件类型
私人类	个人简历	Word 文档
娱乐类	腾讯 QQ2011	可执行文件
学习类	Flash 作业	文件夹
学生会成员管理类	学生评议结果	Word 文档
私人类	照片	文件夹
学习类	PS CS4	可执行文件
私人类	日记	Word 文档
娱乐类	建党伟业	视频文件
娱乐类	连连看	可执行文件
学习类	C 语言作业	文件夹
学生会成员管理类	学生会成员信息	文件夹

通过分析情况可知，在 F 盘目录下的文件主要有"娱乐""私人""学习""学生会成员管理"4 种类型。

STEP 2 新建记事本文件。

单击【开始】|【所有程序】|【附件】|【记事本】命令，打开一个空白的"无标题—记事本"文档编辑窗口。双击新建的空白记事本文档，打开记事本文档后，将输入法切换到中文输入法，输入文字"个人简历、照片、日记文件是在私人类文件夹中，腾讯 QQ2011、建党伟业、连连看文件是在娱乐类文件夹中，Flash 作业、PS CS4、C 语言作业文件是在学习类文件夹中，学生会成员信息文件是在学生会成员管理类文件夹中"。用记事本文件记录各个文件的存放位置，便于查找。

STEP 3 保存并重命名记事本文件。

单击【文件】|【保存】命令，保存文档后，可以选中记事本文件，并单击鼠标右键，这时会弹开图 2-13 所示的快捷菜单，选择重命名，这时文档名称会处于编辑状态，然后将文档名称修改为"文件分类说明.txt"，最后按 Enter 键确定。

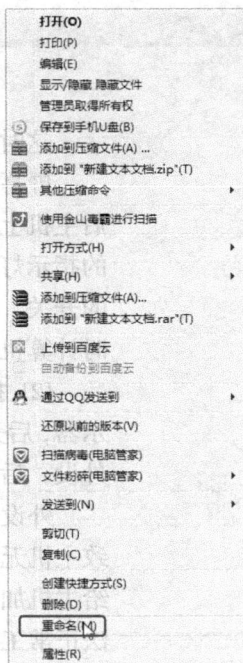

打开(O)
打印(P)
编辑(E)
显示/隐藏 隐藏文件
管理员取得所有权
保存到手机U盘(B)
添加到压缩文件(A) …
添加到 "新建文本文档.zip"(T)
其他压缩命令
使用金山毒霸进行扫描
打开方式(H)
共享(H)
添加到压缩文件(A)…
添加到 "新建文本文档.rar"(T)
上传到百度云
自动备份到百度云
通过QQ发送到
还原以前的版本(V)
扫描病毒(电脑管家)
文件粉碎(电脑管家)
发送到(N)
剪切(T)
复制(C)
创建快捷方式(S)
删除(D)
重命名(N)
属性(R)

图 2-13　重命名快捷菜单

说明

[1] 输入法安装或删除的方法

在桌面上单击【开始】|【控制面板】|【区域和语言】，然后在"区域和语言选项"对话框里单击"磁盘和语言"选项卡，如图 2-14 所示。单击"安装/卸载语言"，弹出图 2-15 所示的"安装或卸载显示语言"对话框，我们可以在这个对话框里安装或卸载显示语言。

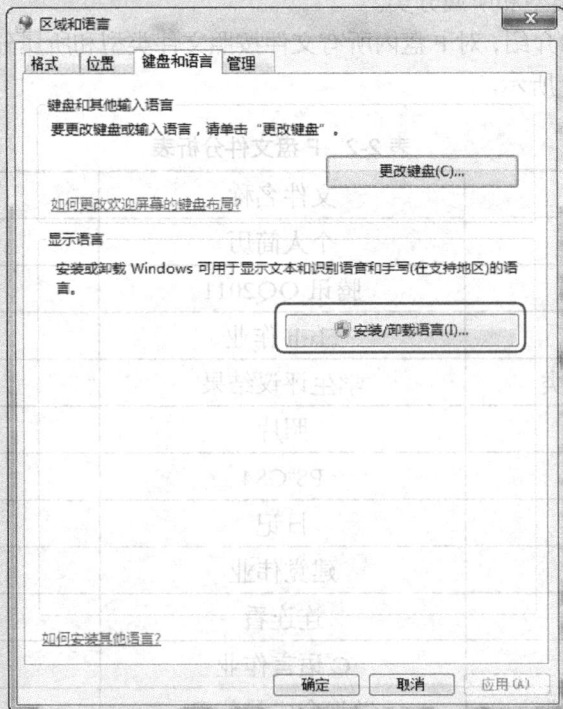

区域和语言

格式　位置　键盘和语言　管理

键盘和其他输入语言
要更改键盘或输入语言，请单击"更改键盘"。

更改键盘(C)...

如何更改欢迎屏幕的键盘布局?

显示语言
安装或卸载 Windows 可用于显示文本和识别语音和手写(在支持地区)的语言。

安装/卸载语言(I)...

如何安装其他语言?

确定　　取消　　应用 (A)

图 2-14　"区域和语言选项"对话框

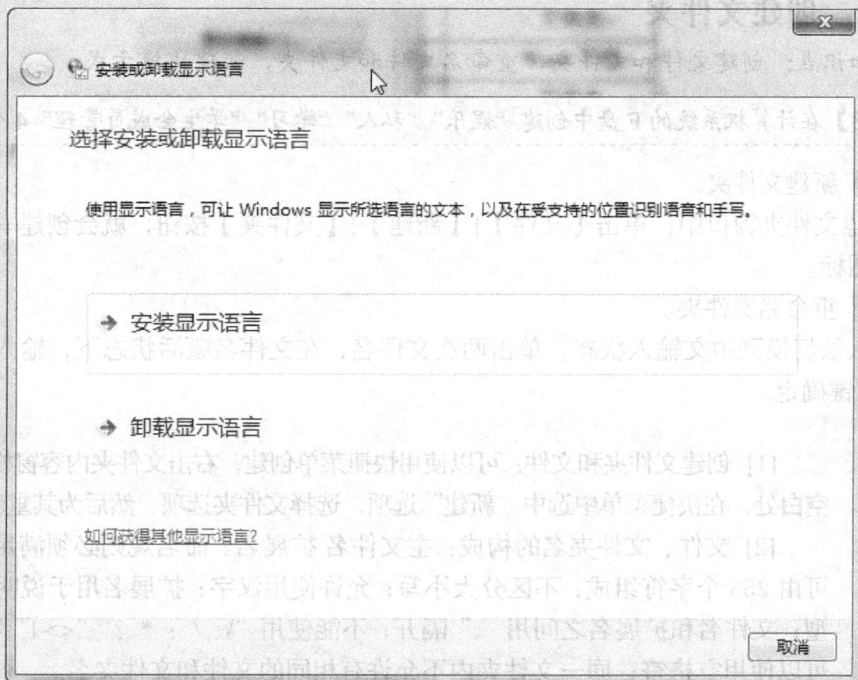

图 2-15 "安装或卸载显示语言"对话框

[2] 输入法的设置

中英文切换：按 Ctrl+Space 组合键，可在中文和英文输入法之间进行切换。

输入法的切换：按 Ctrl+Shift 组合键在英文及各种中文输入法之间切换，也可以单击桌面底端任务栏上的输入法按钮，弹出输入法菜单，如图 2-16 所示；再单击自己需要的输入法（如搜狗输入法）即可。

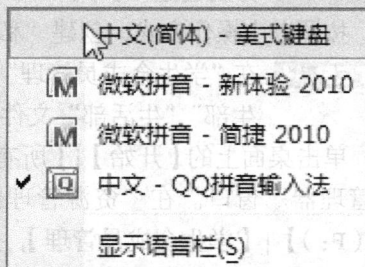

图 2-16 "输入法"菜单

中文输入法的状态设置：中文输入法选定后，任务栏上方就会出现所选输入法的状态框。图 2-17 所示是"搜狗输入法"的状态框。

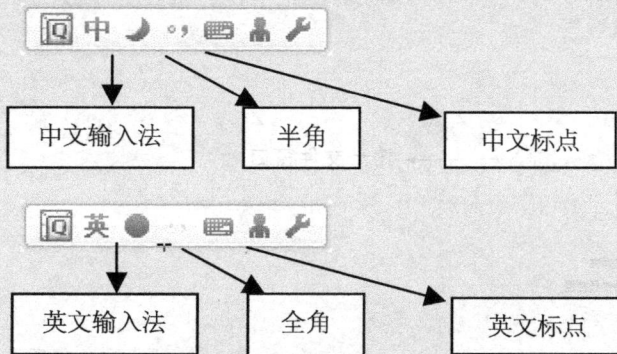

图 2-17 "输入法"的状态框

2.4.2　创建文件夹

涉及知识点：创建文件和文件夹，重命名文件和文件夹，新建快捷方式

【任务3】在计算机系统的F盘中创建"娱乐""私人""学习""学生会成员管理"4个文件夹。

STEP 1 新建文件夹。

在 F 盘文件夹窗口中，单击【文件】|【新建】|【文件夹】按钮，就会创建一个"新建文件夹"图标。

STEP 2 重命名文件夹。

将输入法切换到中文输入状态，单击两次文件名，在文件名激活状态下，输入"娱乐"并按 Enter 键确定。

> 说明
>
> [1] 创建文件夹和文件：可以使用快捷菜单创建，右击文件夹内容窗格中任意空白处，在快捷菜单中选中"新建"选项，选择文件夹选项，然后为其重新命名。
>
> [2] 文件、文件夹名的构成：主文件名.扩展名。命名规则必须满足：最多可由 255 个字符组成；不区分大小写；允许使用汉字；扩展名用于说明文件类型；文件名和扩展名之间用"."隔开；不能使用"\、/ : * ？""<>|"等字符，可以使用空格符；同一文件夹内不允许有相同的文件和文件夹名。

STEP 3 分别创建"私人""学习""学生会成员管理"文件夹。

按照以上操作方式，创建"私人""学习""学生会成员管理"文件夹。

STEP 4 在"学生会成员管理"文件夹中创建"文艺部""体育部""学习部""宣传部""卫生部""生活部"文件夹。

单击桌面上的【开始】|【所有程序】|【附件】|【Windows 资源管理器】菜单，打开"资源管理器"窗口。在"资源管理器"窗口的树形文件目录中，单击【计算机】|【本地磁盘（F:）】|【学生会成员管理】，进入"学生会成员管理"文件夹，如图 2-18 所示。

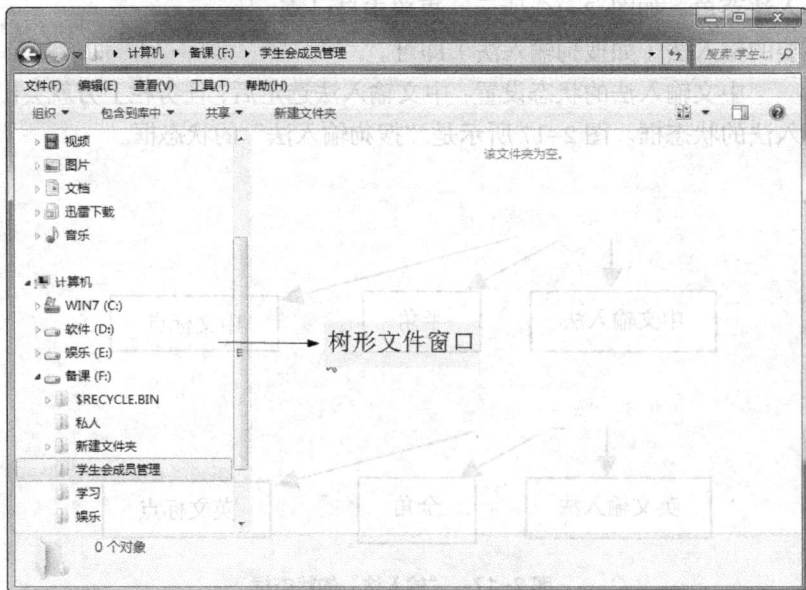

图 2-18　"资源管理器"窗口

在"学生会成员管理"工作区域空白处单击鼠标右键，在弹出的快捷菜单中，单击执行【新建】|【文件夹】命令，如图 2-19 所示。将输入法切换到中文输入状态，在文件名激活状态下，输入"文艺部"，按 Enter 键确定。

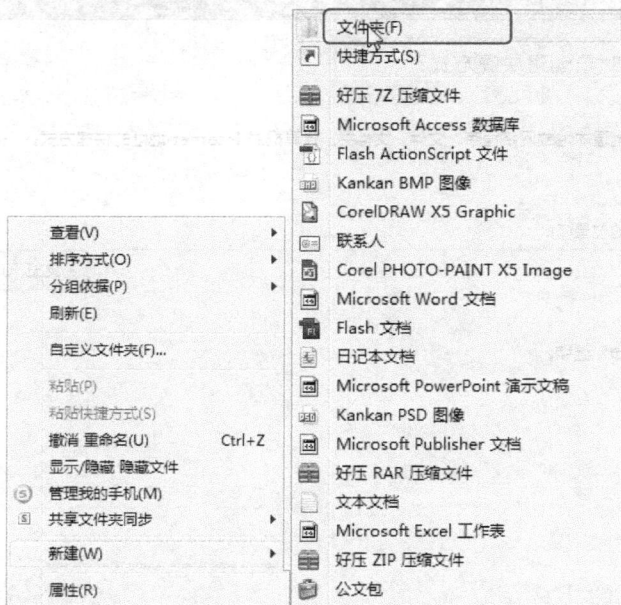

查看(V)
排序方式(O)
分组依据(P)
刷新(E)
自定义文件夹(F)...
粘贴(P)
粘贴快捷方式(S)
撤消 重命名(U)   Ctrl+Z
显示/隐藏 隐藏文件
管理我的手机(M)
共享文件夹同步
新建(W)
属性(R)

文件夹(F)
快捷方式(S)
好压 7Z 压缩文件
Microsoft Access 数据库
Flash ActionScript 文件
Kankan BMP 图像
CorelDRAW X5 Graphic
联系人
Corel PHOTO-PAINT X5 Image
Microsoft Word 文档
Flash 文档
日记本文档
Microsoft PowerPoint 演示文稿
Kankan PSD 图像
Microsoft Publisher 文档
好压 RAR 压缩文件
文本文档
Microsoft Excel 工作表
好压 ZIP 压缩文件
公文包

图 2-19　新建文件夹

按照上面介绍的操作步骤，创建"体育部""学习部""宣传部""卫生部""生活部"文件夹。

> **提示**
>
> 　　在资源管理器窗口中，拖动分隔条可以改变左侧文件夹窗口和右侧文件夹内容窗口的大小。在文件夹结构窗口中，有的文件夹图标左边标有"+"号或者"－"号，这说明该文件夹下包含子文件夹，没有这些符号的说明该文件夹不包含子文件夹。"+"表示该文件夹处于折叠状态，这时看不到它下面的子文件夹；"－"说明该文件夹处于展开状态，这时可以看到它下面的子文件夹。可以使用鼠标单击"+"和"－"号进行展开和折叠的切换。

【水平考试常见考点练习】

（1）在 SANG 文件夹中新建一个文件夹 DONG。

（2）将 SANG 文件夹下 SANG\QING\JUN 文件夹中的文件 WATER.ABS 更名为 FAN.TXT，FAN.TXT 文件中内容改为"创新超越梦想"。

【任务4】在桌面上创建"学生会成员管理"文件夹的快捷方式。

STEP 1 新建快捷方式。

在桌面的空白区域单击鼠标右键，在弹出的快捷菜单中，单击【创建】|【快捷方式】按钮，打开"创建快捷方式"对话框，如图 2-20 所示。

单击【浏览】按钮，打开"浏览文件夹"对话框，目标设为【计算机】|【F：】|【学生会成员管理】，如图 2-21 所示。单击【确定】按钮，返回"创建快捷方式"对话框，单击【下

一步】按钮。

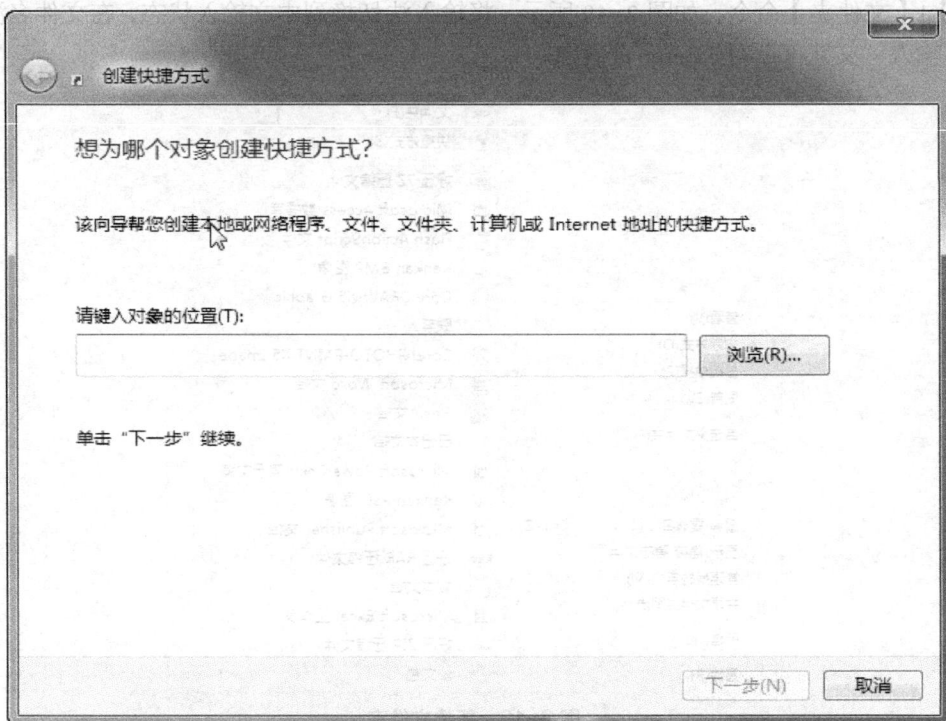

图 2-20　"创建快捷方式"对话框

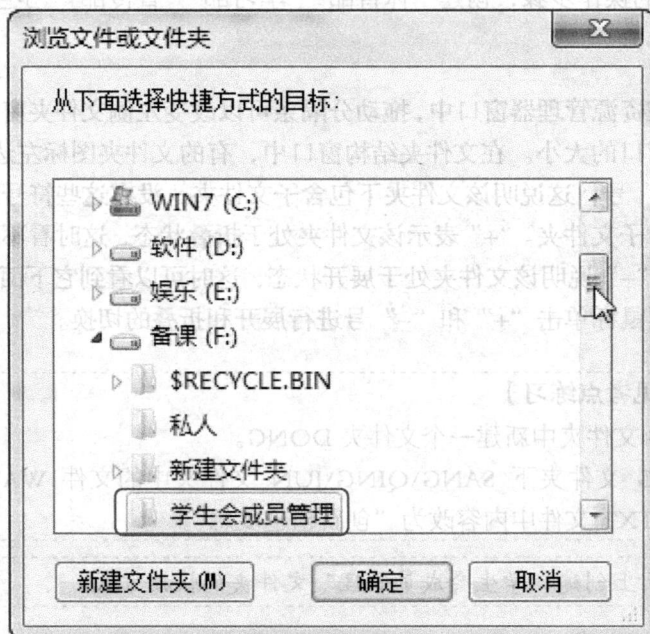

图 2-21　"浏览文件或文件夹"对话框

STEP 2 输入快捷方式名称。

在"键入该快捷方式的名称"文本框中输入名称"学生会成员管理",单击【完成】按钮。

> 提示
> ● 创建桌面快捷方式也可以用鼠标右键单击目标文件，在弹出的快捷菜单中，单击【发送】|【桌面快捷方式】按钮，完成快捷方式的创建。
> ● 创建快捷方式可以选定要创建快捷方式的文件对象，右击要创建快捷方式的对象，选择快捷菜单中的"创建快捷方式"选项，即可创建一个新的快捷方式，在创建时可为其重新命名。

2.4.3 文件的选定、移动、复制和删除

涉及知识点：文件的选定、移动、复制、删除

根据对 F 盘中文件、文件夹的分析结果，按照建立好的文件管理模式进行分类集中存储。按照表 2-2 的分析结果，将 F 盘中的文件、文件夹归类整理到相应的文件夹中。

【任务5】整理"娱乐""私人""学习"文件夹。

STEP 1 整理"娱乐"文件夹。

单击"建党伟业"文件图标，使该文件处于选中状态，然后单击【编辑】|【移动到文件夹】按钮，在弹出的"移动项目"对话框中，把文件移动路径设置为【计算机】|【本地磁盘（F:）】|【娱乐】，如图 2-22 所示，单击【移动】按钮，完成移动操作。按照上述的操作将"腾讯 QQ2011""连连看"文件图标也移动到【娱乐】文件夹中。

STEP 2 整理"私人"文件夹。

按住 Ctrl 键的同时，单击选中"个人简历""照片""日记"，如图 2-23 所示。按照文件"建党伟业"移动的操作方式，目标地址设置为【计算机】|【本地磁盘（F:）】|【私人】，完成移动操作。

STEP 3 整理"学习"文件夹。

将鼠标移至"Flash 作业"文件左上角空白区域，按住鼠标左键，拖动鼠标选中"Flash""PS CS4""C语言作业"3 个文件，单击选中文件不松开，将其拖动到"学习"文件夹上，松开鼠标，完成移动操作。

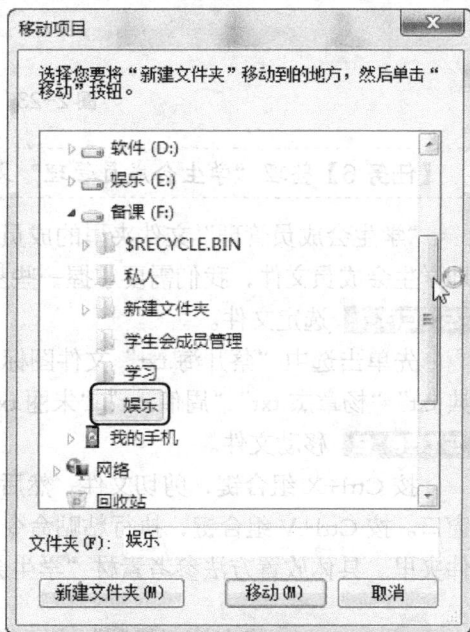

图 2-22 "移动项目"对话框

> 提示
> 复制、粘贴、剪切操作还有以下几种方法。
> 复制：选择"编辑"菜单中的"复制"命令；单击工具栏上的复制按钮；右击并选择快捷菜单中的"复制"命令；选定要复制的对象后，按住 Ctrl 键的同时用鼠标左键将选定对象拖到目标文件夹
> 移动：选择"编辑"菜单中的"剪切"命令，单击工具栏上的剪切按钮，右击并选择快捷菜单中的"剪切"命令。
> 粘贴：选择"编辑"菜单中的"粘贴"命令，单击工具栏上的按钮粘贴，右击并选择快捷菜单中的"粘贴"命令。

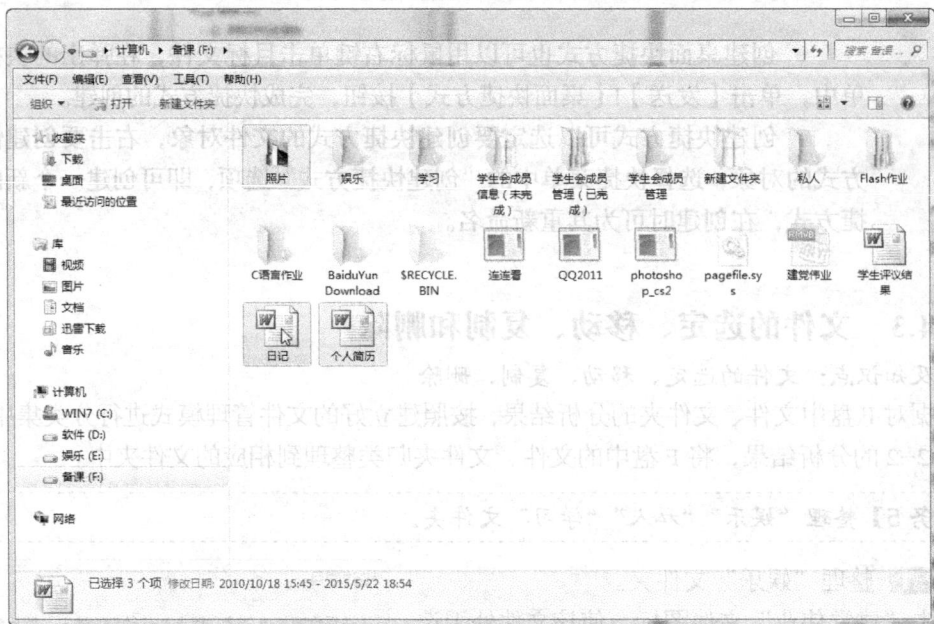

图 2-23　多个文件同时被选中状态

【任务6】整理"学生会成员管理"文件夹。

"学生会成员管理"文件夹里的成员信息文件会随着时间的积累越来越多，为了更好地管理学生会成员文件，我们需要掌握一些基础的文件管理方法。

STEP 1　选定文件。

先单击选中"蔡开海.txt"文件图标，然后按住 Ctrl 键不松，再依次单击"齐楠.txt""杨典.txt""杨章杰.txt""周倩.txt""朱丽.txt"文件图标。

STEP 2　移动文件。

按 Ctrl+X 组合键，剪切文件，然后双击"生活部"文件夹图标，打开"生活部"文件夹窗口。按 Ctrl+V 组合键，执行粘贴命令。同理，将其他记事本文件分别存放在相应部门的文件夹里。具体放置方法参考素材"学生会成员管理"文件夹中文件的具体放置方法。

提示　将文件"复制"或"剪切"后，这些信息存储在剪贴板的临时存储区里。剪贴板是 Windows 中的常用工具，它是一个在 Windows 程序和应用程序之间传递信息的临时存储区。剪贴板不但可以存储文本，还可以存储图像、声音等其他信息。

说明　在"资源管理器"中要对文件或文件夹操作，首先选定文件或文件夹对象，从而确定操作的范围。选定对象的操作方法有以下几种。

[1] 选定单个对象

在"文件夹内容"窗格中单击所选的文件或文件夹的图标或名字，所选定的文件名或文件夹名以蓝底反白显示。

[2] 连续选择多个对象

如果要选定多个连续的对象，操作方法有以下几种。

① 在"文件夹内容"窗格中单击要选定的第一个对象，然后移动鼠标指针到要选定的最后一个对象，按住 Shift 键不放并单击最后一个对象，这样一组连续的文件即被选中了。

② 用鼠标左键从连续对象区的右上角开始向左下角拖动，这时就会出现一个虚线矩形框，直到虚线矩形将所有要选定的对象框住为止，然后松开鼠标左键。

[3] 选定不连续的多个对象

如果要选定的多个对象分布在几个不连续的区域中，可以进行如下操作。

用鼠标在"文件夹内容"窗格中，按住 Ctrl 键不放，单击所要选定的每一个对象，全部选择好后，放开 Ctrl 键即可。

[4] 选定全部对象

① 单击"编辑"菜单中的"全选"命令可以选定当前文件夹中全部文件和文件夹对象。

② 使用 Ctrl+A 组合键，可以全部选定文件夹内容窗格中的全部对象。

[5] 取消选定的对象

使用鼠标在文件夹内容窗格中任意空白处单击一下，即可取消已经选定的对象。

【水平考试常见考点练习】

将 F:\T 文件夹中的子文件夹 stu01 中的 TZ.txt 文件复制到 stu02 和 stu03 两个文件夹中，然后再将 F:\T 文件夹中的所有文件和文件夹移动到 F:\A 文件夹中。

STEP 3 删除文件。

双击"体育部"文件夹图标，打开"体育部"文件夹窗口，右击"王文浩.txt"文件，打开快捷菜单。在快捷菜单中，单击"删除"选项，打开"确认文件删除"对话框，如图 2-24 所示。在"确认文件删除"对话框中，单击【是】按钮。要彻底删除"王文浩.txt"文件，双击桌面上的"回收站"图标，打开"回收站"窗口，如图 2-25 所示。单击选中"王文浩.txt"文件图标，单击【文件】|【删除】命令，打开"确认文件删除"对话框，在"确认文件删除"对话框中，单击【是】按钮。

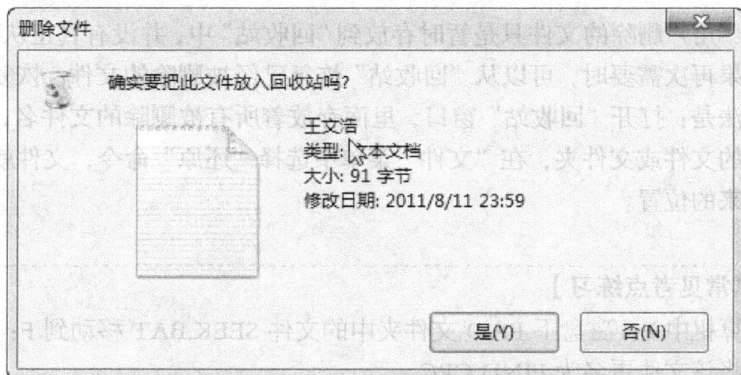

图 2-24 确认"删除文件"对话框

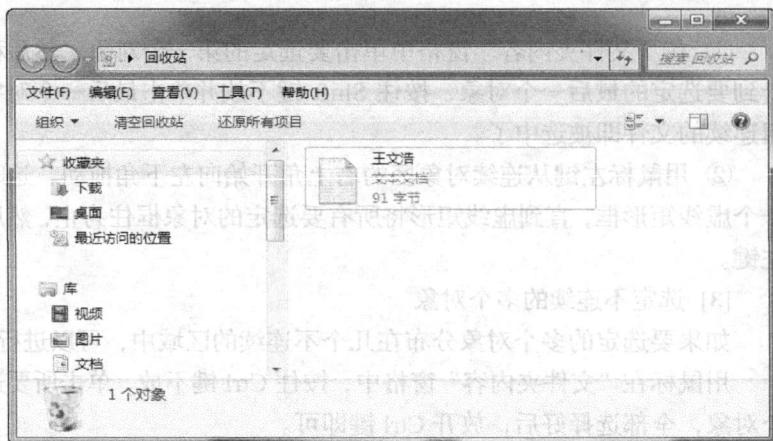

图 2-25 "回收站"窗口

说明

[1] 直接使用 Delete 键删除：选定删除对象，按 Delete 键，单击"确认文件删除"对话框中的"是"按钮，如果不想进行删除操作，可以单击"否"按钮。

[2] 使用"文件"菜单或工具栏按钮：选定删除对象，单击"文件"菜单中的"删除"命令或工具栏上的【删除】按钮，单击【确认文件删除】对话框中的"是"按钮。

[3] 使用快捷菜单：选定删除对象，右击选定的对象，打开快捷菜单，选择"删除"命令，单击"确认文件删除"对话框中的"是"按钮。

[4] 直接拖动到回收站：将要删除的对象用鼠标左键拖动到"回收站"图标处，单击"确认文件删除"对话框中的"是"按钮即可删除文件。

[5] Shift+Delete 组合键：当文件、文件夹被彻底删除后，这些数据会从计算机上物理删除，一般情况下不可复原，因此该命令在使用时一定要慎重。在操作系统中还提供了一种快捷的彻底删除的操作方式，就是在执行【删除】命令时，按 Shift 键，并在弹出的"确认删除"对话框中单击【是】按钮。

使用上面介绍的删除文件或文件夹的方法可以删除不需要的学生会成员的文件，从而更新学生会成员名单。

提示

用户删除的文件只是暂时存放到"回收站"中，并没有真正从磁盘中删除。如果再次需要时，可以从"回收站"恢复已经被删除的文件。恢复文件的操作方法是：打开"回收站"窗口，里面存放着所有被删除的文件名，单击需要恢复的文件或文件夹，在"文件"菜单中选择"还原"命令，文件就会被恢复到原来的位置。

【水平考试常见考点练习】

（1）将计算机中 F：磁盘下 PRO 文件夹中的文件 SEEK.BAT 移动到 F：磁盘下 DOW 文件夹中，并将该文件更名为 FIND.CPC。

（2）将 F：磁盘下 ROBE 文件夹中的文件 VEW.COM 删除。

2.4.4 设置文件和文件夹属性

涉及知识点：备份文件夹，设置文件和文件夹的属性，显示隐藏的文件和文件夹

【任务7】备份"学生会成员管理"文件夹，将"学生会成员管理"文件夹中的"宣传部"文件夹名称修改成"组织部"。

STEP 1 备份"学生会成员管理"文件夹。

单击选中"学生会成员管理"文件夹，单击【编辑】|【复制到文件夹】命令，打开"复制项目"对话框。在"复制项目"对话框中，设置文件复制路径为【计算机】|【本地磁盘（E:）】，如图 2-26 所示。然后单击【复制】按钮，完成"学生会成员管理"文件夹的备份。

STEP 2 重命名"宣传部"文件夹。

单击选中"宣传部"文件夹，然后单击"文件"下拉菜单（或者右击要重命名的对象，选择快捷菜单）中的"重命名"命令，这时选定的对象的名称就会进入编辑状态，将输入法切换到中文输入状态，输入汉字"组织部"，然后按 Enter 键或单击文件名称外任意处即可。用上述操作的方法将"宣传部"文件夹里的 6 个记事本文件中的部门都修改成组织部。

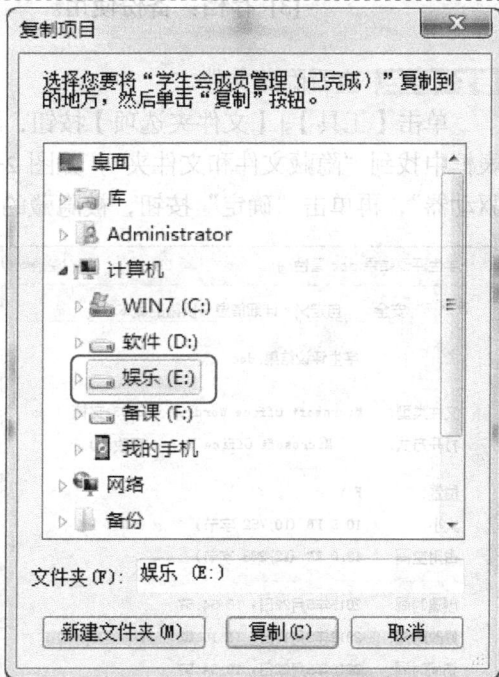

图 2-26 "复制项目"对话框

🔒 **提示**　在修改文件或文件夹名称时，不要修改文件扩展名，否则就会改变这个文件的属性，如图 2-27 所示。

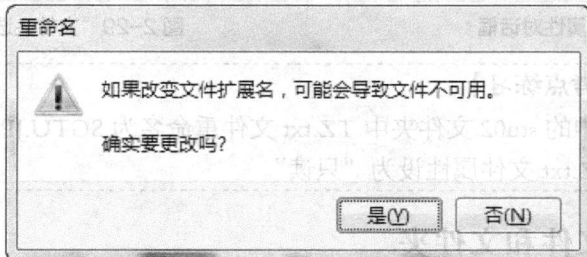

图 2-27 改变扩展名出现的对话框

【任务8】设置"学生评议结果.doc"文件的属性为隐藏，并且会查看该隐藏文件。

STEP 1 隐藏文件。

右击"学生评议结果.doc"文件图标，在弹出的快捷菜单中，单击【属性】命令，打开文件属性对话框，如图 2-28 所示。在属性对话框的"常规"选项卡中，单击"属性"项中"隐藏"选项前的复选框，在复选框中标记"√"，然后单击【确定】按钮，完成"学生评议结果.doc"

文件的隐藏操作。

> **说明**
>
> 文件和文件夹的 3 种属性如下。
> [1] 只读：只可以读出，不可以改写。
> [2] 隐藏：具有只读属性，但在常规显示中看不到。
> [3] 存档：备份使用。

STEP 2 查看隐藏文件。

单击【工具】|【文件夹选项】按钮，再单击"查看"选项卡，在下面的"高级设置"列表框中找到"隐藏文件和文件夹"，如图 2-29 所示，然后选择"显示隐藏的文件、文件夹和驱动器"，再单击"确定"按钮，被隐藏的文件就会再次显示出来。

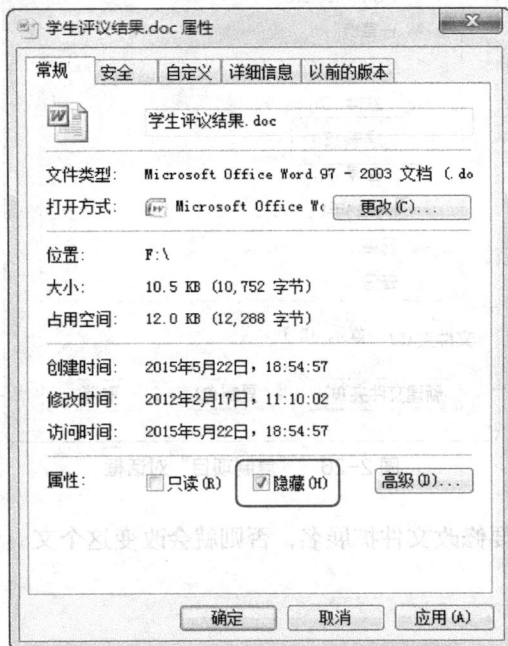

图 2-28　文件属性对话框

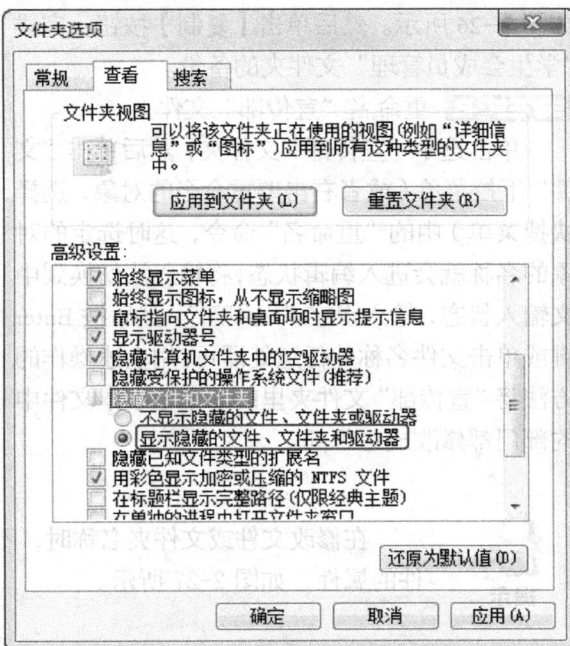

图 2-29　"文件夹选项"对话框

【水平考试常见考点练习】
将 F:\A 文件夹中的 stu02 文件夹中 TZ.txt 文件重命名为 SGTU.JPG，并将 F:\A 文件中的 stu03 文件夹中 TZ.txt 文件属性设为"只读"。

2.4.5　搜索文件和文件夹

涉及知识点：文件和文件夹的搜索

在使用计算机的过程中，有时在需要打开某个文件或文件夹时，却忘记了这个文件或文件夹的具体存放位置或具体文件名称，这时 Windows 操作系统提供的搜索文件或文件夹工具就可以帮助查找到这个文件或文件夹。

【任务 9】搜索计算机中的"朱丽.txt"文件，并将具体文件信息交给学生会老师王老师。

STEP 1 找到搜索命令。

单击"开始"按钮，在弹出的菜单中选择"搜索"命令，这时就会弹出如图 2-30 所示的窗口。

图 2-30 文件搜索窗口

STEP 2 输入搜索文件名称。

在"搜索程序和文件"文本框中输入"朱丽"。单击搜索按钮，搜索结束后，搜索结果呈现出来，如图 2-31 所示，双击文件图标即可打开该文件。

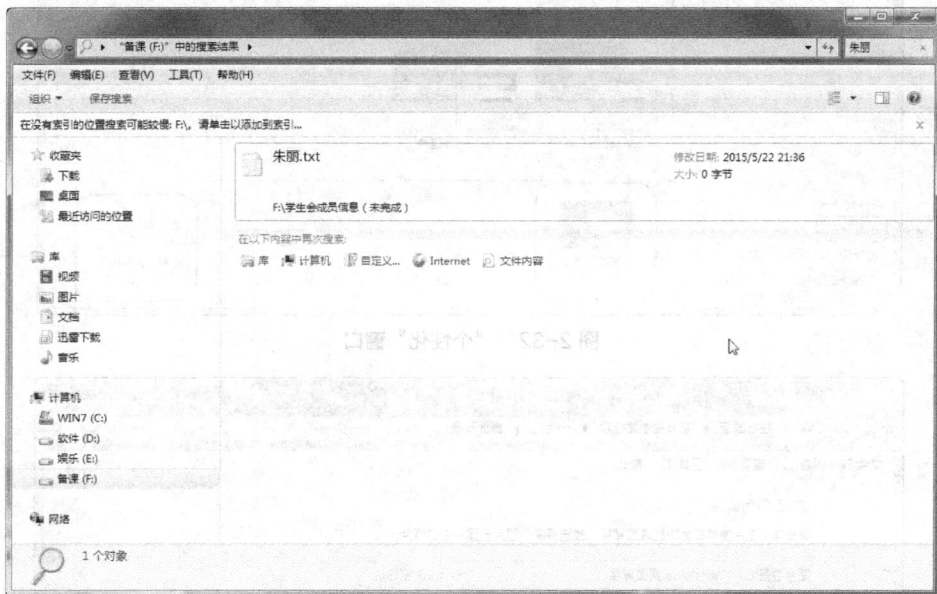

图 2-31 "搜索结果"对话框

2.4.6 设置个性化环境

涉及知识点：显示属性设置、安装应用程序、删除应用程序、创建新用户、修改系统的日期和时间

很多用户在使用计算机时希望自己的桌面具有个性，这时可以通过改变桌面背景颜色，在背景上添加图片，改变显示的大小尺寸，美化字体和图标的显示等这些方法来满足用户个性化桌面的需求。

【任务 10】为计算机设置个性化的桌面背景，使桌面看起来更加美观，更加实用。

STEP 1 设置显示属性。

右击桌面空白处，在快捷菜单中选择"个性化"命令，可以打开"个性化"窗口，如图 2-32 所示。

STEP 2 设置"桌面"选项卡。

在"个性化"窗口下方选择"桌面背景"，在新弹出的窗口上单击浏览，如图 2-33 所示，选择你壁纸所在的文件夹，然后单击确定。设置好桌面背景后，可以选择填充、适应、拉伸、平铺、居中 5 种显示位置的方法。

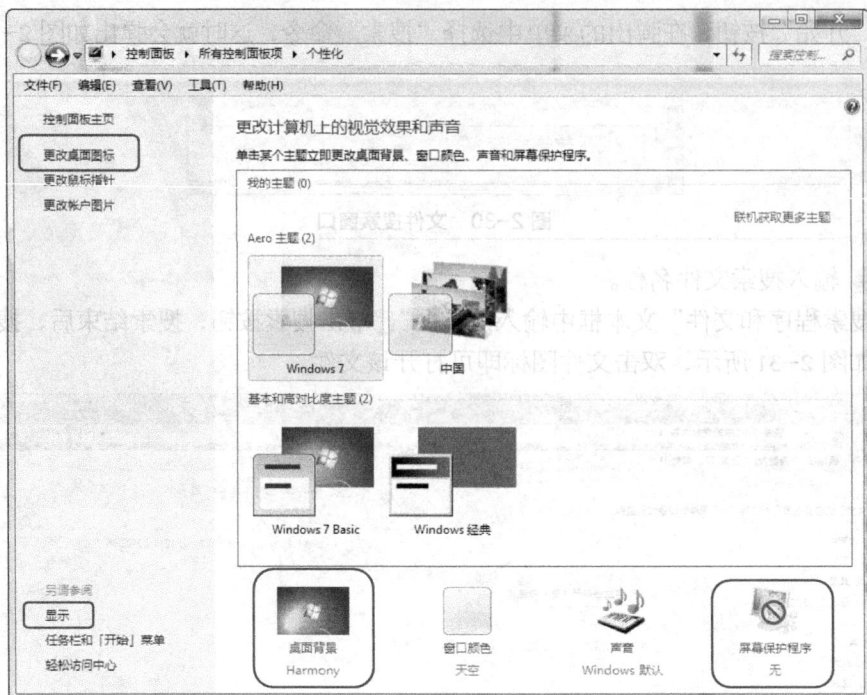

图 2-32　"个性化"窗口

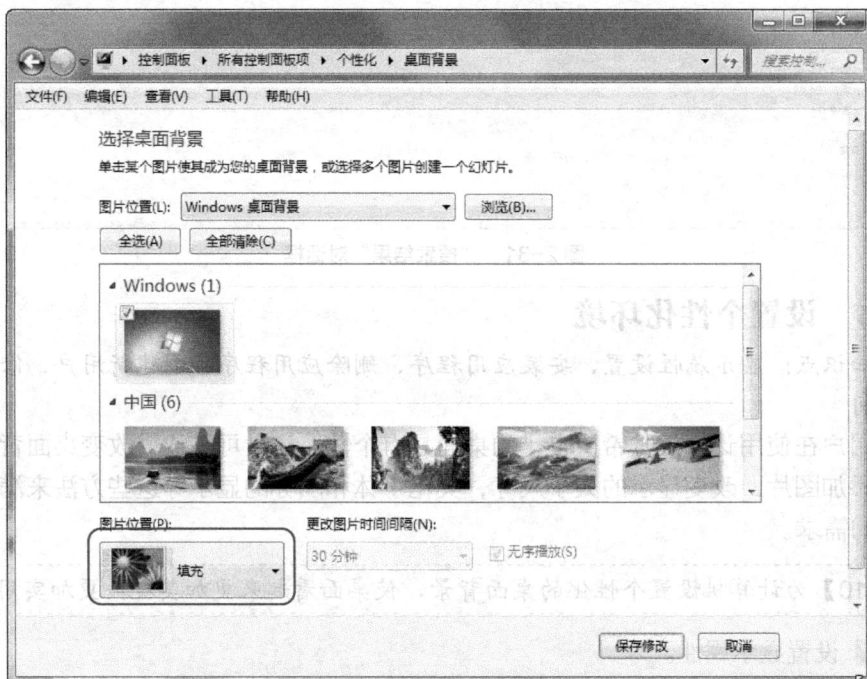

图 2-33　"桌面项目"对话框（1）

在"个性化"窗口左侧列表有"更改桌面图标"，单击"更改桌面图标"，弹出的对话框如图 2-34 所示，找到桌面图标，单击"更改图标"命令按钮，在弹出的窗口中选择想要在桌面显示的图标，然后单击【确定】按钮保存即可，这样，就可以更改桌面上的图标。用同样的方法也可以更改鼠标指针、账户图片等。

STEP 3 设置"屏幕保护程序"选项卡。

当用户在一段时间内没有使用计算机时，屏幕上出现移动图片，这样可以减少屏幕的损耗并保障系统安全。屏幕保护程序还有其他的用处，比如当用户暂时离开计算机时，可以通过设置屏幕保护程序口令来保护自己的计算机，让别人无法使用。

如图 2-32 所示"个性化"窗口，单击窗口右下角"屏幕保护程序"，显示设置屏幕保护程序选项，如图 2-35 所示。从"屏幕保护程序"下拉列表中选取需要的屏幕保护程序，在"等待"框中单击箭头调整计算机当前屏幕上的内容持续时间，在"等待"右边有个复选框，可以选择是否设置"在恢复时显示登录屏幕"。设置完成后可以单击【预览】命令按钮，查看最终显示效果。预览效果如果达到要求后单击【确定】或【应用】按钮，屏幕保护程序设置完成。

图 2-34　"桌面项目"对话框（2）

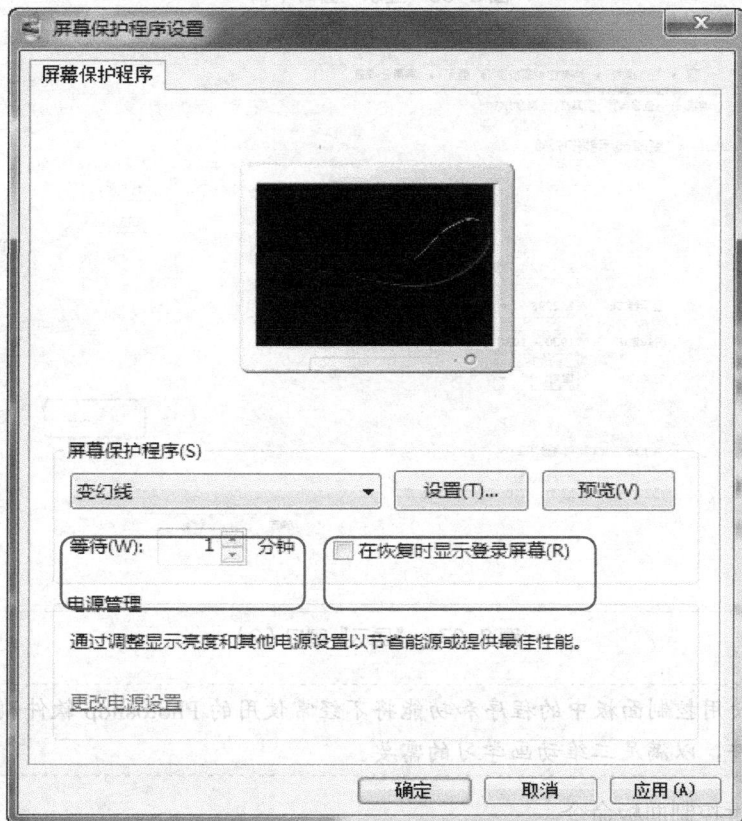

图 2-35　"屏幕保护程序设置"窗口

STEP 4 使用"显示"设置显示器属性。

如图 2-32 所示"个性化"窗口，单击窗口左下角"显示"，可以用来设置显示器的参数，如颜色、分辨率，如图 2-36 所示。单击左侧列表"更改显示器设置"，如图 2-37 所示，然后单击"高级设置"，可以对屏幕刷新频率、颜色质量等常用功能进行设置。

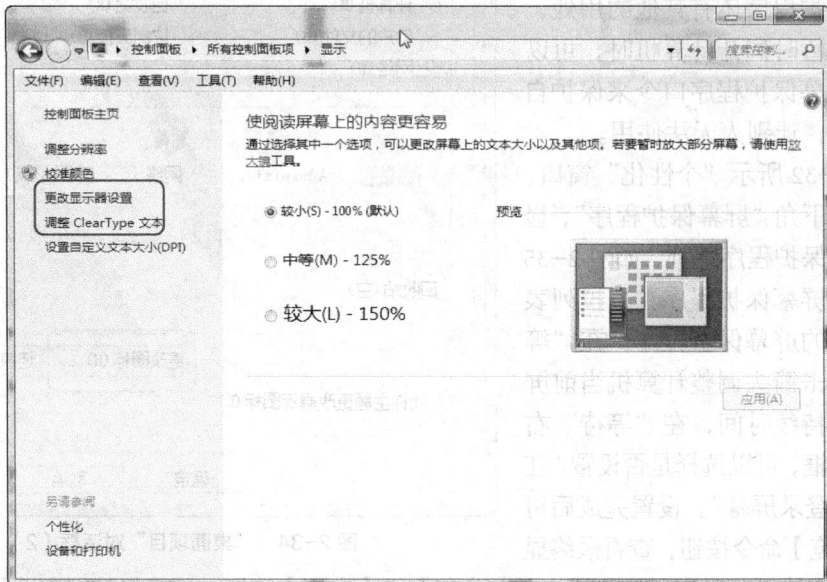

图 2-36 "显示"窗口（1）

图 2-37 "显示"窗口（2）

【任务 11】使用控制面板中的程序和功能将不经常使用的 Photoshop 软件删除，为计算机安装 Flash 软件，以满足二维动画学习的需要。

STEP 1 执行控制面板命令。

在桌面上单击【开始】|【控制面板】按钮，在控制面板中双击"程序和功能"图标，弹出

如图 2-38 所示的窗口。根据需要选择更改或删除程序，并在当前安装的程序下方选择 Photoshop。

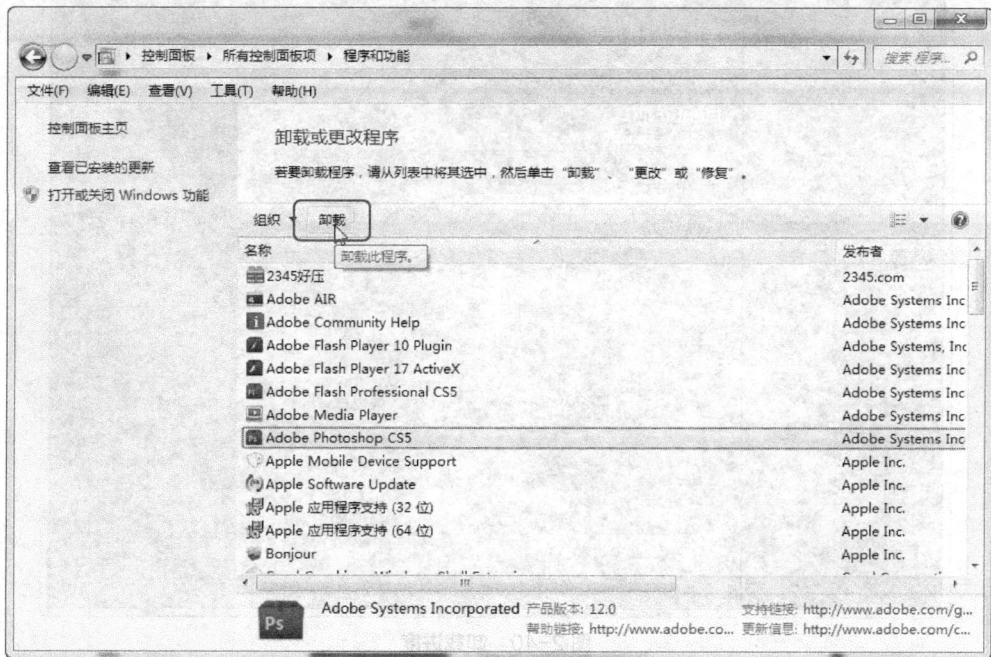

图 2-38　"添加/删除程序"窗口

STEP 2 执行卸载命令。

单击如图 2-38 所示的卸载命令，弹出如图 2-39 所示对话框。我们单击【卸载】命令按钮，然后进入卸载界面，如图 2-40 所示。等待数分钟后，卸载命令完成，软件卸载结束，如图 2-41 所示。

图 2-39　卸载选项

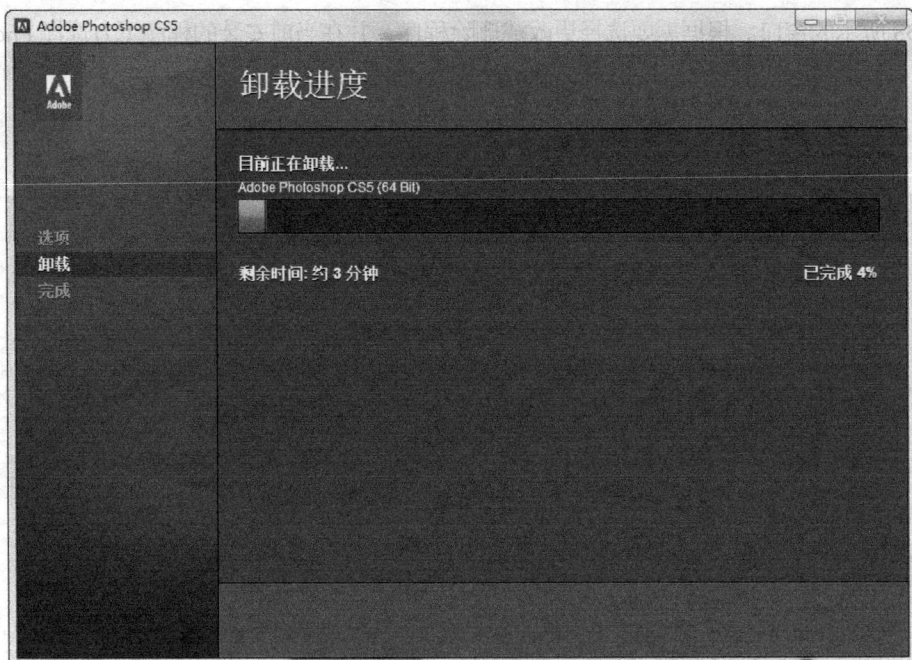

图 2-40　卸载进度

图 2-41　完成界面

STEP 3 安装新程序。

打开 flash 软件的安装包，找到安装文件 Set-up.exe，如图 2-42 所示，双击 Set-up.exe 可执行文件，弹出如图 2-43 所示的对话框，等待数秒钟初始化安装程序结束后，弹出如图 2-44 所示的对话框，选择简体中文，单击【接受】按钮，如图 2-45 所示，输入序列号，单击【下一步】进行应用程序的安装，以下的操作如图 2-46、图 2-47 所示，根据安装提示就可以一步步安装 Flash 应用程序了。

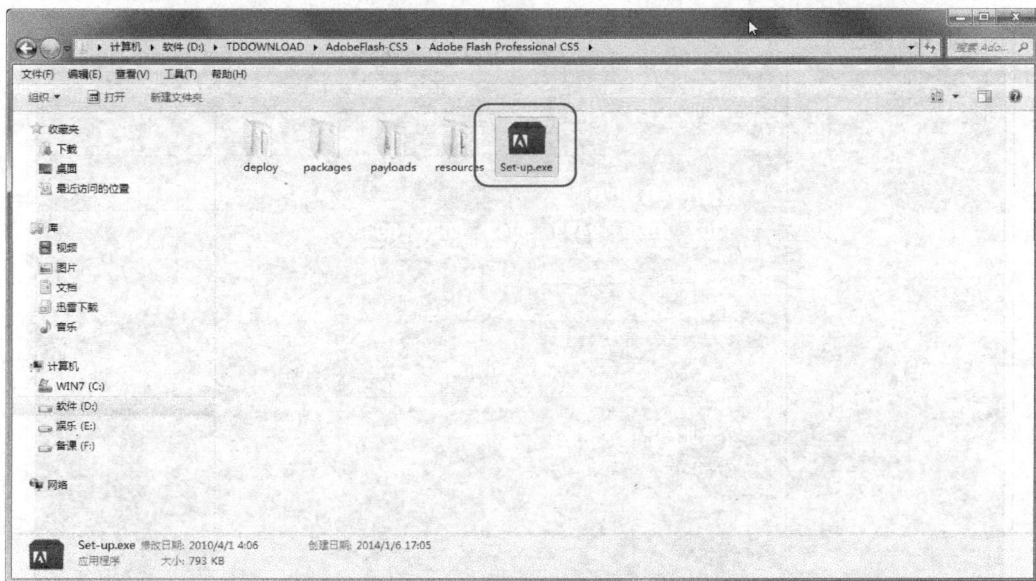

图 2-42　安装新程序（1）

图 2-43　安装新程序（2）

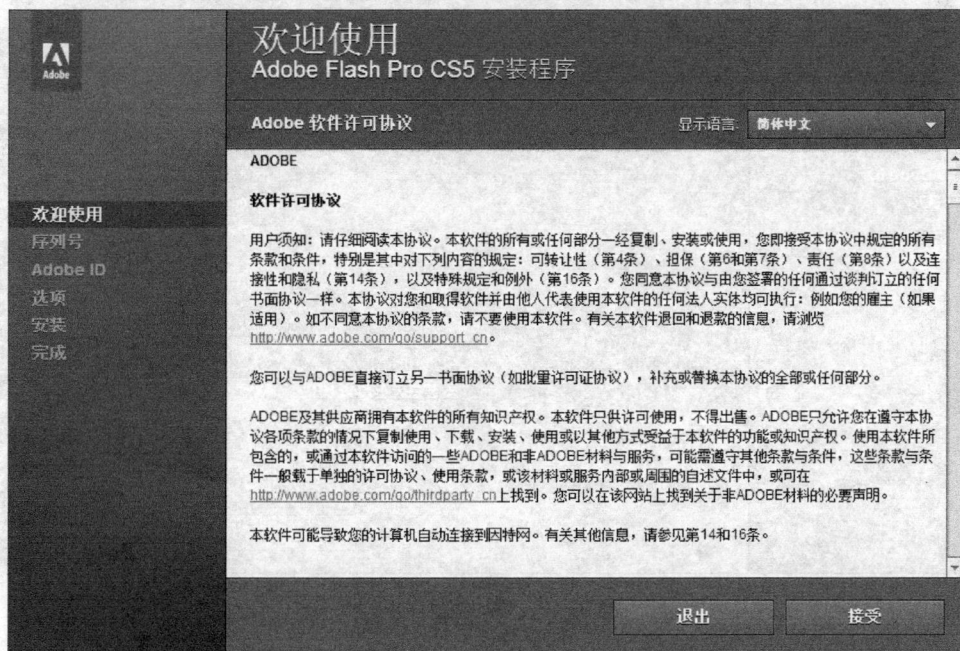

图 2-44　添加新程序（3）

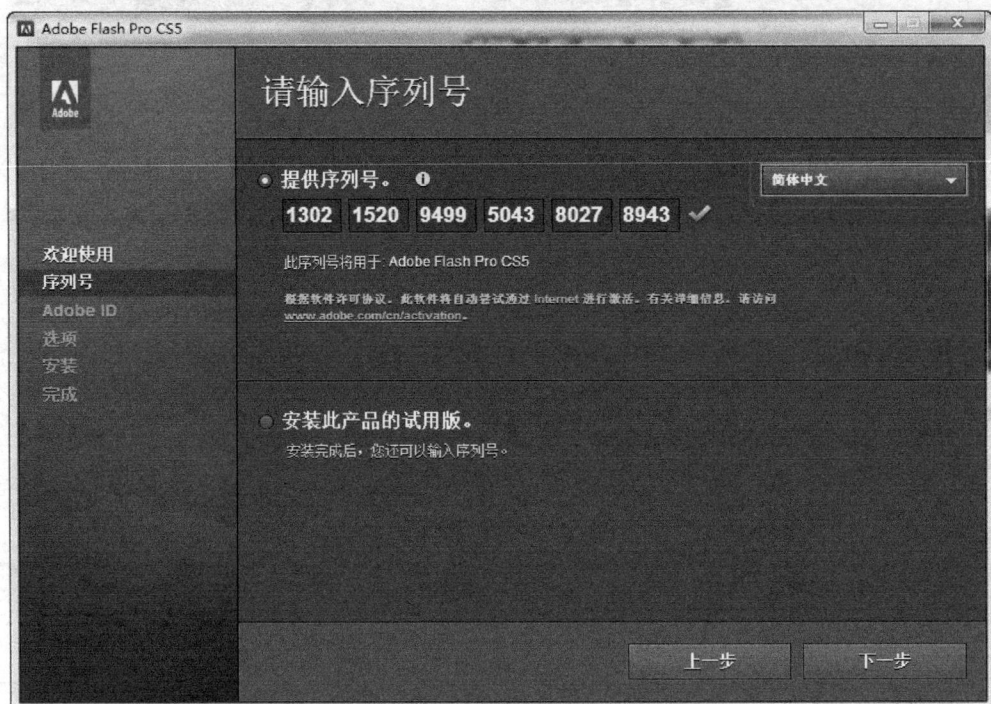

图 2-45 添加新程序（4）

图 2-46 添加新程序（5）

图 2-47 添加新程序（6）

【任务 12】使用控制面板中的用户账户为计算机添加一个管理员账户，账户名称为 abc，密码为 123，以满足多个用户使用一台计算机的情况。

STEP 1 使用"用户账户"工具。

单击【开始】|【控制面板】按钮，打开"控制面板"对话框。单击"用户账户"工具，打开"用户账户"界面，默认管理员账户名称为 Administrator，如图 2-48 所示。

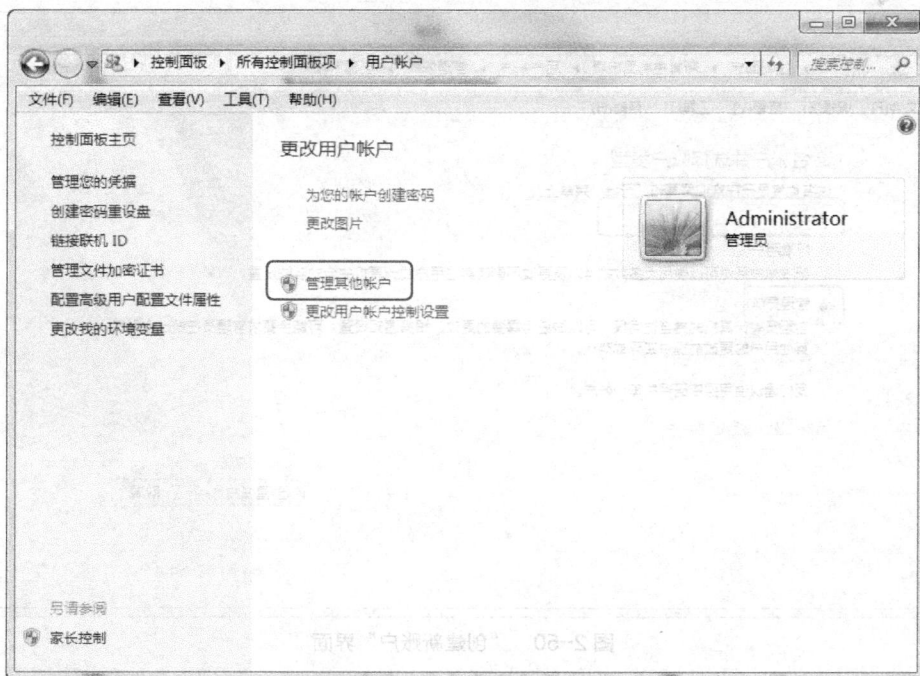

图 2-48 "用户账户"界面

STEP 2 单击 "管理其他账户" 链接。

在 "用户账户" 界面中单击 "管理其他账户" 链接,进入 "管理账户" 界面,该界面中列出了管理员账户 Administrator 和来宾账户 Guest,如图 2-49 所示。

图 2-49 "管理账户" 界面（1）

STEP 3 单击 "创建一个新账户" 链接。

单击界面上 "创建一个新账户" 链接,进入 "创建新账户" 界面,在 "新账户名" 文本框中输入账户名 abc,并选中【管理员】单选按钮,如图 2-50 所示。

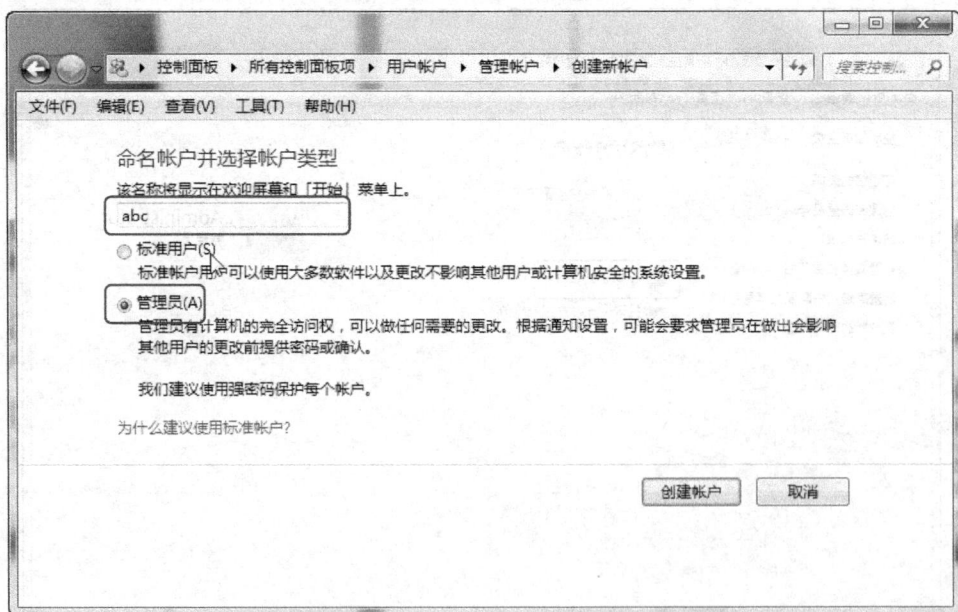

图 2-50 "创建新账户" 界面

STEP 4 单击【创建账户】按钮。

单击界面中【创建账户】按钮，返回"管理账户"界面，如图 2-51 所示，从图中可见，已添加了新管理员账户 abc。

图 2-51　"管理账户"界面（2）

STEP 5 单击"创建密码"链接。

在"管理账户"界面中，单击新管理员账户 abc，进入"更改账户"界面，如图 2-52 所示。单击界面中的"创建密码"链接，进入"创建密码"界面，在"新密码"文本框中输入密码 123，在"确认新密码"文本框中再次输入密码 123，如图 2-53 所示，最后单击【创建密码】按钮，完成密码的创建。

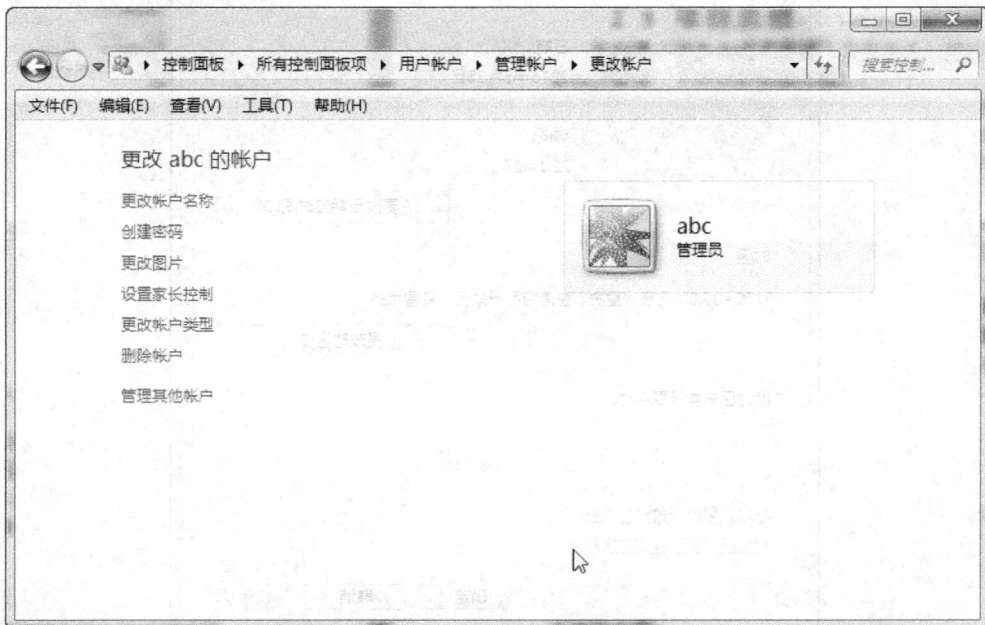

图 2-52　"更改账户"界面

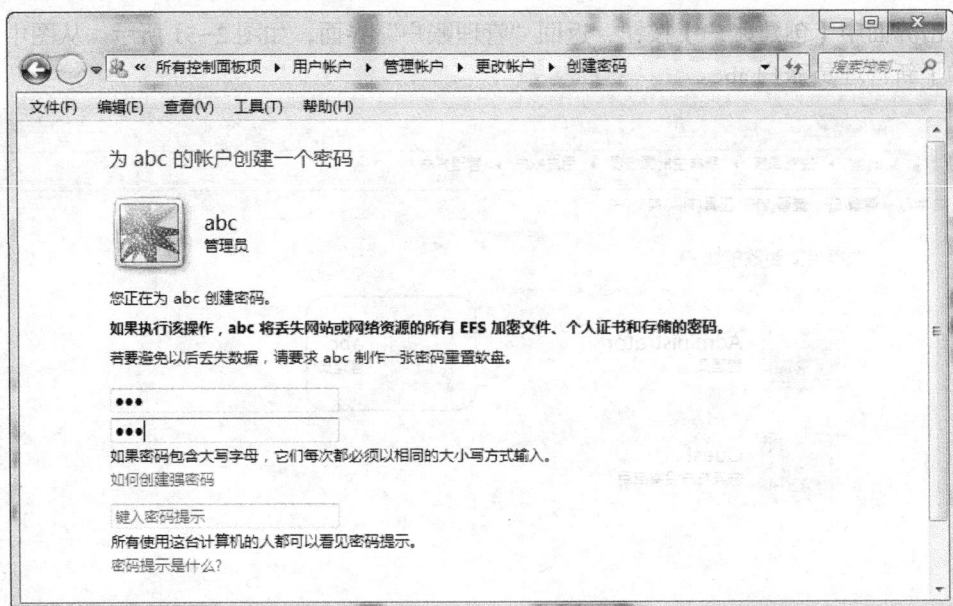

图 2-53 "创建密码"界面

【任务 13】使用控制面板中的日期和时间工具修改计算机当前的日期和时间，以便我们每天查看正确的日期和时间。

在桌面上单击【开始】|【日期和时间】，如图 2-54 所示。我们可以在"日期和时间"选项卡里设置具体的日期和时间，在"更改时区"选项卡里设置具体的国家地区。

图 2-54 "日期和时间"对话框

2.5 项目总结

在创建"学生会成员管理"文件夹这个项目里，我们主要完成了对"学生会成员管理"文件夹的创建过程。

- 在完成项目的过程中，我们掌握了对计算机的基本操作，包括对 Windows 操作系统的桌面、窗口和对话框等各种界面的认识，鼠标和键盘的操作，文字的输入，文件的存储和管理，系统的设置和管理等基本操作。
- 按照"创建学生会成员管理文件夹"——"管理学生会成员管理文件夹"的这个过程，进行文件和文件夹的管理工作，这是本项目的主要内容。
- 建立好"学生会成员管理"文件夹后，又介绍了 Windows 操作系统的设置和管理方法，从而更好地管理计算机的资源。

完成本项目后，可以在"计算机"或"资源管理器"中，进行文件和文件夹的操作，包括文件和文件夹的创建、移动、复制、删除、重命名、查找，文件属性的修改，快捷方式的创建，利用写字板、记事本建立文档。

2.6 技能拓展

2.6.1 理论考试练习

一、单项选择题

1. 计算机启动时，首先同用户打交道的软件是_____，在它的帮助下才得以方便、有效地调用系统各种资源。
   - A. 操作系统
   - B. Word 字处理软件
   - C. 语言处理程序
   - D. 实用程序

2. 下面关于操作系统的叙述中，错误的是_____。
   - A. 操作系统是用户与计算机之间的接口
   - B. 操作系统直接作用于硬件上，并为其他应用软件提供支持
   - C. 操作系统可分为单用户、多用户等类型
   - D. 操作系统可直接编译高级语言源程序并执行

3. 计算机操作系统协调和管理计算机软硬件资源，同时还是_____之间的接口。
   - A. 主机和外设
   - B. 用户和计算机
   - C. 系统软件和应用软件
   - D. 高级语言和计算机语言

4. 操作系统中"文件管理"的功能较多，最主要功能是_____。
   - A. 实现对文件的内容管理
   - B. 实现对文件的属性管理
   - C. 实现对文件输入输出管理
   - D. 实现对文件的按名存取

5. 在 Windows 中，要取消已经选定的多个文件或文件夹中的一个，应该按键盘上的_____键，再单击要取消项。
   - A. Alt
   - B. Ctrl
   - C. Shift
   - D. Esc

6. 使用家用计算机能一边听音乐，一边玩游戏，这主要体现了 Windows 的_____。
   - A. 人工智能技术
   - B. 自动控制技术
   - C. 文字处理技术
   - D. 多任务技术

7. 下面关于 Windows 的窗口描述中，错误的是_____。

    A. 窗口是 Windows 应用程序的用户界面

    B. 按 Shift+Tab 组合键可以在各窗口之间切换

    C. 用户可以改变窗口的大小

    D. 窗口由边框、标题栏、菜单栏、工作区、状态栏、滚动条等组成

8. Windows 桌面底部的任务栏功能很多，但不能在"任务栏"内进行的操作是_____。

    A. 设置系统日期和时间   B. 排列桌面图标

    C. 排列和切换窗口   D. 启动"开始"菜单

9. Windows 的"开始"菜单集中了很多功能，则下列对其描述较准确的是_____。

    A. "开始"菜单就是计算机启动时所打开的所有程序的列表

    B. "开始"菜单是用户运行 Windows 应用程序的入口

    C. "开始"菜单是当前系统中的所有文件

    D. "开始"菜单代表系统中的所有可执行文件

10. 在 Windows 中，鼠标指针呈四箭头形时，一般表示_____。

    A. 选择菜单   B. 用户等待

    C. 完成操作   D. 选中对象可以上、下、左、右拖曳

11. 微型计算机键盘上的 Tab 键是_____。

    A. 控制键   B. 空格键   C. 制表定位键   D. 交替换档键

12. 计算机软盘上的 Caps Lock 键是指_____。

    A. 数字键盘锁定键   B. 删除键

    C. 回车键   D. 大小字母锁定键

13. 准确地说，计算机中的文件是存储在_____。

    A. 硬盘上的所有数据的集合   B. 内存中的数据集合

    C. 存储介质上的一组相关信息的集合   D. 软盘上的数据集合

14. 操作系统的主要功能是_____。

    A. 管理源程序   B. 控制和管理计算机系统的软硬件资源

    C. 管理数据库文件   D. 对高级语言进行编译

15. 在 Windows7 中，鼠标器主要有 4 种操作方式，即单击、双击、右击和_____。

    A. 连续交替按左右键   B. 双击

    C. 拖放   D. 与键盘击键配合使用

16. 删除 Windows7 桌面上的某个应用程序的快捷图标，意味着_____。

    A. 只删除了图标，对应的应用程序被保留

    B. 只删除了该应用程序，对应的图标被隐藏

    C. 该应用程序连同其图标一起被删除

    D. 该应用程序连同其图标一起被隐藏

17. 在 Windows7 中，用剪贴板移动信息时，应先选择_____命令，然后再选取"粘贴"命令即可。

    A. 清除   B. 粘贴   C. 复制   D. 剪切

18. 下列操作中，_____不能关闭应用程序。

    A. 单击应用程序窗口右上角的"关闭"按钮

B. 按 Alt+F4 组合键

C. 单击"文件"菜单，选择"退出"菜单项

D. 单击"任务栏"上的窗口图标

19. 下列操作中，能对系统中所有的输入法进行轮流切换的是 _____。

A. Shift+空格键　　B. Ctrl+空格键　　　　C. Alt+Shift 组合键　D. Ctrl+Shift 组合键

20. 在 Windows7 中，利用鼠标在同一驱动器的不同文件夹间进行文件拖动操作时，其结果是_____。

A. 没有变化　　　　B. 复制该对象　　　　C. 移动该对象　　D. 删除该对象

21. 在 Windows7 中，对话框的形状是一个矩形框，其大小是_____的。

A. 可以最大化　　B. 不能改变　　　　C. 可以最小化　　D. 可以任意改变

22. 在 Windows7 中，为使文件不被显示，可将它的属性设置为_____。

A. 只读　　　　　B. 隐藏　　　　　C. 存档　　　　D. 系统

23. 在 Windows7 中，利用"回收站"可恢复_____上被误删除的文件。

A. 硬盘　　　　　B. 软盘　　　　　C. 内存储器　　D. 光盘

24. 在 Windows7 中，下面_____不能在"控制面板"中操作。

A. 添加新硬件　　B. 创建快捷方式　　C. 调整鼠标设置　D. 进行网络设置

25. 在 Windows 中，以_____为扩展名的文件不是可执行文件。

A. COM　　　　　B. SYS　　　　　C. BAT　　　　D. EXE

26. 在 Windows 中，快捷方式文件的图标_____。

A. 右下角有一个小箭头　　　　　　　　B. 左下角有一个箭头

C. 左上角有一个箭头　　　　　　　　　D. 右上角有一个箭头

27. 在 Windows 中，要对当前屏幕进行截屏，可以按键盘上的_____组合键。

A. Shift+P　　　　B. Ctrl+p　　　　C. Print Screen　　D. Alt+Print Screen

28. Windows 中查找文件时，如果在"全部或部分文件名"框中输入"*.doc"，表明要查找的是_____。

A. 文件名为*.doc 的文件　　　　　　　B. 文件名中有一个*的 doc 文件

C. 所有的 doc 文件　　　　　　　　　　D. 文件名长度为一个字符的 doc 文件

29. Windows XP 的文件夹组织结构是一种_____。

A. 表格结构　　　B. 树形结构　　　　C. 网状结构　　　D. 线形结构

30. 在 Windows 中，要查找以"安徽"开头的所有文件，应该在搜索名称框内输入_____。

A. ?安徽　　　　　B. *安徽　　　　　C. 安徽?　　　　D. 安徽*

二、多项选择题

1. 计算机不能正常启动，则可能的原因有_____。

A. 电源故障　　　B. 主板故障　　　　C. 内存条故障　　D. 操作系统故障

2. 在 Windows 7 中，用下列方式删除文件，不能通过回收站恢复的有_____。

A. 按 Shift+Delete 组合键删除的文件

B. U 盘上的被删除文件

C. 被删除文件的长度超过了"回收站"空间的文件

D. 在硬盘上，通过按 Delete 键后正常删除的文件

3. 在 Windows 7 中，更改文件名的正确方法包括_____。
   A. 用鼠标左键单击图标，然后按 F2 键
   B. 先选中要更名的文件，然后再单击文件名框，输入新文件名后回车
   C. 用鼠标左键单击图标，然后按 F2 键
   D. 用鼠标右击文件名，选择"重命名"，输入新文件名后回车

4. 在 Windows 中，显示文件（夹）有_____几种方式。
   A. 缩略图　　　　　B. 图标　　　　　　C. 列表　　　　　　D. 详细信息

5. 在 Windows 中搜索文件时，在文件名框中输入"?N*.*"，则可以搜索到的文件有_____。
   A. AN01.EXE　　　B. NAN12.DOC　　　C. TN.JPG　　　　D. NAHAI.TXT

6. 在 Windows 中，更改文件名的正确方法包括_____。
   A. 用鼠标右击文件名，选择"重命名"，输入新文件名后按回车键
   B. 选中文件，从"文件"菜单中选择"重命名"，输入新文件名后按回车键
   C. 用鼠标左键单击图标，然后按 F2 键
   D. 先选中要更名的文件，然后再单击文件名框，输入新文件名后按回车

7. 在 Windows 中，下列不正确的文件名是_____。
   A. MY PARK GROUP.TXT　　　　　　　B. A<>B.DOC
   C. FILE|FILE2.XLS　　　　　　　　　D. A?B.PPT

8. 关于"快捷方式"，下列叙述正确的有_____。
   A. 快捷方式就是桌面上的一个图标，它指出了相应的应用程序的位置
   B. 删除一个快捷方式，会彻底删除与这个快捷方式相对应的应用程序
   C. 删除一个快捷方式，只是删除了图标
   D. 删除了快捷方式，对应的应用程序仍然可以运行

9. 在 Windows 中，查找文件可以按_____查找。
   A. 修改日期　　　B. 文件大小　　　　C. 名称　　　　　D. 删除的顺序

10. Windows 支持磁盘碎片整理，磁盘碎片整理的作用包括_____。
    A. 清除掉回收站中的文件　　　　　　B. 提高文件读写速度
    C. 使文件在磁盘上连续存放　　　　　D. 增大硬盘空间

2.6.2　实践操作练习

一、文件和文件夹的基本操作

1. 实训目的

（1）掌握文件和文件夹的创建、复制、移动、删除、重命名等基本操作。

（2）掌握搜索文件的使用方法。

（3）掌握文件属性的设置方法。

2. 实训要求及步骤

（1）将在"实训 2-1"文件夹下 SKIN 文件夹中的文件 KEEP.WPS 删除。

（2）将在"实训 2-1"文件夹下 JIMI 文件夹中建立一个名为 POKE.DIR 的新文件夹。

（3）将在"实训 2-1"文件夹下 LAKE 文件夹中的文件 YESE.DOC 设置为只读和隐藏属性。

（4）将在"实训 2-1"文件夹下 GAME 文件夹中的文件 FINE.PAS 移动到"实训 2-1"文件夹下的 MODE 文件夹中，并将文件名改为 FIRST.PRG。

（5）将在"实训 2-1"文件夹下 HYR 文件夹中的文件 BASIC. FOR 复制到考生文件夹下 TIG 文件夹中。

（6）将在"实训 2-1"文件夹下的 SQRE 文件夹更名为 PERI.BAS。

二、资源管理器（计算机）的使用

1. 实训目的

（1）熟练掌握中英文输入法，培养正确良好的打字姿势。

（2）掌握文件和文件夹的新建、选择、移动、复制、重命名及删除等操作。

（3）掌握搜索文件或文件夹的方法。

（4）掌握建立文件或文件夹快捷方式的方法。

（5）掌握文件扩展名的显示和隐藏的方法。

2. 实训要求及步骤

（1）在"实训 2-2"文件夹下新建一个文件夹，以自己的姓名命名。

（2）新建一个记事本文件，输入以下内容。

我们知道，计算机系统是由硬件系统和软件系统组成的。硬件系统由中央处理机、存储器和外部设备等组成，由这些硬部件组成的机器称为裸机。裸机对于用户来讲是没有用处的，正如柴油机没有柴油一样。要使计算机能为人们服务，还必须借助于软件系统。硬件是计算机系统的物质基础，没有硬件就不能执行指令和实施最原始、最简单的操作，软件也就失去了效用；而若只有硬件，没有配置相应的软件，则计算机也就不能发挥它的潜在能力，这些硬件资源也就没有活力。因此，硬件和软件是互相依赖、互相促进的。可以这样说：没有软件的裸机是一具僵尸，而没有硬件的软件则是一个幽灵。

软件系统包括系统软件和应用软件。操作系统是一个大型的系统软件，它对整个计算机系统实施控制和管理，为用户提供灵活、方便的接口。操作系统是软件系统的核心，其他软件只有在操作系统的支持下才能工作。

（3）将该记事本文件保存在"实训 2-2"文件夹中以自己姓名命名的文件夹下，文件名为"计算机操作系统概述.txt"。

（4）在当前文件夹下新建一个文件夹，名字为 JSJ。

（5）将文件"计算机操作系统概述.txt"复制到文件夹 JSJ 下，并将其重命名为"操作系统的简介.txt"。

（6）将文件"操作系统的简介.txt"移动到以自己姓名命名的文件夹下，并将以自己姓名命名的文件夹下的文件"计算机操作系统概述.txt"删除，将文件夹 JSJ 删除。

（7）通过"开始"/"搜索"，搜索"操作系统的简介.txt"，查看文件的路径。然后在桌面上，为"操作系统的简介.txt"建立一个快捷方式。

（8）将自己姓名命名的文件夹中的文件"操作系统的简介.txt"设置为只读属性。

（9）对 C 盘根目录下的文件按"大小"进行由大到小方式排序。

（10）在计算机的 D 盘根目录下新建一个文件夹，然后将其隐藏起来。

PART 3

项目三

Word 文档基本编排与表格操作
——制作《新生报到须知》

学习目标

　　文字处理工作是办公自动化的一项重要内容，Microsoft Office 系列软件中的 Word 是目前使用较为广泛的文字处理软件。Word 功能十分强大，使用它可以很方便地创建和编辑各种文字信息，还可以处理表格和图形，从而制作、打印出图文并茂的文档。

　　本项目通过《新生报到须知》的制作案例来了解 Word 2010，学习 Word 文档的基本制作和处理方法。

通过本案例的学习，能够掌握以下计算机水平考试及计算机等级考试知识点，达到下列学习目标。

知识目标

- Word 的启动和退出。
- Word 窗体组成、视图类型、窗体中的菜单及按钮的使用。
- 文档的创建、打开、关闭和保存。
- 文档内容的编辑，文字的选择、复制、粘贴、选择性粘贴、移动、查找、替换，剪贴板的使用。
- 字体格式设置、文字修饰效果、格式刷、边框与底纹。
- 段落格式设置、段落对齐方式，标尺，分栏、首字下沉。
- 页面设置。
- 表格创建、编辑，表格格式设置，单元格格式设置。
- 数学公式使用。

技能目标

- 理解 Word 的界面与操作。
- 学会使用 Word 文档的基本操作方法，包括创建新文档、输入文档内容、保存文档、打开和关闭文档。

- 学会使用 Word 文档的编辑方法，包括文本内容的复制、粘贴、选择性粘贴、移动、查找、替换。
- 学会使用 Word 文档的基本排版方法，包括页面设置、字符格式的设置、段落格式的设置、标尺。
- 会制作 Word 表格，包括表格的制作与表格内容的输入、表格编辑、格式设置、单元格设置、表格与文字互换。
- 会使用数学公式进行求和、求平均值等运算。

3.1 任务要求

在新学期开始的时候，××学院精心制作了《新生报到须知》，在发送《新生录取通知书》时一同寄出。报到须知详细描述了新生报到的时间、地点等，以及户口、交通、缴费、报道流程等相关信息，以方便新生报到。

《新生报到须知》文字内容丰富，还含有缴费、公寓用品等表格信息，使用 Word 来制作这份文档非常合适，《新生报到须知》的最终效果如图 3-1 所示。

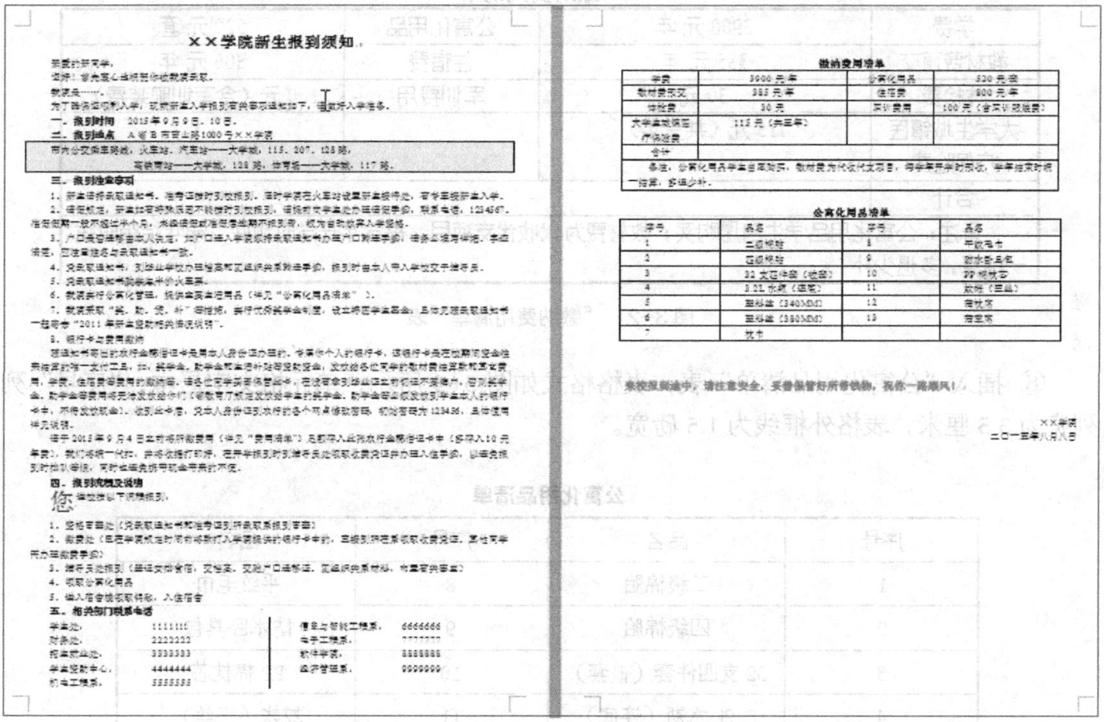

图 3-1 新生报到须知

3.2 解决方案

《新生报到须知》文档制作的解决方案如下。

1. 文档页面设置

文档纸张选用 A4 大小，上下页边距 2 厘米，左右页边距 1.5 厘米。

2. 标题设置

宋体、三号字、加粗、黑色，字符间距加宽量为 1.5 磅，段后间距设为 1 行，段落居中对齐。

3. 正文内容

① 正文为小四号、仿宋体，各段落首行缩进 2 个字符，行距为固定值 18 磅。

② 文中的小标题"报到时间、报到地点、报到注意事项、报到流程、相关部门联系电话"加粗。

③ 文中"二、报到地点"后面的乘车路线两行添加段落边框，边框线为 0.5 磅的黑色实线，框内文本距离边框上下左右各 1 磅，为这两行添加灰色的文字底纹。

④ 为突出报到流程，在"四、报到流程及说明"的第一个段落设置首字下沉。

⑤ "五、相关部门联系电话"内容分两栏，栏宽相等，两栏间添加一个分隔线。

⑥ 各类颜色填充，多彩边框，阴影效果，有三维效果。

⑦ "缴纳费用清单"表，表格格式如图 3-2 所示，单元格文字居中，表格外框线为 1.5 磅宽，"合计"数据采用数学公式计算求和，后两行使用合并单元格方法。

缴纳费用清单

学费	3900 元/年	公寓化用品	520 元/套
教材费预交	385 元/年	住宿费	800 元/年
体检费	30 元	军训费用	100 元（含军训服装费）
大学生城镇医疗保险费	115 元（共三年）		
合计			
备注：公寓化用品学生自愿购买；教材费为代收代支项目，每学年开学时预收，学年结束时统一结算，多退少补			

图 3-2　"缴纳费用清单"表

⑧ 插入"公寓化用品清单"表，表格格式如图 3-3 所示，单元格文字居中，"序号"列列宽为 3.5 厘米，表格外框线为 1.5 磅宽。

公寓化用品清单

序号	品名	序号	品名
1	二级棉胎	8	平纹毛巾
2	四级棉胎	9	防水卧具包
3	32 支四件套（被套）	10	PP 棉枕芯
4	3.2L 水瓶（连底）	11	蚊帐（三丝）
5	塑料盆（340MM）	12	蒲枕席
6	塑料盆（380MM）	13	蒲草席
7	枕巾		

图 3-3　"公寓化用品清单"表

⑨ 文末的落款与日期采用右对齐。

3.3 基本概念

为保证项目能够顺利完成，请在实际操作前先行预习以下基本概念。

3.3.1 Word 2010 启动与退出

1. 启动

Word 启动有多种方法，下面介绍几种常用启动方法。

（1）单击窗口左下角的【开始】按钮 ，弹出"开始"菜单，依次单击"所有程序"→Microsoft Office→Microsoft Word 2010，即可启动 Word 并可打开一个 Word 新文档。

（2）如果桌面有 Word 2010 快捷图标 ，双击它即可启动 Word 并可打开一个 Word 新文档。

（3）双击某个 Word 文档，即可启动 Word 并可打开这个 Word 文档。

2. 退出

（1）单击窗口左侧"文件"选项卡中的"退出"项，如图 3-4 所示，即可关闭 Word 程序。

（2）单击 Word 窗口左上角按钮 、右击标题栏或用 Alt+F4 组合键，打开控制菜单，选择"关闭"项，关闭当前 Word 文档，如图 3-5 所示。

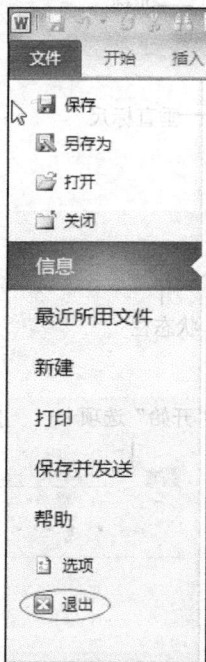

图 3-4 "文件"选项卡

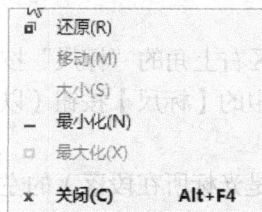

图 3-5 控制菜单

3.3.2 Word 主界面窗体组成及功能

Word 主界面窗体组成如图 3-6 所示。

1. 标题栏

在 Word 主界面窗体中，标题栏位于窗口最上方，中间显示了当前编辑的文档名。标题栏右侧是"窗口控制"按钮 ，单击这 3 个按钮可将窗口最小化、恢复或最大化、关闭。

2. 快速访问工具栏

用于放置一些使用频率较高的工具，默认情况下，该工具栏包含【保存】 、【撤销】 、【重复】 3 个按钮，单击右侧的【自定义快速访问工具栏】按钮 ，可以增删显示的按钮。

3. 功能区

功能区由"文件""开始""插入""页面布局""引用""邮件""审阅""视图"等选项卡组成，如图 3-7 所示。每个选项卡分类存放着不同的编排工具，单击选项卡标签切换到不同的选项卡，显示各类工具按钮。在每个选项卡中，工具按钮又被分类放置在不同的组中。某些组的右下角有一个"对话框启动器"按钮 ，单击可打开相关对话框。

快速访问工具栏　　　　　　　标题栏　　　　　　窗口控制按钮

光标

水平标尺

垂直标尺

文档编辑区

状态栏　　　　　　水平滚动条　　　　视图按钮

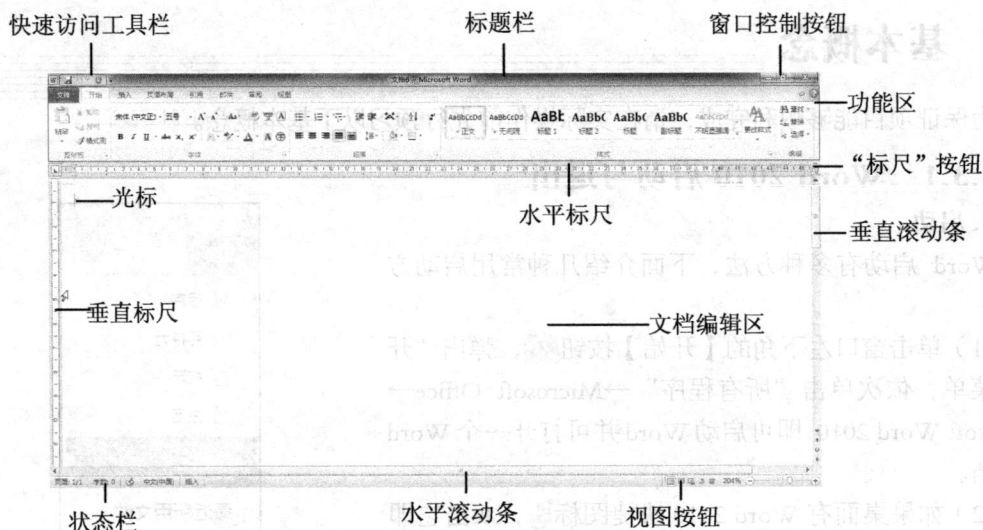

图 3-6　Word 主界面窗体

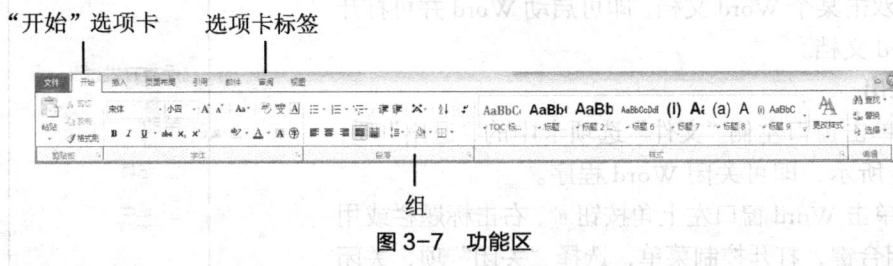

"开始"选项卡　　选项卡标签

组

图 3-7　功能区

将鼠标指针移到某按钮上停留片刻，即可显示该按钮的名称、作用。

4. 标尺

标尺由水平标尺和垂直标尺构成，用于辅助文档定位。单击编辑区右上角的"标尺"按钮，可以显示或隐藏标尺。也可以通过"视图"选项卡"显示"组中的【标尺】按钮（以下用【视图】|【显示】|【标尺】来描述）控制标尺的显示或者隐藏。

拖动水平标尺上的 3 个游标，可以快速地设置段落（选定的，或是光标所在段落）的左缩进、右缩进和首行缩进。拖动水平和垂直标尺的边界，可以方便地设置页边距。

5. 滚动条

滚动条在当前窗口无法完全显示文档内容时产生，分为水平和垂直滚动条。通过按鼠标拉动滚动条可以完成文档内容的浏览。

6. 状态栏

状态栏位于 Word 窗口下方，显示当前文档页数、页码、文档操作等相关状态。

7. 快捷菜单

快捷菜单即鼠标右击时出现的那个菜单，所以也叫右键菜单。它是显示与当前特定项目相关的一列命令的菜单，如在文档编辑区右击，则可打开文档编辑快捷菜单。

3.3.3　视图类型

在 Word 文档编辑区右下角的是视图按钮 区域，从左到右依次是页面视图、阅读版式视图、Web 版式视图、大纲视图和草稿模式。在不同的模式下，可以按不同的方式显示文档，并能利用一些视图的特殊功能对文档进行管理。

视图类型的切换可以通过单击视图按钮或者"视图"选项卡中对应的按钮来进行。

① 页面视图：在页面视图下显示的是打印结果外观，即所见即所得。在该视图模式中可以编辑页眉和页脚、调整页边距、设置分栏以及处理图形对象等，如图 3-8①所示。

② 阅读版式视图：阅读版式视图以书籍的形式显示文档内容，从而增加文档的可读性，状态栏、功能区等窗口元素被隐藏起来。在阅读版式视图中，用户还可以单击"工具"按钮选择各种阅读工具，如图 3-8②所示。

③ Web 版式视图：Web 版式视图用于以网页的形式编辑文档，该视图显示了文档在 Web 浏览器中观看时的外观，会将文档显示为不带分页符的一页长文档，而且，其中的文本和表格会随窗口的缩放而自动换行，以适应窗口的大小，以网页的形式显示 Word2010 文档，如图 3-8③所示。Web 版式视图适用于发送电子邮件和创建网页。

④ 大纲视图：大纲视图主要用于设置 Word2010 文档的结构和显示标题的层级结构，并可以方便地折叠和展开各种层级的文档。在该视图模式中可以方便地调整和组织文档的大纲结构，如图 3-8④所示。

大纲视图中的缩进和符号并不影响文档在其他视图模式中的外观，也不会打印出来。大纲视图广泛用于 Word2010 长文档的快速浏览和设置中。

⑤ 草稿视图：草稿视图取消了页面边距、分栏、页眉页脚和图片等元素，仅显示标题和正文，是最节省计算机系统硬件资源的视图方式，如图 3-8⑤所示。

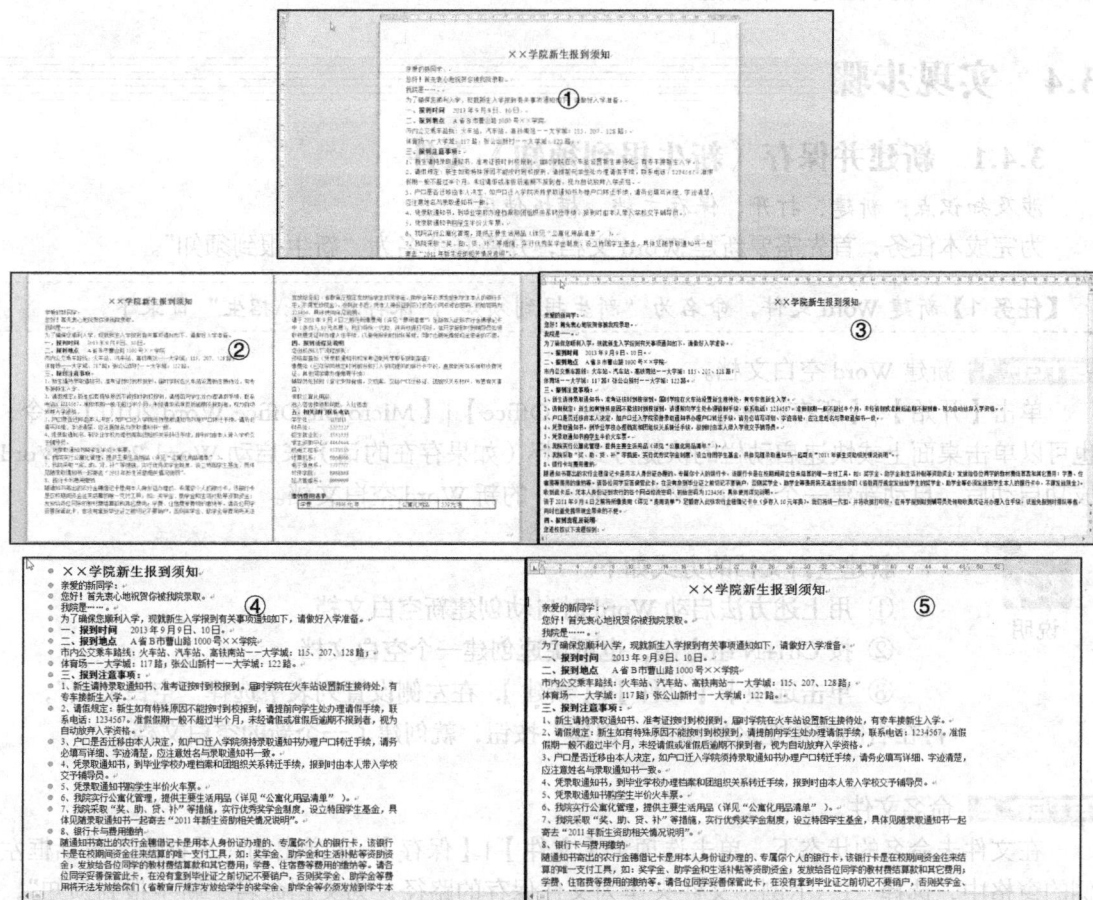

图 3-8　各种视图效果

3.3.4　Word 文档与段落

1. Word 文档

在 Word2010 中，将新建的文档保存或将编辑的文档另存后就会生成一个文件，扩展名为.docx（在 Word2003 之前的版本，扩展名为.doc），这个文档就叫作 Word 文档。

2. 段落

Word 中，段落是构成文章的基本单位，具有换行另起的明显标志。很多 Word 操作是基于段落的，如对段落进行整体缩进、编辑行距、对齐等。通过设置段落使文章有行有止，在读者视觉上形成更加醒目明晰的印象，便于读者阅读、理解和回味，也有利于作者条理清楚地表达内容。

在 Word 中，常使用以下分隔符来实现段落的划分。

（1）段落标志：按回车键产生的小弯箭头　，也称硬回车。硬回车在换行的同时也起着段落分隔的作用。两个硬回车之间为真正的一个段落，可以称为物理段落，可以被 Word 正确识别。

（2）手动换行符：Word 为适应网页的格式而自动对文字采取的处理，可以通过按"Shift+回车"组合键来直接输入，也称软回车。软回车不是真正意义上的段落标记，而是一种换行标记。两个软回车之间的文字不能称为一个段落，只是换行显示一下而已，可以称为逻辑段落，但 Word 不能识别为一个段落。

3.4　实现步骤

3.4.1　新建并保存《新生报到须知》文件

涉及知识点：新建、打开、保存文档，模板使用

为完成本任务，首先需要新建 Word 文档，并将其命名为"新生报到须知"。

【任务 1】新建 Word 文件，命名为"新生报到须知"，保存在"E:\招生"目录下。

STEP 1 新建 Word 空白文档。

单击【开始】|【所有程序】|【Microsoft Office】|【Microsoft Office Word 2010】命令，也可以单击桌面上或快速启动栏的快捷方式图标（如果存在的话）来启动 Word 2010。Word 成功启动后，自动新建一个名为"文档 1.docx"的新 Word 空白文档。

> 说明
>
> 新建空白文档的方式如下。
> ① 用上述方法启动 Word 时自动创建新空白文档。
> ② 按 Ctrl+N 组合键，也可快速创建一个空白文档。
> ③ 单击选项卡【文件】|【新建】，在左侧设置列表中选择"空白文档"，再在右侧的预览区域单击"创建"按钮，就创建了一个新的空白文档。

STEP 2 命名文件。

在文件未命名的状态下，单击选项卡【文件】|【保存】，在弹出的"另存为"对话框左侧的窗格中，选择"E:\示例"文件夹作为文件保存的路径，为文档命名"新生报到须知"，单击【保存】按钮，如图 3-9 所示。

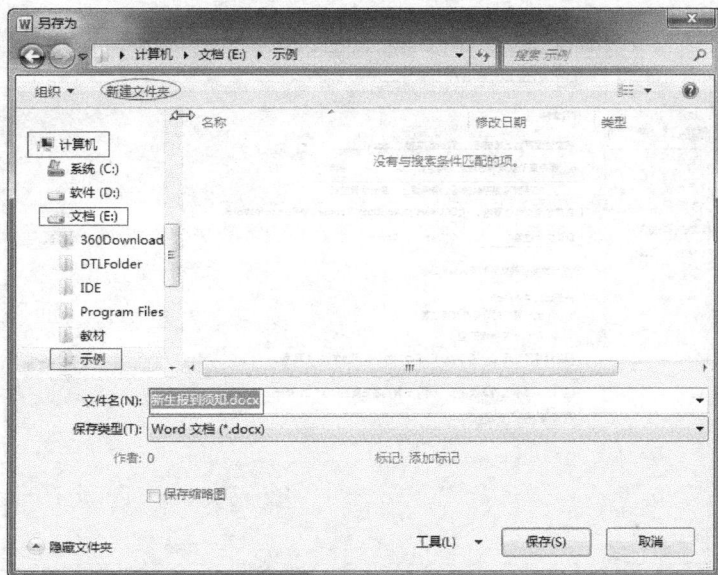

图 3-9　"另存为"对话框

🔒 **提示**

　　● 新建的文档自动命名为文档 N（N 为 1、2…），在首次保存时会弹出"另存为"对话框，第二次保存不再弹出"另存为"对话框。想把文档以另一个名称或另一个位置保存，可单击选项卡【文件】|【另保存】命令，打开"另存为"对话框。在"另存为"对话框中还可以在保存类型中选择将文档存储为不同的格式，如网页等。

STEP 3 保存文件。

　　对于已命名文件进行编辑修改后，需要再次保存。单击选项卡【文件】|【保存】，保存文件内容。

✏️ **说明**

　　[1] 保存文件的方式。除了使用选项卡命令外，还可以使用以下方式。
　　① 单击快速访问工具栏的 🖫 图标。
　　② 使用 Ctrl+S 组合键。
　　[2] 设置自动保存的间隔时间。在编辑 Word 文档时，为了防止死机、意外断电等因素造成的突然关机导致数据丢失，在编辑文档时要养成经常保存文档的好习惯。除了上述的手动保存方式，还可以通过设置自动保存的间隔时间来实现。单击选项卡【文件】|【帮助】|【选项】，打开"选项"对话框，选择"保存"选项卡，勾选"自动保存时间间隔"复选框，并设置保存时间间隔，如"10 分钟"，还可以在"自动恢复文件位置"中设置恢复文件的位置，如图 3-10 所示。
　　自动保存功能不能代替常规的文件保存操作。如果选择在打开文件之后不保存恢复文件，则该文件会被删除，并且未保存的更改会丢失。如果保存恢复文件，则该恢复文件会取代原始文件，除非指定新的文件名。

图 3-10　自动保存设置

3.4.2　输入文本内容

涉及知识点：文字的基本操作

完成新生报到须知文档的创建、命名、保存以后，首先输入全部的文本内容，然后依次设置文本格式。

【任务2】录入、编辑文本内容。

STEP 1　输入文档文本内容。

单击编辑区，录入《新生报到须知》文档的文本内容，如图 3-11 所示。

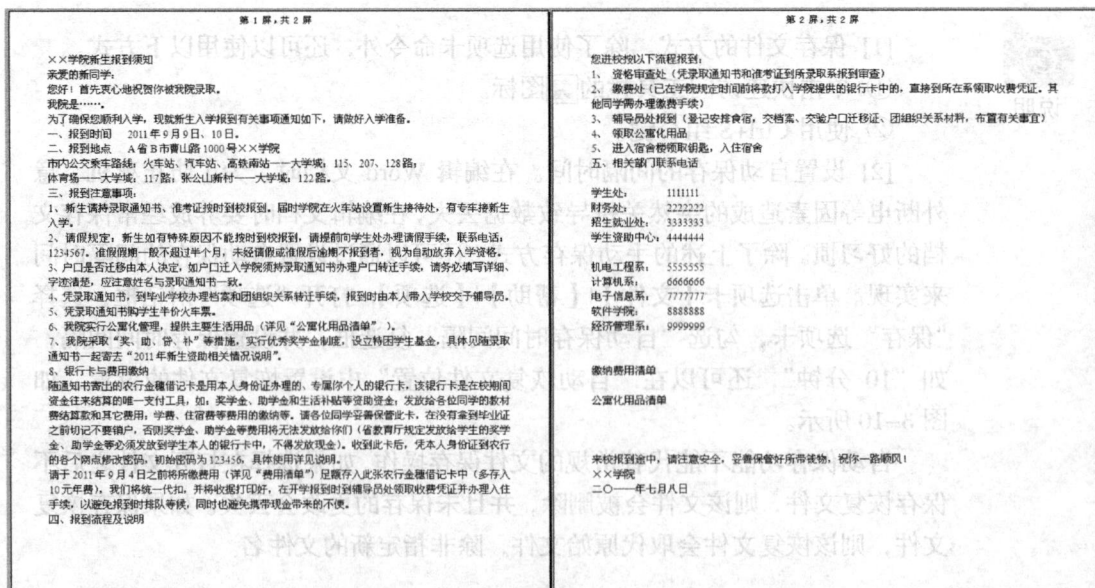

图 3-11　《新生报到须知》文档的文本内容

录入文本时需要注意以下情况。

[1] 换行：在 Word 中录入文档内容时会自动进行换行，只有另起新的段落时才需要按 Enter 键。

[2] 中英文输入：在 Word 中进行文字录入时既可以录入中文，也可以录入英文，中英文的输入法切换方式如下。

① 使用快捷键。

Ctrl+空格键　　　实现中英文的切换

Ctrl+Shift　　　实现各种输入法的切换

Ctrl+.　　　　　实现中英文标点符号的切换

② 单击窗口右下方的输入法图标左侧的"语言栏"按钮 ▢中 ◗ °, ▦ ，会弹出"输入法"列表，单击所需的输入法。

插入特殊符号：

[1] 使用"符号"对话框输入特殊符号。除了正常的标点符号直接使用键盘输入以外，如需插入其他符号，可以单击选项卡【插入】|【符号】|【其他符号】，打开"符号"对话框，在"子集"选项框中选择要插入符号的类型，选择需要的符号后单击"插入"按钮即可，如图 3-12 所示。

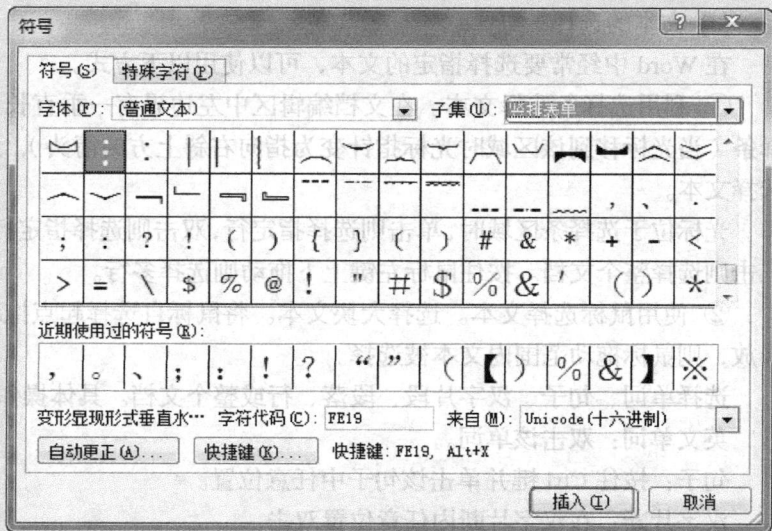

图 3-12　"符号"对话框

[2] 软键盘输入特殊符号。可以单击输入法图标右侧的"软键盘"按钮 ▢中 ◗ °, ▦ ，在弹出的菜单中，选择需要的符号类型，就会打开相应的符号软键盘，选择输入即可。

STEP 2 修改文本。

对输入的文本进行修改。

在 Word 中可以进行以下编辑操作。

[1] 撤销与恢复

① 撤销错误的操作，可使用以下几种方法。

按 Ctrl+Z 组合键，或单击快速访问工具栏中的"撤销"按钮 ↶ ，撤销最近的一次操作，连续执行该操作可撤销多步操作。

单击"撤销"按钮 ↶ 右侧的三角按钮，会打开历史操作列表，选择要撤销的操作，该操作以及其后的所有操作都被撤销。

② 如果执行了错误的撤销操作，可以利用恢复功能将其恢复，方法如下。

按 Ctrl+Y 组合键，或单击快速访问工具栏中的"恢复" ↷ 按钮（此按钮在刚刚执行了撤销操作后方由"重复" ↻ 变为"恢复" ↷ ），可恢复上一次撤销的操作，连续执行该操作可恢复多步被撤销的操作。

[2] 删除

在进行输入时，新输入的内容会出现在光标处（光标表现为一条闪烁的竖线，光标处又称为插入点）。要删除光标前的一个字符，可以按 Backspace 键删除，通过按 Delete 键可以删除光标后的一个字符。

删除多行或某个区域的文本时，可以先选择指定文本，再按 Backspace 键或 Delete 键。

[3] 文本的选择

在 Word 中经常要选择指定的文本，可以使用以下方式。

① 利用选择条选择文本。在文档编辑区中左边界有一垂直长条区域为选择条（当光标移到该区域时光标指针变为指向右斜上方的箭头），选择条用于选择文本。

光标位于选择条区域时，单击则选择指定行，双击则选择指定行所在段落，三击则选择整个文档。按住鼠标左键上下拖动则选择多行。

② 使用鼠标选择文本。选择大块文本。将鼠标自选择起点拖动，到终点释放，则鼠标拖动范围内文本被选择。

选择单词、句子、汉字片段、段落、行或整个文档。具体操作如下。

英文单词：双击该单词。

句子：按住 Ctrl 键并单击该句子中任意位置。

汉字片断：在汉字片断内任意位置双击。

段落：双击段落的选择条。

整个文档：按住 Ctrl 键并单击选择条中任意位置。

③ 结合使用 Shift 键选择文本。将光标置于选择起点，然后按住 Shift 键并按光标移动键（如箭头、Home、End、PaUp、PgDn 等），将光标移至选择终点，则相应的文本区域即被选中。

单击选择起点（终点），然后按住 Shift 键，再单击选择区域的终点（起点），则两次单击范围中的文本被选中。

选择文本区域需调节时，按住 Shift 键并单击新的终点，或按住 Shift 键并按箭头键扩展或收缩选择区域。

[4] 复制文本

① 利用 Word 的剪贴板功能移动文本。Word 中复制操作是在原有文本保持不变的基础上，将所选文本放入剪贴板，剪切操作则是在删除原有文本的基础上将所选中文本放入剪贴板，粘贴操作则是将剪贴板的内容放到目标位置。步骤如下。

首先选定要复制的文本，在功能区"开始"选项卡的"剪贴板"组，单击"复制"按钮或者按 Crtl+C 组合键，复制文本到 Word 的剪贴板上，再将光标移动到指定位置后，单击【开始】|【粘贴】按钮，或按 Crtl+V 组合键，即可粘贴文本到指定位置。

以上操作只能将最近一次复制的内容进行粘贴，要粘贴前几次复制到剪贴板上的内容，需单击功能区"开始"选项卡的"剪贴板"组右下角"对话框启动器"按钮，打开"剪贴板"任务窗格，如图 3-13 所示，对之前复制到剪贴板的内容单击，即可粘贴该内容。

② 使用拖动方式。首先选中需要移动或复制的文本内容。再将鼠标指针指向被选中的文本区域，按住 Ctrl 键后再按左键拖动文本到目标位置即可完成复制。

[5] 移动文本

① 利用 Word 的剪贴板功能移动文本。首先选定要移动的文本，在功能区"开始"选项卡的"剪贴板"组，单击"剪切"按钮或者按 Crtl+X 组合键，在删除原有文本的基础上将所选中文本放入剪贴板，再将光标移动到指定位置后，单击【开始】|【粘贴】按钮，或按 Crtl+V 组合键，即可移动粘贴文本到指定位置。

图 3-13 "剪贴板"任务窗格

② 使用拖动方式。首先选中需要移动或复制的文本内容。再将鼠标指针指向被选中的文本区域，按住左键拖动文本到目标位置。将被选中的文本移动或复制到目标位置后松开鼠标左键即可。

[6] 查找和替换文本

① 查找文本。在功能区"开始"选项卡的"编辑"组，单击"查找"按钮或者按 Crtl+F 组合键，打开"导航"任务窗格，在窗格上方的"搜索"文本框中输入要查找的文字，如"公寓"，如图 3-14 所示，此时查找到的内容在文档中将以橙色底纹突出显示。在"导航"任务窗格中单击"下一处搜索结果"按钮，可从上到下定位搜索结果。

② 替换文本。在功能区"开始"选项卡的"编辑"组，单击"替换"按钮或者按 Crtl+H 组合键，打开"查找和替换"对话框，如图 3-15 所示。在对话框的"替换"选项卡中，"查找内容"栏输入要查找的文字，再在"替换为"栏后输入要替换的内容。用"替换""查找下一处"按钮配合使用，逐个替换查找到的内容。如果某处查找到文本不需要替换，则按"查找下一处"按钮跳过并继续查找，用"全部替换"按钮则一次性替换文档中全部查找到的内容。

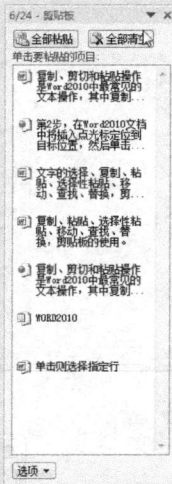

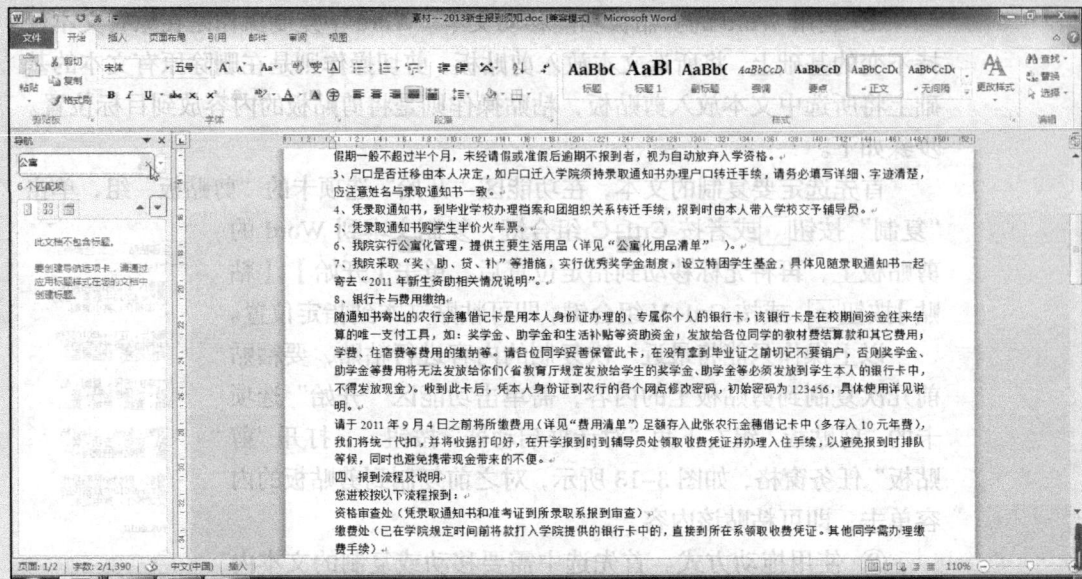

图 3-14 查找文本

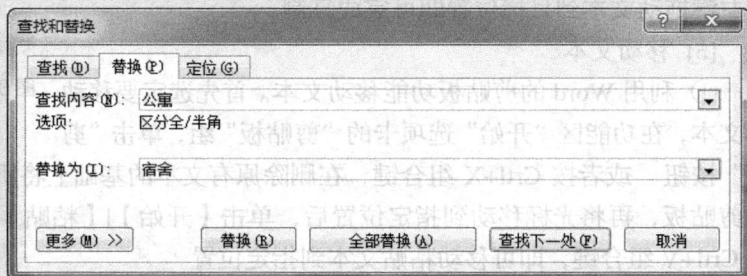

图 3-15 "查找和替换"对话框

3.4.3 格式设置

涉及知识点：字体格式、段落格式、标尺、边框与底纹、首字下沉、分栏、文字修饰效果
文档内容输入完成后，还需要对其进行格式的设置。

【任务3】依次设置标题的格式。

STEP 1 标题格式的设置。

① 标题字体格式的设置。

选中文本内容的第一行文字"××学院新生报到须知"，单击"开始"选项卡"字体"组
右下角【对话框启动器】按钮 ，打开"字体"对话框，在对话框的"字体"选项卡中设置
字体为宋体、三号字、加粗、黑色，如图 3-16 所示。

设置好字体后，单击对话框的"高级"选项卡，设置字符间距加宽，量为 1.5 磅。设置
完成后单击【确定】按钮关闭"字体"对话框，如图 3-17 所示。

② 标题段落格式的设置。

选中文本内容的第一行文字"××学院新生报到须知"，单击"开始"选项卡"段落"

组右下角【对话框启动器】按钮 ，打开"段落"对话框，设置段后间距为1行，段落居中对齐，单倍行距，如图3-18所示。设置完成后单击【确定】按钮关闭"段落"对话框。

图 3-16　"字体"对话框字体项卡

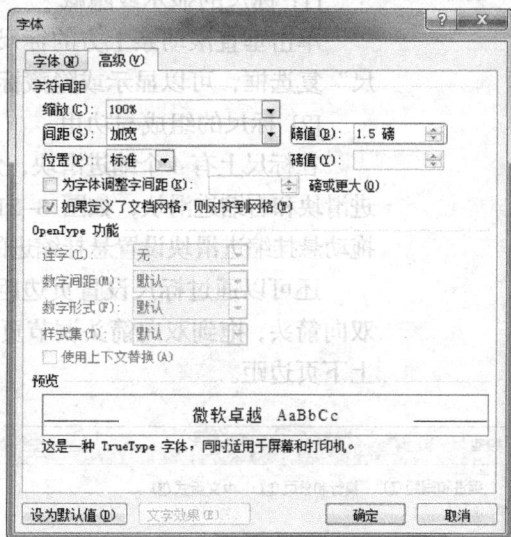

图 3-17　"字体"对话框高级选项卡

┌──────────────────────────┐
│ 【水平考试常见考点练习】 │
│ 　将正文第三段字间距设置 │
│ 为加宽1磅，行间距设置为1.5 │
│ 倍行距。 │
└──────────────────────────┘

STEP 2 正文格式的设置。

① 正文字体格式的设置。

除了采用"STEP 1"中介绍的对话框设置方法之外，还可以直接使用选项卡上的按钮进行设置。选中正文文本，在【开始】|【字体】组中设置字体格式为宋体、小四号、黑色，如图3-19所示。

② 正文段落格式的设置。

选中全文，采用"STEP 1"中介绍的"段落"对话框，设置段落格式为各段落左对齐，首行缩进2个字符，行距为固定值18磅，如图3-20所示。

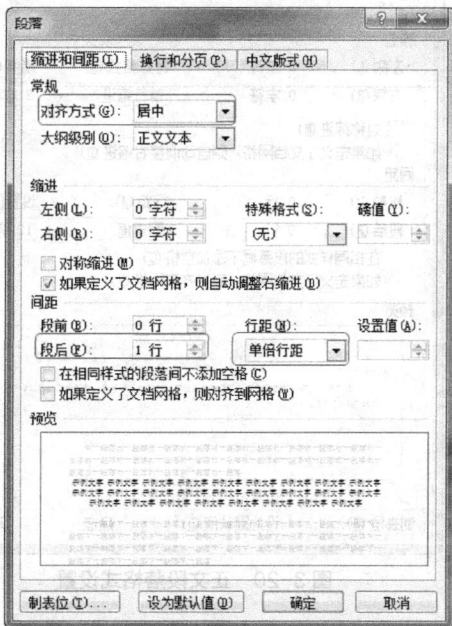

图 3-18　"段落"对话框

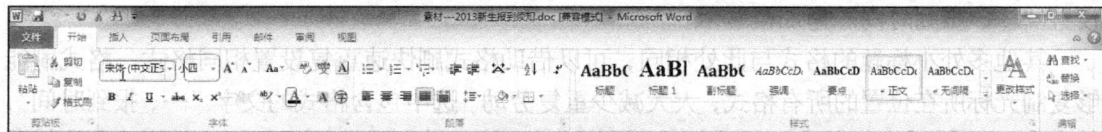

图 3-19　"开始"选项卡设置字体格式

> 段落对齐方式除了可以使用上述"段落"对话框进行设置，还可以使用标尺快速设置。
>
> [1] 标尺的显示或隐藏
>
> 单击垂直滚动条上方的标尺按钮或在"视图"选项卡"显示"组选择"标尺"复选框，可以显示或隐藏标尺的显示。
>
> [2] 标尺的组成与功用
>
> 在标尺上有 4 个缩进滑块，分别为首行缩进滑块、拖动悬挂缩进滑块、左缩进滑块和右缩进滑块，如图 3-21 所示。拖动首行缩进滑块可以调整首行缩进，拖动悬挂缩进滑块设置悬挂缩进的字符，拖动左缩进和右缩进滑块设置左右缩进。
>
> 还可以通过标尺设置页边距。将光标放在标尺的左边距处，光标变为左右双向箭头，拖到双向箭头调节页面左边距，用同样方式可以调节页面右边距和上下页边距。

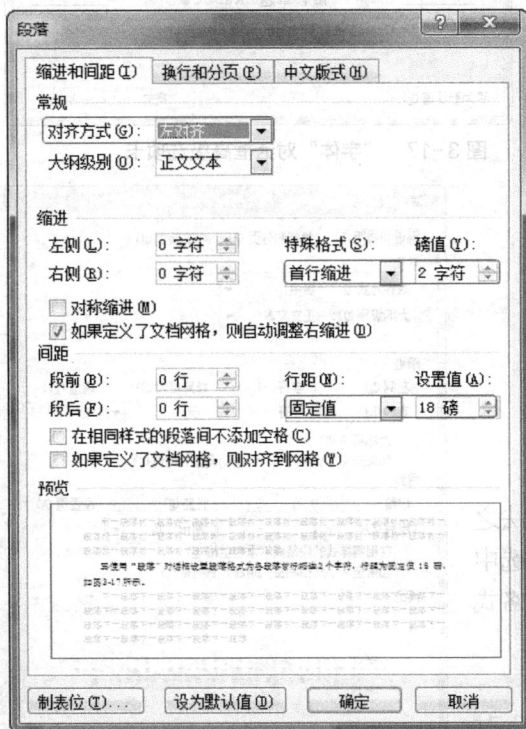

图 3-20　正文段落格式设置　　　　　图 3-21　标尺组成与功用

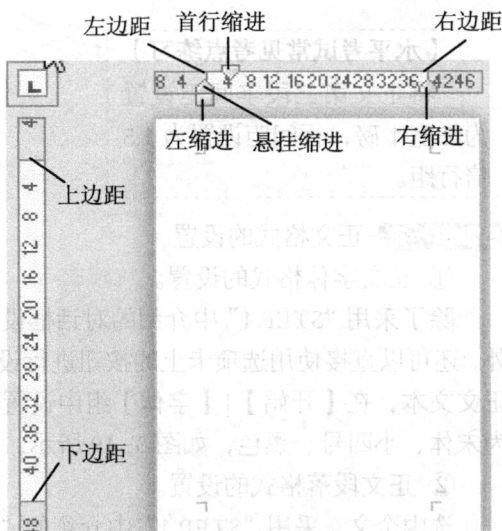

STEP 3 使用格式刷设置小标题加粗。

选中第一个小标题"一、报到时间"，在【开始】|【字体】组中单击"加粗"按钮 **B**，设置"一、报到时间"为加粗显示。

其他多处小标题的格式与此处相同，可以借助格式刷快速重复设置相同格式。格式刷能够复制光标所在位置的所有格式，大大减少重复劳动。选中包含格式的文字"一、报到时间"，单击【开始】|【剪贴板】组中【格式刷】按钮，光标变成刷子形状，将格式刷光标移动到要复制格式的文字位置，按住鼠标左键拖选文字"二、报到地点"，放开左键，则格式刷经过的文字将被设置成格式刷记录的格式，实现了格式复制。

单击【格式刷】按钮，可以复制一次格式，双击【格式刷】按钮，可以多次复制格式，再次单击【格式刷】按钮或按 Esc 键即可关闭格式刷。选中包含格式的文字"一、报到时间"，双击【格式刷】按钮，光标变成刷子形状后，用格式刷光标拖选文字"三、报到注意事项""四、报到流程及说明""五……"，这些小标题都变为加粗显示格式，完成后单击"格式刷"按钮即可取消格式刷状态，光标恢复正常。

如果只复制段落格式，将光标定位在包含格式的段落内任意位置或选中段落后面的回车符，单击"格式刷"按钮，将格式刷光标移动到要复制格式的段落内任意位置单击，即可。

STEP 4 设置边框和底纹。

选中"二、报到地点"后乘车路线所在段落的两行文本，单击【页面布局】|【页面背景】组中的【页面边框】按钮 ，打开"边框和底纹"对话框，选择"边框"选项卡，设置边框样式、颜色、边框宽度，添加段落边框，单击【选项】按钮，在弹出的"边框和底纹选项"对话框内设置文本距离边框距离，如图 3-22 所示。

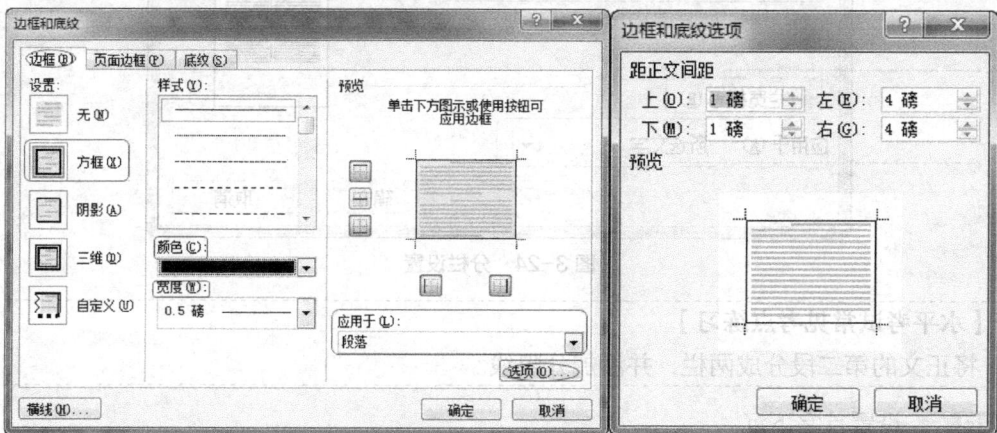

图 3-22　边框设置

在"边框和底纹"对话框，选择"底纹"选项卡，为这两行添加灰色的文字底纹，要求文字底纹样式为"5%"的灰色，如图 3-23 所示。

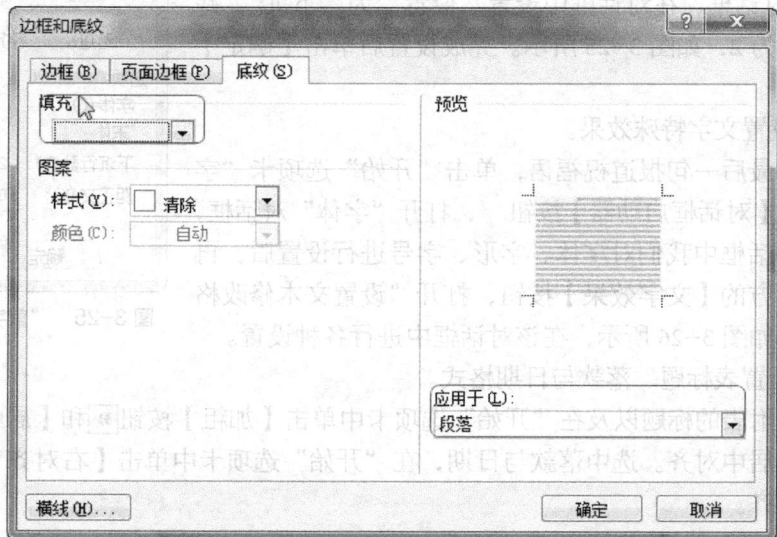

图 3-23　底纹设置

STEP 5 设置分栏。

选中"五、相关部门联系电话"后的文本内容，单击【页面布局】|【页面设置】组中的【分栏】按钮，弹出下拉菜单，选择"更多分栏…"，打开"分栏"对话框，设置格式为内容分两栏，栏宽相等，两栏间添加一个分隔线，应用于所选文字，如图 3-24 所示。

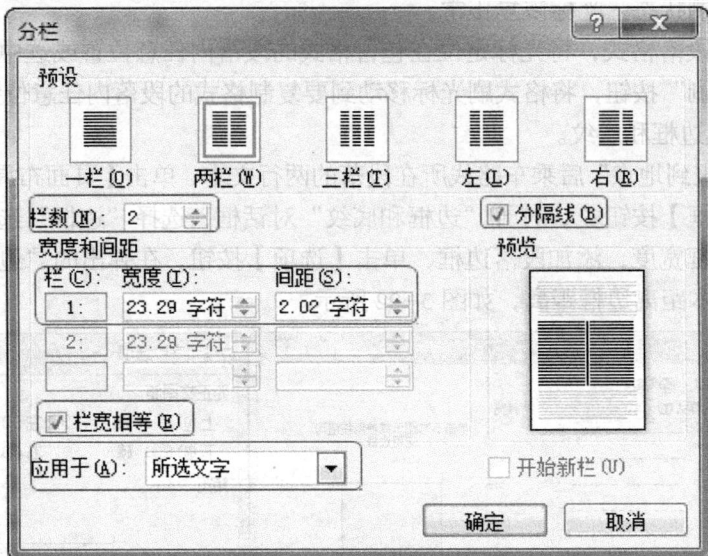

图 3-24　分栏设置

【水平考试常见考点练习】
　　将正文的第二段分成两栏，并添加分隔线。

STEP 6 设置首字下沉。

将插入点光标定位到"您进校按以下流程报到："的段落中，然后将功能区选项卡切换到"插入"，在"文本"分组中单击"首字下沉"按钮，在打开的菜单中单击"首字下沉选项"，打开"首字下沉"对话框，在对话框中设置"位置"为"下沉"，并设置下沉行数为 2，如图 3-25 所示。完成设置后单击【确定】按钮即可。

STEP 7 设置文字特殊效果。

选中文档最后一句报道祝福语，单击"开始"选项卡"字体"组右下角【对话框启动器】按钮，打开"字体"对话框，在"字体"对话框中我们对字体、字形、字号进行设置后，再单击对话框下方的【文字效果】按钮，打开"设置文本修改格式"对话框，如图 3-26 所示，在该对话框中进行各种设置。

图 3-25　"首字下沉"对话框

STEP 8 设置表标题、落款与日期格式。

选中两张附表的标题以及在"开始"选项卡中单击【加粗】按钮 **B** 和【居中】按钮，设置为加粗和居中对齐。选中落款与日期，在"开始"选项卡中单击【右对齐】按钮，设置为文本右对齐。

至此，文档格式设置完毕。

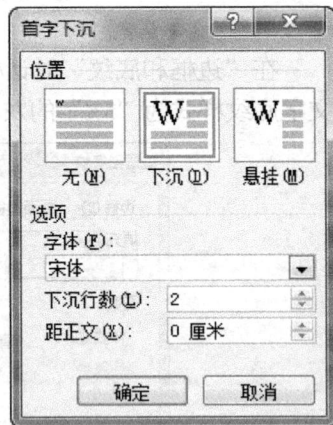

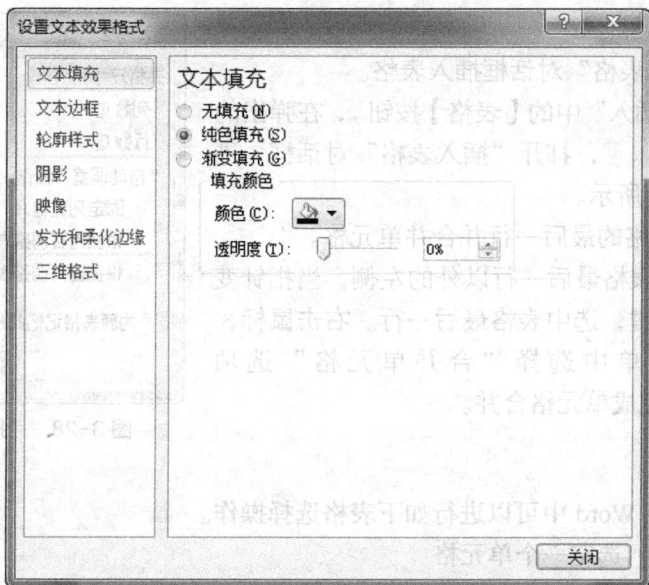

图 3-26 "设置文本修改格式"对话框

3.4.4 创建并编辑表格

涉及知识点：表格创建、编辑，表格格式设置，单元格格式设置，数学公式使用

《新生报到须知》中包含缴纳费用和公寓化用品相关信息，这类包含较多条的信息可以用表格来表达。

【任务 4】创建"缴纳费用清单"表，并按照要求设置表格内容的格式。

STEP 1 插入"缴纳费用清单"表。

① 使用拖动鼠标的方法插入表格。

在"缴纳费用清单"文本下的空行单击，将插入点定位在空行中，单击选项卡"插入"中的【表格】按钮，弹出"插入表格"菜单，拖动鼠标选中 6 行 4 列，插入一个 6 行 4 列的表格，如图 3-27 所示。

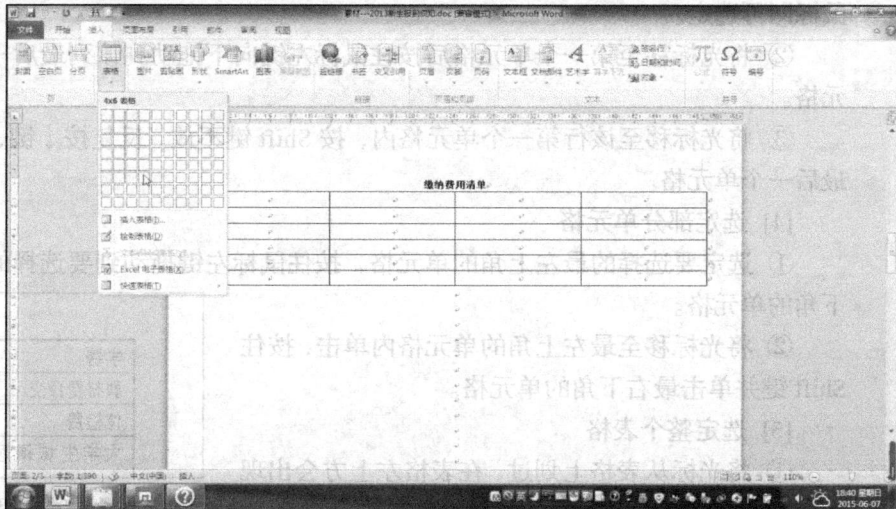

图 3-27 拖动鼠标插入表格

② 使用“插入表格”对话框插入表格。

单击选项卡“插入”中的【表格】按钮，在弹出的菜单中选择“插入表格(I)...”，打开“插入表格”对话框，进行设置，如图 3-28 所示。

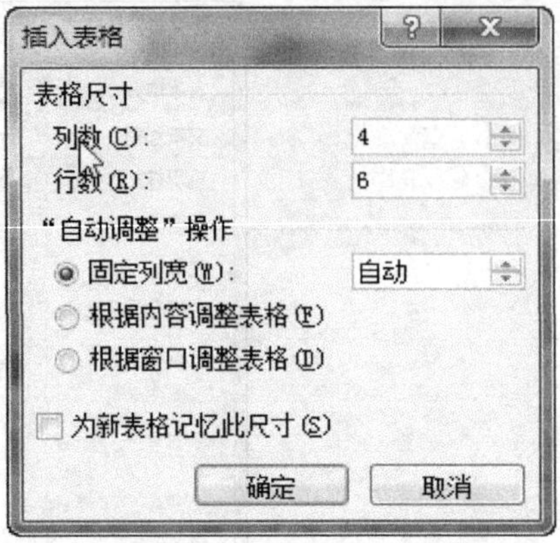

图 3-28 “插入表格”对话框

STEP 2 选中表格的最后一行并合并单元格。

将鼠标移动到表格最后一行以外的左侧，当指针变为↗时单击鼠标左键，选中表格最后一行。右击鼠标，在弹出的快捷菜单中选择“合并单元格”选项“合并单元格(M)”，完成单元格合并。

说明

在 Word 中可以进行如下表格选择操作。

[1] 选定一个单元格

① 把光标移到该单元格内的左侧，光标变成右向的黑色实心箭头，单击鼠标即可选定。

② 把光标移到该单元格内，鼠标三击。

③ 将鼠标移至单元格内，按一次 Shift+→组合键。

[2] 选定一行单元格

① 如本任务中的步骤 2，把光标移到该行的左侧，光标变成向右的空心箭头，单击鼠标即可选定。

② 将光标移至第一个单元格后按住鼠标左键向右拖动到该行的最后一个单元格。

③ 将光标移至该行第一个单元格内，按 Shift 键不放，反复按→键直到最后一个单元格。

[3] 选定一列单元格

① 把光标移到该列的上边界以上，光标变成向下的黑色实心箭头，单击鼠标即可选定。

② 将光标移至第一个单元格后按住鼠标左键向下拖动到该列最后一个单元格。

③ 将光标移至该行第一个单元格内，按 Shift 键不放，反复按↓键，直到最后一个单元格。

[4] 选定部分单元格

① 选定要选择的最左上角的单元格，按住鼠标左键拖动到要选择的最右下角的单元格。

② 将光标移至最左上角的单元格内单击，按住 Shift 键并单击最右下角的单元格。

[5] 选定整个表格

① 将光标从表格上划过，在表格左上方会出现【全部选中】按钮，如图 3-29 所示。单击【全部选

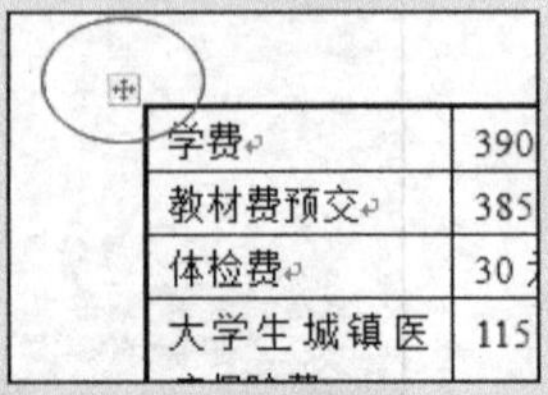

图 3-29 “全部选中”按钮

中】按钮即可选中整个表格。

② 单击表格中的任意单元格，单击"布局"选项卡"表"组中的【选择】按钮，在弹出的下拉菜单，单击"选择表格"项，选中整个表格。

STEP 3 合并第五行的后三个单元格。

除了使用快捷菜单，还可以使用选项卡按钮进行单元格合并，拖动鼠标，选中第五行的后三个单元格。此时，功能区将新增"布局"选项卡，单击"布局"选项卡"合并"组中的"合并单元格"按钮，完成单元格的合并，完成后的表格如图 3-30 所示。

↵	↵	↵	↵
↵	↵	↵	↵
↵	↵	↵	↵
↵	↵	↵	↵
↵	↵		

图 3-30 合并后的表格

STEP 4 输入表格的文本内容。

按照图 3-2 所示图表输入表格中各项文本内容。再选择各栏标题，通过单击加粗按钮设置文本格式为加粗。选中整个表格，右击，在弹出的快捷菜单中选择"单元格对齐方式"选项，单击【中部左对齐】按钮，单元格中的文本将在水平方向左对齐，垂直方向居中对齐，设置完成的表格如图 3-31 所示。

学费	3900 元/年	公寓化用品	520 元/套
教材费预交	385 元/年	住宿费	800 元/年
体检费	30 元	军训费用	100 元（含军训服装费）
大学生城镇医疗保险费	115 元（共三年）		
合计			
备注：公寓化用品学生自愿购买；教材费为代收代支项目，每学年开学时预收，学年结束时统一结算，多退少补			

图 3-31 输入文本后的表格

STEP 5 使用公式计算"合计"项的数值。

Word 中提供了数学公式运算功能对表格中的数据进行数学运算，包括加、减、乘、除以及求和、求平均值等常见运算。用户可以使用运算符号和 Word2010 提供的函数进行上述运算。

首先单击表格中计算结果单元格，此处为"合计"右侧的单元格。单击"布局"选项卡"数据"组中的【公式】按钮，在弹出的"公式"对话框中设置"公式"选项内容为"=SUM（b1:b4，d1:d3）"，SUM 函数可以直接输入，也可以在"粘贴函数"中选取，如图 3-32 所示，

单击【确定】按钮即可自动计算出"合计"项的数值。(b1:b4，d1:d3)表示"第 1 行第 2 列
到第 4 行第 2 列"及"第 1 行第 4 列到第 3 行第 4 列"的单元格数值之和。

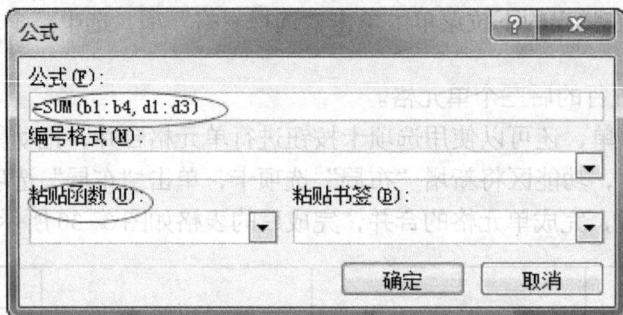

图 3-32　"公式"对话框

STEP 6 设置外边框。

选中整个表格，单击【页面布局】|【页面背景】组中的【页面边框】按钮，打开"边
框和底纹"对话框，选择"边框"选项卡，设置"设置"项为"虚框"，样式为粗实线，"宽
度"为 1.5 磅，注意对话框右侧预览处的上下左右等边框，"应用于"设为表格，如图 3-33
所示。

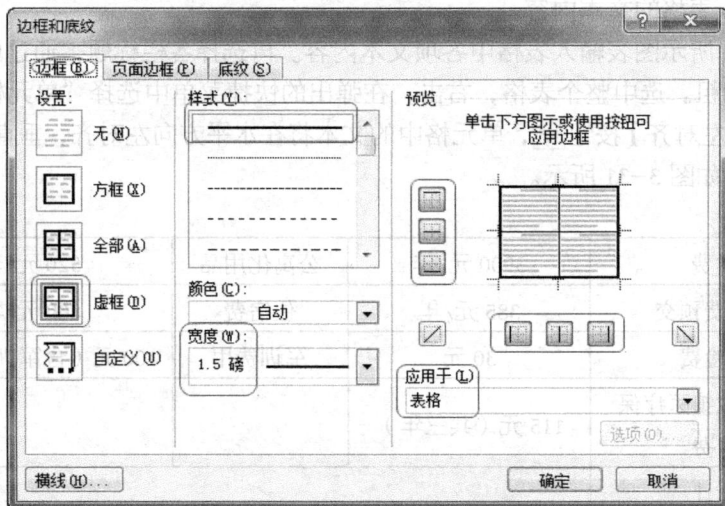

图 3-33　"边框与底纹"对话框

STEP 7 调整列宽。

将鼠标悬停在列边界上，鼠标会呈双箭头符号 ，此时按左键拖动会调整列宽。

【水平考试常见考点练习】

在正文后添加一个 3×3 的表格，表格列宽为 4.5cm。

STEP 8 编辑表格。

列宽调整完毕后，检查表格制作是否正确，如不正确则进行删除、插入等编辑操作，"缴
纳费用清单"表完成效果如图 3-2 所示。

在 Word 中可以进行如下表格编辑操作。

[1] 插入表格元素

将光标定位在要插入表格元素的单元格中，右击打开快捷菜单，将光标移到"插入"项，在弹出的二级菜单中选择要插入的对应表格元素，如表格、行、列或者单元格，如图3-34 所示。

[2] 删除表格元素

将光标定位在要插入表格元素的单元格中，右击打开快捷菜单，单击"删除单元格…"项，弹出"删除单元格"对话框，选择要删除的对应表格元素，如表格、行、列或者单元格，如图 3-35 所示。

[3] 拆分单元格

如果要将某个单元格进行拆分，在上述快捷菜单中，选择"拆分单元格"项，打开"拆分单元格"对话框，设置要拆分成的具体列数和行数即可，如图 3-36 所示。

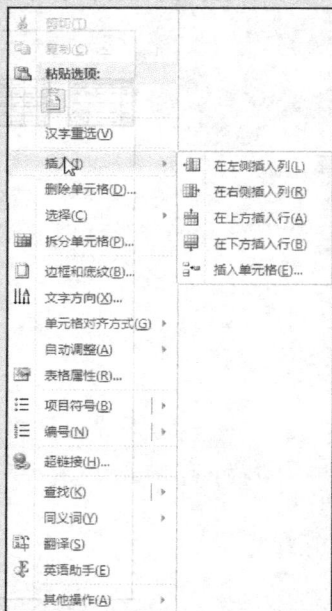

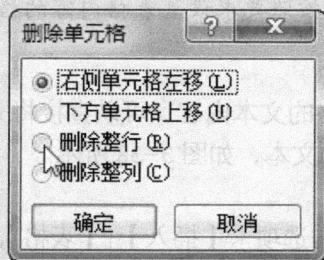

图 3-34 插入表格行、列、单元格

图 3-35 "删除单元格"对话框   图 3-36 "拆分单元格"对话框

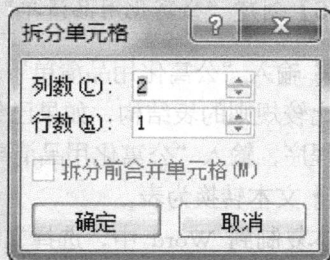

[4] 调整表格尺寸

① 使用"表格属性"对话框调整行高、列宽或单元格尺寸：选择要调整的行或者列，右击，弹出快捷菜单，选择"表格属性"，在弹出的"表格属性"对话框中，进行行、列或者单元格尺寸的修改。也可以将光标定位在要调整的行或列的某一单元格上，在"布局"选项卡"表"组中，单击【属性】按钮，打开"表格属性"对话框。

② 使用拖动形式调整行高、列宽或单元格尺寸：将鼠标悬停在行或者列的边界，当光标呈双箭头符号，此时按左键拖动会调整各项尺寸。

③ 自动调整表格：右击，在弹出的快捷菜单中选择【自动调整】选项，单击二级菜单的子功能选项可进行表格尺寸的自动调整。

[5] 斜线表头

选定要加上斜线表头的单元格，在"布局"选项卡"表格样式"组中，单击【边框】右侧下拉箭头，弹出下拉菜单，选择相应项。还可以在"布局"选项卡"绘制边框"组中，单击【绘制表格】，光标变为笔形，拖动画出需要的表格斜线，如图 3-37 所示。

图 3-37　绘制斜线表头

【任务 5】创建"公寓化用品清单"表，并按照要求设置表格内容的格式。

STEP 1 输入"公寓化用品清单"表文本。

对于比较规则的表结构，如果已经有表格的文本内容，可以直接将文本转换为表格。打开记事本程序，输入"公寓化用品清单"表的文本，如图 3-38 所示。

STEP 2 文本转换为表。

将文本复制到 Word 中，选择文本，单击选项卡【插入】|【表格】，在下拉菜单中选择"文本转换成表格" 文本转换成表格(V)… ，弹出"将文字转换成表格"对话框，进行行列设置，在"文字分隔位置"中，会自动选中文本使用的分隔符，如果不正确可以重新选择，完成设置单击【确定】按钮即可完成转换，如图 3-39 所示。

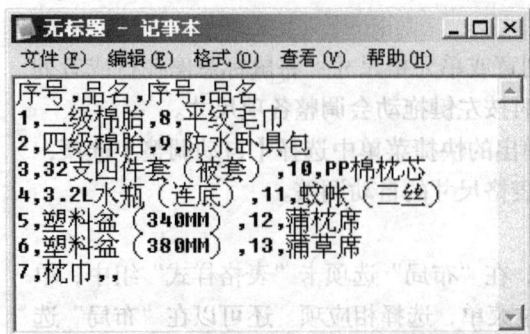

图 3-38　"公寓化用品清单"表文本

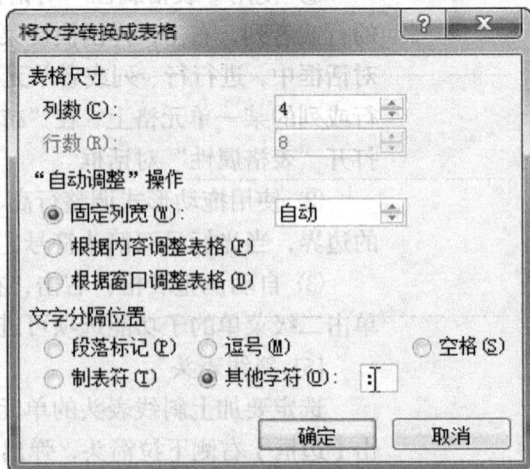

图 3-39　"将文字转换为表格"对话框

说明

将文字转换为表格时要注意以下事项。

[1] 分隔符

本步骤采用逗号作为分隔符，将文本分成若干个单元格，同样可以采用其他字符。

[2] 将表格转换成文字

需要将表格转换成文字时，选中表格，通过选择【布局】|【数据】组【转换为文本】按钮，打开"表格转换为文本"对话框来完成。

STEP 3 设置表格格式。

采用和任务 5 相同的方式，设置表格外框线为 1.5 磅宽。选定"序号"列，右击，在弹出的快捷菜单中选择【表格属性】选项，在弹出的"表格属性"中选择"列"选项卡，设置列宽为 3.5 厘米。完成后的"公寓化用品清单"表格如图 3-3 所示。

3.4.5 页面设置与打印输出

涉及知识点：页面设置

《新生报到须知》文档正文部分编辑完成后，要对整个文档的页面进行设置，最后打印以供分发。

【任务 6】设置为 A4 纸打印，文档页边距为上下页边距 2 厘米，左右页边距 1.5 厘米。

STEP 1 页面设置。

单击"页面布局"选项卡"页面设置"组右下角【对话框启动器】按钮，打开"页面设置"对话框，在"页边距"选项卡设置页边距上下为 2 厘米，左右为 1.5 厘米，纸张方向选择"纵向"，在"纸张"选项卡中设置纸张大小为 A4，如图 3-40、图 3-41 所示，单击【确定】按钮即可。

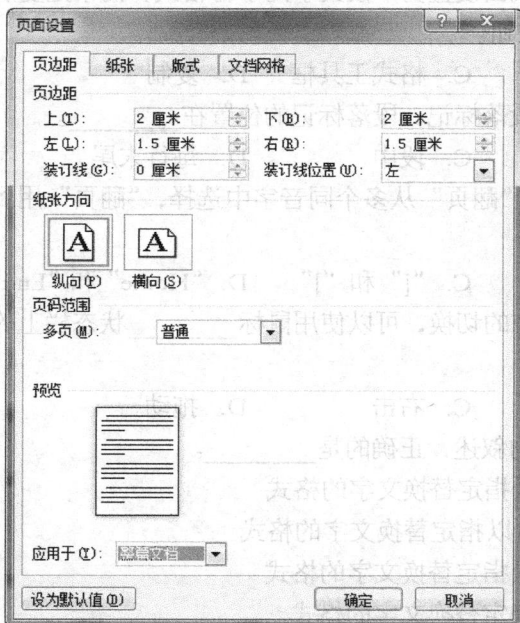

图 3-40 页边距设置

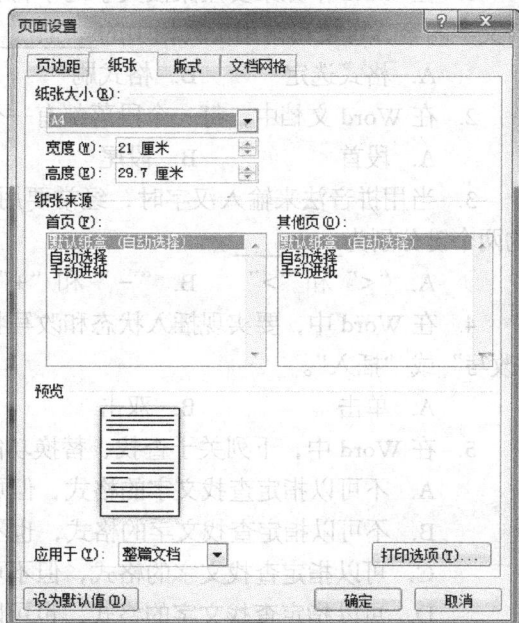

图 3-41 纸张大小设置

任务完成后，一定要记住文档的保存。

除以上方法外，还可以在"页面布局"选项卡"页面设置"组，单击【纸张方向】按钮，在弹出的菜单中选择"纵向"，再单击【纸张大小】按钮，在弹出的菜单中选择"A4"，单击【页边距】按钮，在弹出的菜单中选择"自定义边距"，打开"页面设置"对话框进行设置。在"页面设置"对话框的"版式"选项卡还可以设置页眉页脚的位置以及打印居中方式。

STEP 2 打印。

在选项卡【文件】|【打印】中进行打印机属性、打印份数设置后即可打印。

3.5 项目总结

在本项目中，我们完成了对"新生报到须知"这个 Word 文档的全部创建过程。

● 在完成项目的过程中，我们对 Word 的特点和使用方法有了初步的了解，学习了 Word 文档处理的基础知识。

● 按照"新建并保存文档"—"输入文本内容"—"设置格式"—"插入并编辑表格"的整个过程，进行新生报到须知的信息录入工作，这是本项目的主要内容。

● 录入相关信息后，对文档进行了页面设置工作。

完成本项目后，可以创建简单的 Word 文档，具备制作和打印各种常见 Word 文件的能力，下一步我们将学习更为复杂的相关项目，进一步提升 Word 应用水平。

3.6 技能拓展

3.6.1 理论考试练习

一、单项选择题

1. 在 Word 中如果要用某段文字的字符格式去设置另一段文字的字符格式，而不是复制其文字内容，可使用常用工具栏中的_____按钮。

   A. 格式选定　　　B. 格式刷　　　　　C. 格式工具框　　D. 复制

2. 在 Word 文档中，每一个段落都有一个段落标记，段落标记的位置在_____。

   A. 段首　　　　　B. 段尾　　　　　　C. 段中　　　　　D. 每行末尾

3. 当用拼音法来输入汉字时，经常要用到"翻页"从多个同音字中选择，"翻页"用到的两个键分别为_____。

   A. "<"和">"　　B. "−"和"+"　　　C. "["和"]"　　D. "Home"和"End"

4. 在 Word 中，要实现插入状态和改写状态的切换，可以使用鼠标_____状态栏上的"改写"或"插入"。

   A. 单击　　　　　B. 双击　　　　　　C. 右击　　　　　D. 拖动

5. 在 Word 中，下列关于查找、替换功能的叙述，正确的是_____。

   A. 不可以指定查找文字的格式，但可以指定替换文字的格式

   B. 不可以指定查找文字的格式，也不可以指定替换文字的格式

   C. 可以指定查找文字的格式，但不可以指定替换文字的格式

   D. 可以指定查找文字的格式，也可以指定替换文字的格式

6. 在 Word 的编辑状态，已经设置了标尺，可以同时显示水平标尺和垂直标尺的视图方

式是_____。

    A．大纲视图   B．普通视图   C．全屏显示   D．页面视图

7．在 Word 的编辑状态，选择四号字后，按新设置的字号显示的文字是_____。

    A．插入点所在的段落中的文字   B．文档中被选择的文字

    C．插入点所在行中的文字   D．文档的全部文字

8．在 Word 的编辑状态下，执行"文件"菜单中的"关闭"命令（非"退出"命令）的目的是_____。

    A．将正在编辑的文档丢弃

    B．关闭当前窗口中正在编辑的文档，Word 2010 仍然可使用

    C．结束 Word 工作，返回到 Windows 桌面

    D．等同于"文件"菜单中的"退出"命令

9．Word 的文档都是以模板为基础的，模板决定文档的基本结构和文档设置。在 Word 中将_____模板默认设定为所有文档的共用模板。

    A．Normal   B．Web 页   C．电子邮件正文 D．信函和传真

10．在 Word 中，要撤销最近的一个操作，除了使用菜单命令和工具栏之外，还可以使用快捷键_____。

    A．Ctrl+C   B．Ctrl+Z   C．Shift+X   D．Ctrl+X

11．在 Word 中，一个文档有 200 页，定位于 112 页的最快方法是_____。

    A．用垂直滚动条快速移动文档定位于第 112 页

    B．用向下或向上箭头定位于第 112 页

    C．用 PgDn 或 PgUp 定位于第 112 页

    D．用"定位"命令定位于 112 页

12．在 Word 中，选定一行文本的最方便快捷的方法是_____。

    A．在行首拖动鼠标至行尾   B．在选定行的左侧单击鼠标

    C．在选定行位置双击鼠标   D．在该行位置右击鼠标

13．在 Word 的编辑状态，当前插入点在表格的任一个单元格内，按 Enter（回车）键后，_____。

    A．插入点所在的行加高   B．对表格不起作用

    C．在插入点下增加一表格行   D．插入点所在的列加宽

14．在 Word 中，若想控制一个段落的第一行的起始位置缩进两个字符，应在"段落"对话框设置_____。

    A．悬挂缩进   B．首行缩进   C．左缩进   D．首字下沉

15．在 Word 文档中，如果想精确地指定表格单元格的列宽，应_____。

    A．使用鼠标拖动表格线

    B．使用鼠标拖动标尺上的"移动表格列"

    C．使用"表格"菜单中的"表格属性"对话框

    D．通过输入字符来控制

16．在 Word 中执行粘贴操作时，粘贴的内容_____。

    A．只能是文字   B．只能是图片

    C．只能是表格   D．文字、图片和表格都可以

17. 在 Word 提供的表格操作功能中，不能实现的操作是_____。
   A. 删除行　　　　B. 删除列　　　　C. 合并单元格　　D. 旋转单元格

18. 在 Word 中，选定文本后，_____拖动鼠标到目标位置可以实现文本的复制。
   A. 按 Ctrl 键同时　　　　　　　　　　B. 按 Shift 键同时
   C. 按 Alt 键同时　　　　　　　　　　 D. 不按任何键

19. 在 Word 中，除利用菜单命令改变段落缩排方式、调整左右边界等外，还可直接利用_____改变段落缩排方式，调整左右边界。
   A. 工具栏　　　　B. 格式栏　　　　　C. 符号栏　　　　D. 标尺

二、多项选择题

1. 在 Word 中，下列关于查找与替换操作的叙述，正确的有_____。
   A. 查找与替换内容不能是特殊格式文字
   B. 查找与替换不能对段落格式进行操作
   C. 能查找并替换段落标记、分页符
   D. 查找与替换可以对指定格式进行操作

2. Word 中表格具有_____功能。
   A. 在表格中支持插入子表
   B. 在表格中支持插入图形
   C. 提供了绘制表头斜线
   D. 提供了整体改变表格大小和移动表格位置的控制手柄

3. 在 Word 中，通过"页面设置"可以直接完成_____设置。
   A. 页边距　　　　　　　　　　　　　 B. 纸张大小
   C. 打印页码范围　　　　　　　　　　 D. 纸张的打印方向

4. 下述有关 Word 中的分栏功能的叙述，正确的是_____。
   A. 最多可以分两栏　　　　　　　　　 B. 栏间距固定不可修改
   C. 栏间距是可以调整的　　　　　　　 D. 各栏宽度可以不同

5. 在 Word 中，下列有关"间距"的叙述，正确的有_____。
   A. "字体"命令中，可设置"字符间距"
   B. "段落"命令中，可设置"字符间距"
   C. "段落"命令中，可设置"行间距"
   D. "段落"命令中，可设置"段落前后间距"

6. 下列有关 Word 格式刷的叙述中，错误的是_____。
   A. 格式刷能复制纯文本的内容
   B. 格式刷只能复制字体格式
   C. 格式刷只能复制段落格式
   D. 格式刷可以复制字体格式，也可以复制段落格式

7. 在 Word 中进行段落对齐，正确的操作有_____。
   A. 利用"编辑"菜单
   B. 利用格式工具栏上的段落对齐按钮
   C. 利用菜单中的"段落"命令，在弹出的"段落"对话框中设置对齐方式
   D. 利用标尺

8. 在 Word 中，可以对_____加边框。

    A. 选定文本   B. 段落   C. 表格   D. 图片

3.6.2 实践操作练习

一、请在 Word 中完成以下操作。

高保真音乐格式揭密

DVD-Audio：DVD-Audio 是以数字多用途光盘（Digital Versatile Disc，DVD）作为存储介质的新音乐媒体，于 1999 年 3 月出台。采样方式为线性脉冲编码调制（Linear Pulse Code Modulation，LPCM），可选择采用无损压缩音频（Meridian Lossless Packing，MLP）技术减少庞大的信息容量。DVD-Audio 的采样率有 44.1KHz、48KHz、88.2KHz、96KHz、176.4KHz 和 192KHz 等，可以 16Bit、20Bit、24Bit 精度量化，使用立体声录制时最大信息流量可达 192KHz、24Bit，当采用 5.1 声道录制时最大采样率可达 96KHz。DVD-Audio 如此高的采样率最大的好处在于不需要繁复的超采样运算就可以得到正确的音乐信号波形，另一个好处是减少 Jitter 对音质的影响。

Delta-Sigma Modulation 可以用较低的成本和比较少的数字滤波器达到较高品质的声音水准，因此大受欢迎，飞利浦的 Bitstream（比特流）也属此类技术。索尼将其改良的 Delta-Sigma Modulation 技术命名为直接流数字（Direct Stream Digital，DSD）。PWM 不同于 PCM 采样，其以信号振幅大小为主，而且改为记录目前信息数值大于或是小于前一个信息，是相当复杂的技术。

SACD 使用 DSD 的最大好处是从录音到播放全部都以 Delta-Sigma Modulation 处理数字信号，不用在录音时先用 PWM 采样再转回 PCM 存储，放音时又要把 PCM 经过 PWM 处理再经转回模拟信号的层层手续（听起来很笨，可是绝大部分的 CD 都是这样工作的），因此可以降低失真。

SACD 同样也有立体声和 5.1 声道的规格。由于 SACD 并非 PCM 编码，不需要多 Bit 存储振幅，只要 1 个 Bit 就够了，且采样率高达 2822400Hz。SACD 如同 DVD-Audio 有单面单层和单面双层的规格，比较特殊的是混合光盘（Hybrid Disc），此种格式第一层信息与普通 CD 相同，可以放到 CD 播放器中播放，第二层则是存放正宗的 DSD 信号，供 SACD 播放器播放。

1. 设置标题文字为黑体、小二号字、加粗，字符间距设为加宽 5 磅，并给文字添加浅绿色的底纹。

2. 设置纸张为 16 开纸（18.4 厘米×26 厘米），上下边距分别为 2.5 厘米和 3 厘米。

3. 将正文第二段"Delta-Sigma……"行距设置为 1.5 倍，段前间距 1 行。

4. 将正文第三段"SACD 使用 DSD……"文字字体设置为绿色。

5. 在文章最后添加一个 4 行 4 列的表格，要求表格列宽为 2.5 厘米，设置表格的外边框线宽为 2.5 磅，内框线宽为 1.5 磅。

二、请在 Word 中完成以下操作。

美国航天局戈达德研究中心的科学家威廉·法雷尔在最新一期美国的《地球物理研究杂志》发表的文章指出，未来将在火星上登陆的宇航员，不仅将面临巨大温差、稀薄大气等困难，而且还要受到火星上的尘暴的威胁。

科学家在分析火星照片后得出结论，火星上不仅经常出现尘暴，而且尘暴的体积很大，直径有 500 米，高度有几千米。

"尘暴"就是含有砂粒等灰尘组成的风暴，但与一般的沙尘暴不同，它形成一个直上直下的旋涡，很像龙卷风，但强度比龙卷风小。它不仅带沙尘，而且沙尘颗粒也带电。

在地球上也有尘暴，其中的沙尘粒子也带电，电压落差是每米 4000 瓦，因此电场已经很强。但是科学家说，地球上的尘暴比起它们在火星上的同类就是小巫见大巫了。

但是，威廉·法雷尔等人最近研究地球尘暴时发现，尘暴中的小的粒子带有负电，而大的粒子带有正电，小的粒子上升和大的粒子下沉，形成一个电场。这种电场和随之一起形成的磁场，将会引起在火星上的宇航服带电，还可能干扰宇航员与地面的无线电联系，对宇航员的安全产生威胁。

1. 在第一段"美国航天局……"前面为文章添加标题"登陆火星",设置文字为隶书小二号字,字符缩放为 60%,居中对齐。

2. 设置正文第一段"美国航天局……"首行缩进 2 字符,段前距 1 行。

3. 为正文第三段"'尘暴'就是含有……"设置段落边框,边框为实线线型、线宽 1.5磅、蓝色。要求正文距离边框上下左右各 4 磅。

4. 设置文档的纸张为 16 开(18.4 厘米×26 厘米)。

5. 在文档的最后,添加一个 3 行 4 列的表格。

三、请在 Word 中完成以下操作。

目前已知的最大素数

美国加州州立大学一名学生利用电脑发现了目前已知的最大素数。

据一个寻找大素数的 Internet 项目日前发布的报告,19 岁的罗兰·克拉克森发现的素数是 2 的 3021377 次幂减 1。这是一个 909526 位数,如果用普通字符将这个数字连续写下来,它的长度可达 3000 多米。罗兰·克拉克森利用课余时间计算了 46 天,在 1 月 27 日终于证明了这是一个素数。

罗兰·克拉克森是参与"Internet 梅森素数大寻找"项目的 4000 名志愿者之一。2 的素数次幂减 1 可能是素数,这一素数被称为梅森素数,是 17 世纪法国数学家马林·梅森提出的猜想。罗兰·克拉克森发现的是第 37 个梅森素数,也是与"大寻找"Internet 联通的、由个人电脑发现的第 3 个新素数。

素数又称为质数,是在大于 1 的整数中只能被 1 和其自身整除的数。寻找大素数具有实际应用价值,它促进了分布式计算技术的发展。用这种方法有可能实现使用大量个人电脑来做本来要用超级计算机才能完成的项目。此外,在寻找大素数的过程中,人们必需反复乘以很大的整数。现在一些研究者已经发现了加快这一运算速度的办法,而这些办法又可以用在其他科学研究中。此外,大素数还可以用于加密和解密,而寻找梅森素数的方法还可测试电脑硬件运算是否正确。

1. 将文中标题"目前已知的最大素数"标题文字设为楷体_GB2312、二号字、加粗、绿色,字符间距加宽为 3 磅,段后间距设为 1 行。

2. 将文中所有"素数"(标题除外)替换为"质数"。

3. 将正文第一段左右分别缩进 2 个字符和 2 个字符,并加绿色段落边框。

4. 设置整篇文档的纸张为 16 开(18.4 厘米×26 厘米),上边距和左边距分别为 2.5 厘米和 3 厘米。

四、请在 Word 中完成以下操作。

计算机病毒的由来

计算机病毒的发源地在美国。早在 1949 年计算机研究的先驱者纽曼说过有人会编制异想天开的程序,甚至不正当地使用它们。今天的计算机病毒实际上就属于这样一类程序。在 1977 年夏天,Thomas I Ryan 出版了一本科幻小说,名叫《The Adolesceuce of P-1》。书的作者幻想出世界上第一个计算机病毒。这种病毒从一个计算机到另一个计算机传染流行,它感染了 7000 多台计算机的操作系统。人类社会的许多现行科学技术,都是先有幻想之后才成为现实的,也许在这本书问世之后,有些对计算机系统非常熟悉,具有极为高超的编程技巧的人顿开茅塞,发现计算机病毒的可能性,从而设计出了计算机病毒。1983 年获得美国计算机协会计算机图灵奖的汤普生公布了这种计算机病毒存在和它的程序编制方法。"科普美国人"1984 年 5 月还发表了介绍磁心大战的文章,而且只要 2 美元就可获得指导编制病毒程序的复印材料。很快,计算机病毒就在大学里迅速扩散。各种新的病毒不断被炮制出来。据有些资料介绍:计算机病毒的产生是由一些搞恶作剧的人引起的。这些人或是要显示一下自己在计算机方面的天资,或是要报复一下别人或公司(学校)。前者主观愿望是无恶意的,无非为了炫耀自己的才华。后者却不然,是恶意的,力图在损失一方的痛苦中取乐。

据传,许多病毒的制造者是年轻的大学生、中学生,这些"电脑迷"出于恶作剧或者不可告人的目的,设计或改造了许多病毒,使计算机病毒的品种花样翻新。例如,在台湾有一个改编自"哥伦布日"的病毒,名为"快乐的星期天",当病毒发作后,屏幕上出现"HAPPY SUNDAY"字样。另外的一种"两只老虎"病毒,则在摧毁计算机系统后,大唱"两只老虎"的歌曲,令被害者哭笑不得。

1. 将标题的字体设置为隶书、二号字，字符缩放为 70%，字符颜色设为蓝色，段后距设为 1 行。

2. 将正文中的"计算机"替换成"计算机"（标题内容不得替换）。

3. 将正文第二段"据传，许多病毒的制造者……"行距设置为 1.5 倍行距。

4. 设置整篇文档的纸张为 16 开（18.4 厘米×26 厘米），上边距和左边距分别为 2.5 厘米和 3 厘米。

5. 在文章最后添加一个 3 行 6 列的表格，设置表格的外框线为绿色双线。

PART 4
项目四
Word 图文混排与邮件合并
——制作《新生录取通知书》

学习目标

图文并茂的文档具有更强的表现力，便于阅读。Word 可以在文档中插入图片、图形、艺术字、文本框等对象，并对它们进行编辑及格式设置，方便地达到较好的图文混排效果。

在实际日常工作中，我们经常会遇见这种情况：处理的文件主要内容基本都是相同的，只是具体数据有变化而已，如录取通知书、成绩报告单、请柬等文档。Word 提供的邮件合并功能，可以很方便地批量处理这类文档。

本项目通过《新生录取通知书》案例的制作来学习 Word 的图文混排方法和邮件合并方法。

通过本案例的学习，能够掌握以下计算机水平考试及计算机等级考试知识点，达到下列学习目标。

知识目标

- 图形和图片的插入。
- 文本框、艺术字的插入。
- 图片的格式设置与编辑处理。
- 文本框、艺术字的使用、编辑。
- 图文混排。
- 邮件合并。

技能目标

- 学会插入图形和图片的方法。
- 学会文本框、艺术字插入、编辑及格式设置的方法。
- 能够对图片进行格式设置，学会处理图片的方法。
- 学会文档背景设置的方法。
- 学会图文混排的操作方法。
- 能够利用邮件合并功能批量制作和处理文档。

4.1 任务要求

近年来，各高校发放的录取通知书告别了千篇一律的老样式，推出了各种富有创意的样式，显得亲切灵活。D 学院设计的录取通知书以学校的标志建筑为背景，两侧印有校训，通知书页面配以红色边框，《新生录取通知书》的最终效果如图 4-1 所示。

图 4-1 新生录取通知书

由于要发的通知书很多，而通知书的主体内容一样，只是学生信息数据不同，需要采用 Word 邮件合并功能批量打印。

4.2 解决方案

《新生录取通知书》文档制作的解决方案如下。

1. 文档页面设置

创建"录取通知书.docx"文件，文档纸张选用 B5 大小，横向设置，上下页边距 0.65 厘米，左右页边距 1.5 厘米。

2. 页面边框设置

页面边框采用 3 磅宽度、红色方框，距离页边 31 磅。

3. 主体内容设置

在文档中插入艺术字、横排和竖排文本框，具体内容如图 4-2 所示。

4. 插入图片

插入学校标志建筑图片文件"学院 01.jpg"；调节图片与文档纸张大小一致；设置图片版式为"衬于文字下方"；调节图片的亮度为 75%，透明度为 15%。

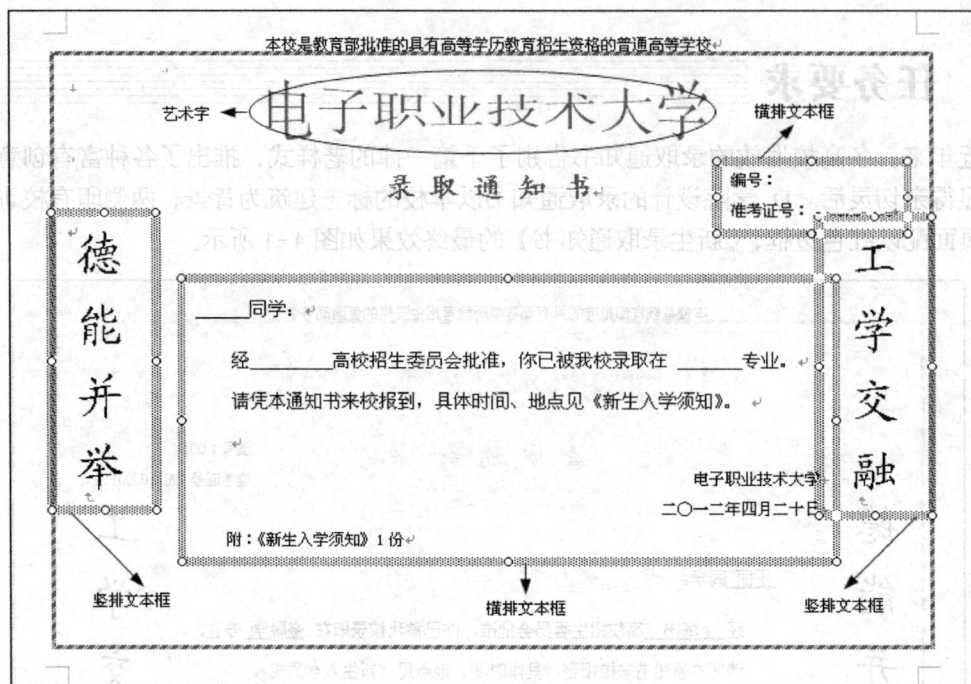

本校是教育部批准的具有高等学历教育招生资格的普通高等学校

艺术字　　　电子职业技术大学　　　横排文本框

录取通知书

编号：
准考证号：

德能并举

_____同学：

经_____高校招生委员会批准，你已被我校录取在 _____专业。

请凭本通知书来校报到，具体时间、地点见《新生入学须知》。

电子职业技术大学
二〇一二年四月二十日

工学交融

附：《新生入学须知》1 份

竖排文本框　　　横排文本框　　　竖排文本框

图 4-2　主体内容设置

5. 创建数据源文档

创建数据源文档"新生信息.docx"，以表格形式录入新生的编号、准考证号、姓名、所在省（市）、专业等信息资料。

6. 利用邮件合并功能，将"新生信息.docx"中的数据合并批量制作通知书

4.3　基本概念

涉及知识点：Word 图片、图形、艺术字、文本框的概念

1. Word 图片

在 Word 中可以插入 Word 提供的图片（剪贴画），也可以从其他程序和位置导入图形文件。

在选项卡"插入"的"插图"组中，单击【图片】按钮，打开"插入图片"对话框，如图 4-3 所示，即可从磁盘的某位置选择要插入的图片文件，将其导入 Word 文档。这些图片文件可以是 Windows 的标准 BMP 位图，也可以是其他程序创建的图片文件，例如，CorelDraw 的 CDR 格式矢量图、JPEG 压缩格式图片、TIFF 格式的图片等。

如果单击"插图"组中的【剪贴画】按钮，则打开"剪贴画"任务窗格，如图 4-4 所示，可以在文档中插入 Word 提供的剪贴画。剪贴画的管理收藏是在本机 Microsoft 剪辑管理器中，或 Office.com 网站中。剪贴画库内容非常丰富，设计精美，构思巧妙，能够表达不同的主题，适合于制作各种文档，从地图到人物，从建筑到名胜风景，应有尽有。

默认情况下，Word2010 中的剪贴画不会全部显示出来，需要用户使用相关的关键字进行搜索，如果计算机处于联网状态，选中"包括 Office.com 内容"复选框，搜索范围将包括 Office.com 网站内容。

图 4-3　"插入图片"对话框

在"搜索文字"中输入关键字，在"结果类型"下拉列表中选择"插图"，设置完毕，单击【搜索】按钮，则会显示搜索结果，单击合适的剪贴画，即可插入。

2. Word 图形

（1）自选图形

在选项卡"插入"中的"插图"组中，单击【形状】按钮，将弹出"形状"面板，如图 4-5 所示，可以向 Word2010 文档中插入一个现成的形状（图形），包括基本几何形状、线条、箭头、公式形状、流程图形状、星、旗帜和标注。

图 4-4　"剪贴画"任务窗格

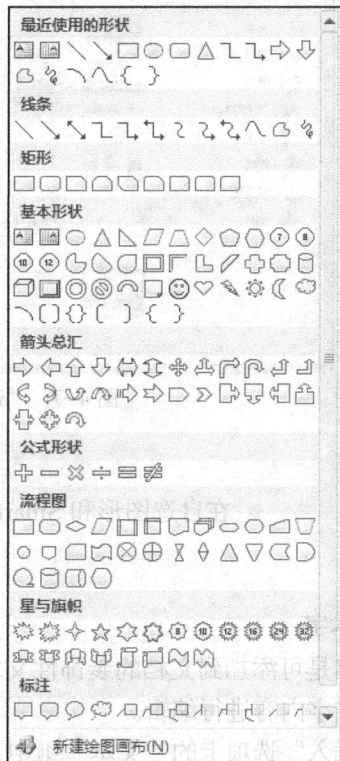

图 4-5　"形状"面板

单击"形状"面板上相应的图形按钮后，在文档中拖动光标就可以绘制对应的形状。此时会出现"绘图工具"选项（在文档中插入或选择艺术字后自动出现此选项），如图 4-6 所示，使用此选项卡可以对此图形进行编辑。

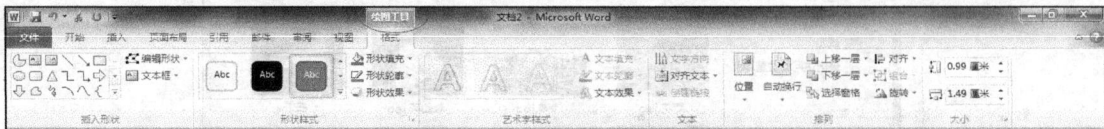

图 4-6　"绘图工具"选项

> **提示**
>
> ● 拖动鼠标绘制图形时，如果按住 Shift 键，可以保证绘制的线段为 0°、45°、90° 线段，绘制的椭圆形状为标准的正圆形。
>
> ● 选中形状时，会出现控制点，使用控制点可以旋转、拉伸、移动形状，快速编辑。

（2）SmartArt 图形

SmartArt 图形包括图形列表、流程图以及更为复杂的图形，如组织结构图。它们是信息或观点的图形表示形式，使信息或观点更加有效清晰地传达。

在选项卡"插入"中的"插图"组中，单击【SmartArt】按钮，将弹出"选择 SmartArt 图形"对话框，如图 4-7 所示，选择我们需要的图形单击即可插入。

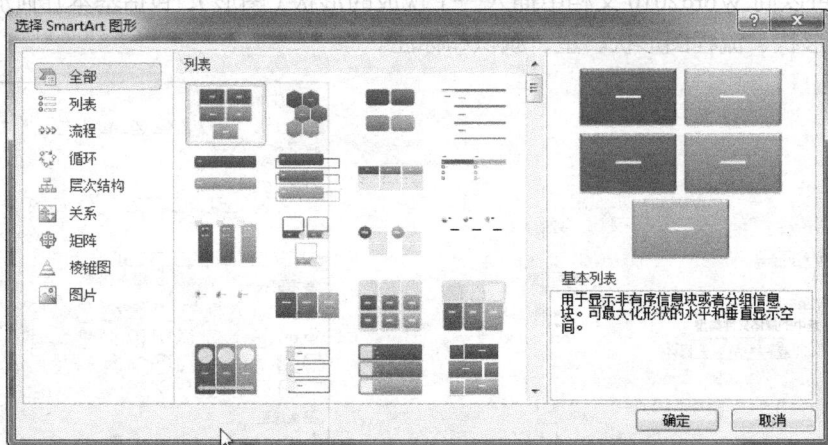

图 4-7　"选择 SmartArt 图形"对话框

> **提示**
>
> ● 在自选图形和 SmartArt 图形中都可以直接输入文本。

3.艺术字

艺术字是可添加到文档的装饰性文本，创建后可以进行扭曲、旋转，还可以设置三维效果，或对文字内容进行编辑。

在"插入"选项卡的"文本"组中，单击【艺术字】按钮，打开"艺术字样式"面板，如图 4-8 所示。选择任一艺术字样式，然后开始输入艺术字文字内容，此时会出现"绘图工具"选项（在文档中插入或选择艺术字后自动出现此选项），使用此选项卡可以在字体大小和文本效果、形状效果等方面更改艺术字。

4. 文本框

文本框是一个能够容纳正文或图形的容器对象，可以将其移动放置于页面中的任意位置，不必受到段落格式、页面设置等因素的影响，可以进行颜色、线条、填充色、大小、与文本的环绕方式等多种格式设置。

在文本框中加入文字或图片等内容，可以将其移动到适当的位置，使文档更有阅读性。我们在图4-2中使用了多个文本框，就是为了让文字便于放到适当的位置。

5. 图文混排

图片、艺术字、自选图形和文本框这些对象与文本

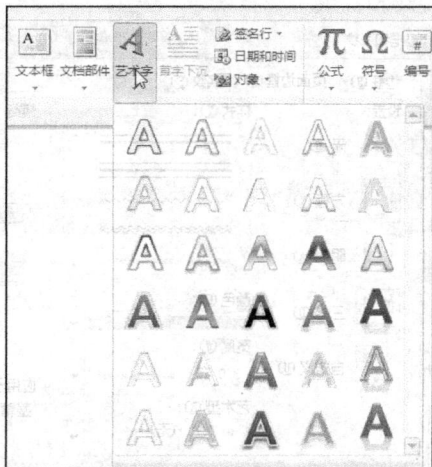

图4-8 "艺术字样式"面板

可以混排，它们与文本之间的环绕方式有嵌入型、四周型、紧密型、穿越型、上下型、衬于文字下方和浮于文字上方7种。具体方法介绍详见下节内容。

4.4 实现步骤

4.4.1 新建录取通知书文件并进行页面设置

涉及知识点：页面边框设置

【任务1】新建Word文件，将其命名为"录取通知书.docx"，保存在"d:\招生"目录下。

启动Word，自动新建一个名为"文档1.docx"的新Word文档。如果Word程序已经打开，单击【文件】|【新建】|【空白文档】，单击【创建】按钮，或者按Ctrl+N组合键，新建一个Word空白文档。

单击【文件】|【另存为】或单击快捷访问工具栏中的【保存】 按钮，在弹出的"另存为"对话框中，保存位置选择"D:\招生"，保存类型选择默认的"Word文档（*.docx）"，文件名中输入"录取通知书.docx"，单击【保存】按钮。

【任务2】为文档进行页面设置。根据通知书的需要，文档纸张选用B5大小，横向设置，上下页边距0.65厘米，左右页边距1.5厘米。

单击"页面布局"选项卡"页面设置"组右下角【对话框启动器】按钮 ，打开"页面设置"对话框，在"页边距"选项卡中设置页边距上下为0.65厘米，左右为1.5厘米，纸张方向选择"纵向"，在"纸张"选项卡中设置纸张大小为B5，单击【确定】按钮即可。

【任务3】为文档进行页面边框设置。边框为红色方框，宽度3磅，距离页边为31磅。

单击"页面布局"选项卡"页面背景"组的【页面边框】按钮 ，打开"边框和底纹"对话框，按图4-9左边的图进行设置后，单击右下角【选项】按钮，打开"边框和底纹选项"对话框，如图4-9右边的图所示，设置距离页边边距，上下左右均为31磅，单击【确定】按钮即可。

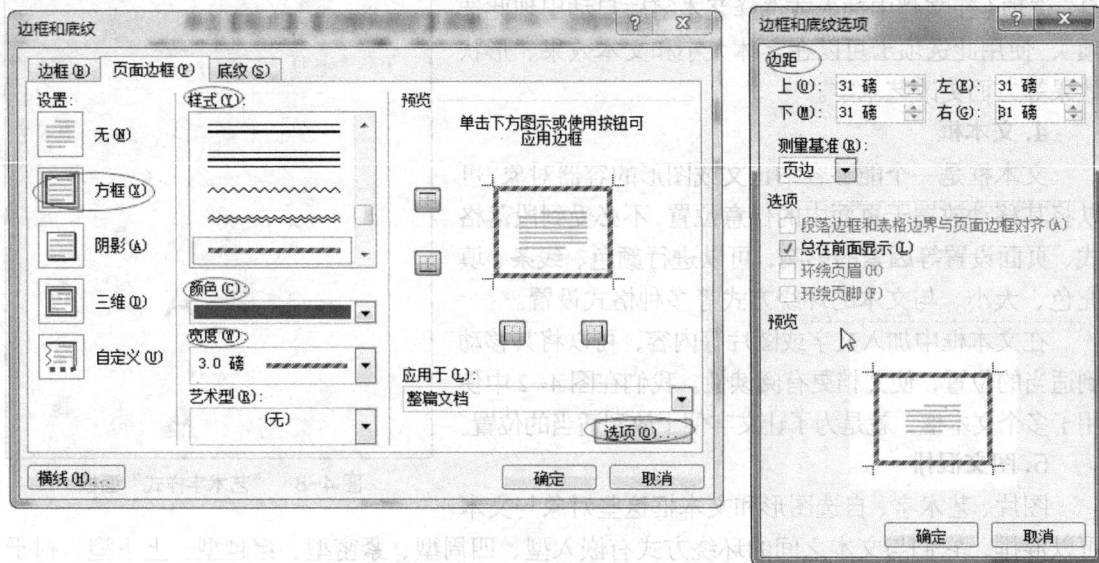

图 4-9　页面边框设置

4.4.2　插入艺术字并设置格式

涉及知识点：艺术字的插入与格式设置

【任务4】先输入文档中的普通文字。

在文档中输入两行文字，并使用"开始"选项卡"字体"组设置相应字体格式，如图 4-10 所示。

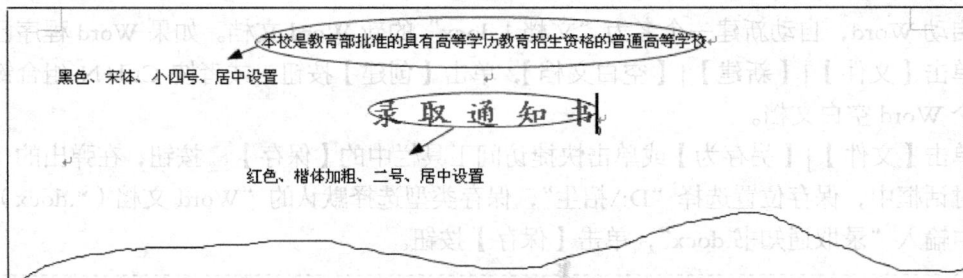

图 4-10　文字输入

【任务5】将学校名以艺术字形式插入。

将光标放在两行文字中间，单击"插入"选项卡"文本"组【艺术字】按钮，打开"艺术字样式"面板后，单击选择第一个艺术字样式后，会出现"绘图工具格式"选项卡，此时可以直接输入艺术字文字内容（电子职业技术大学）。

【任务6】调整艺术字文本的颜色为红色，形状为"朝鲜鼓"，字体为宋体、小初、加粗。

输入完毕后，在"格式"选项卡"艺术字样式"组中，单击【文本填充】按钮，选择红色，单击【文本轮廓】按钮，选择红色，单击【文本效果】按钮，在弹出的下拉列表中，选择"转换"，在下一级列表中选择"朝鲜鼓"形状，如图 4-11 所示。

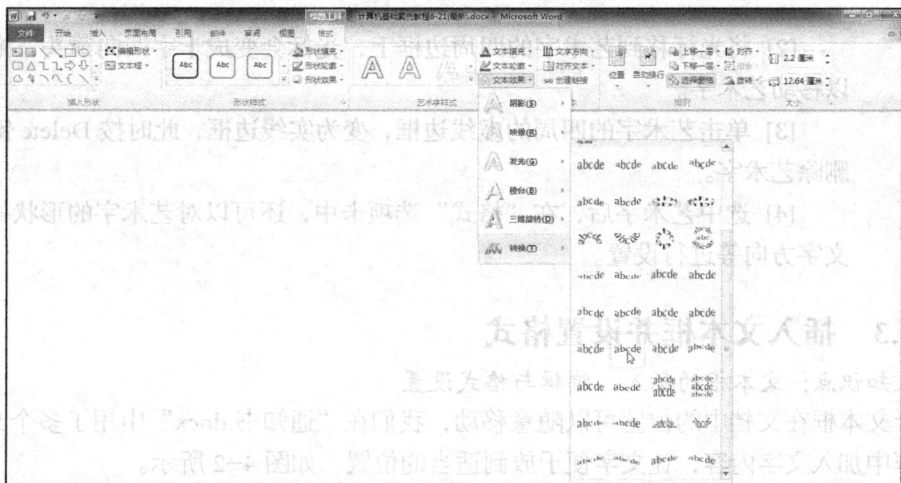

图 4-11 艺术字文本效果设置

再选中艺术字文字内容，切换到"开始"选项卡，在"字体"组设置文字字体为宋体、小初、加粗。

【任务 7】调整艺术字与文档其他文本的环绕方式为上下型。

在"绘图工具格式"选项卡"排列"组中，单击【自动换行】按钮，弹出下拉列表，选择"上下型环绕"，如图 4-12 所示。如果需要进行更多的设置，如艺术字与上下文距离，则选择"其他布局选项"，打开"布局"对话框，如图 4-13 所示，在该对话框的"文字环绕"选项卡中选择环绕方式为上下型，与正文的上下距离均为 0。

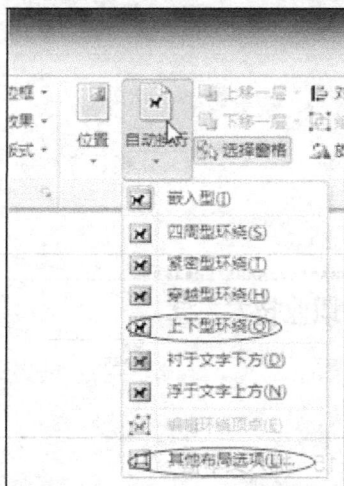

图 4-12 环绕方式设置

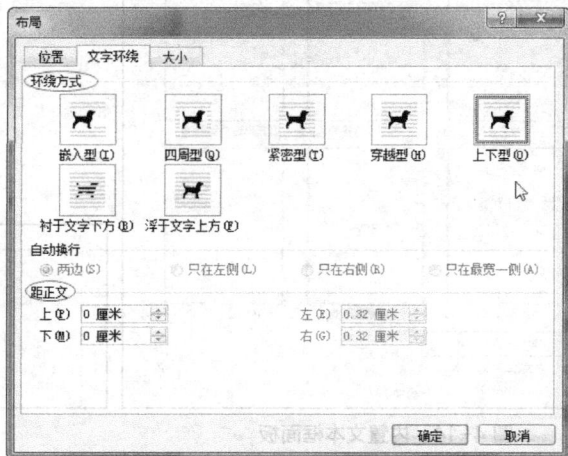

图 4-13 "布局"对话框

艺术字编辑完成后，单击文档其他位置，退出艺术字编辑。

> **说明**
>
> 单击选中艺术字，进入编辑状态。选中艺术字时注意以下情况。
>
> [1] 单击选中艺术字，艺术字的四周会出现虚线边框，边框上有 8 个小控点，将光标移到小控点上，光标会变成双向箭头，按住鼠标拖动，就可以缩放艺术字边框。

[2] 将光标移到艺术字的四周边框上，光标会变成十字四向箭头，拖动可以移动艺术字。

[3] 单击艺术字的四周的虚线边框，变为实线边框，此时按 Delete 键方可删除艺术字。

[4] 选中艺术字后，在"格式"选项卡中，还可以对艺术字的形状样式、文字方向等进行设置。

4.4.3　插入文本框并设置格式

涉及知识点：文本框的插入、编辑与格式设置

由于文本框在文档中的位置可以随意移动，我们在"通知书.docx"中用了多个文本框，在文本框中加入文字内容，让文字便于放到适当的位置，如图 4-2 所示。

【任务8】按图 4-2 所示，插入"编号、准考证号"所在的横排文本框。

在"插入"选项卡"文本"组中，单击【文本框】按钮，打开内置文本框面板，如图 4-14 所示，单击"绘制文本框"项，光标变为"十"字形，将光标移到"录取通知书"文字右侧，按住鼠标左键拖出一个矩形框。此时文本框处于编辑状态，切换到"开始"选项卡，调整字体为小四号、宋体，输入文字内容即可，如图 4-15 所示。

图 4-14　内置文本框面板　　　　　图 4-15　插入文本框

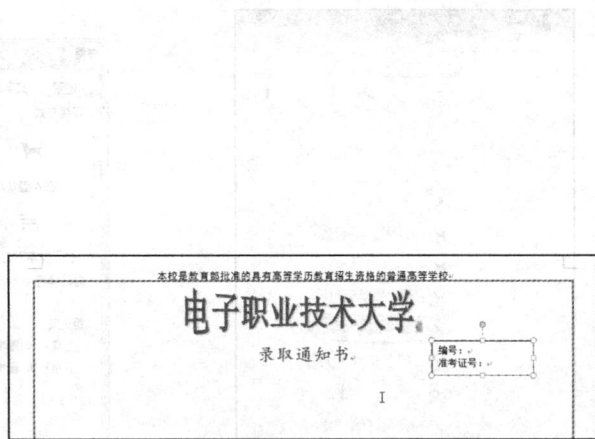

【任务9】设置"编号、准考证号"所在文本框的格式。

STEP 1 调节文本框的位置、大小。

选中文本框，出现 8 个小控点。光标在文本框边框上变为十字四向光标，就可按住鼠标左键移动文本框的位置；光标在小控点上变为双向箭头，就可按住鼠标左键调整文本框的大小。

如果需要精确设置文本框的位置与大小，则选中文本框，在"格式"选项卡"排列"组，

单击【位置】按钮，选择"其他布局选项"→打开"布局"对话框→"位置"选项卡和"大小"选项卡，进行设置。

STEP 2 设置文本框的环绕方式为浮于文字上方。

在"布局"对话框→"文字环绕"选项卡→环绕方式为"浮于文字上方"。

另一种方法是在"格式"选项卡"排列"组中，单击【自动换行】按钮，在下拉菜单中选择"浮于文字上方"。

STEP 3 设置文本框为无填充色、无边框。

在"格式"选项卡"形状样式"组中，单击【形状填充】按钮，选择"无填充颜色"，单击【形状轮廓】按钮，选择"无轮廓"。

> ● 在"布局"对话框中可以设置图片、艺术字、文本框等的位置、大小、文字环绕方式。
>
> ● 打开"布局"对话框的方式有以下多种，"格式"选项卡→"排列"组→"位置"按钮→"其他布局选项"，或"格式"→"排列"→"自动换行"→"其他布局选项"，或"格式"→"大小"→右下角"对话框启动器"按钮。

【任务 10】 插入校训"德能并举""工学交融"竖排文本框，并设置格式。

STEP 1 插入左侧的竖排文本框。

单击"插入"选项卡"文本"组"文本框"按钮，打开内置文本框面板，单击"绘制竖排文本框"项，光标变为"十"字形，按住鼠标左键拖出一个矩形文本框，此时文本框处于编辑状态，光标在文本框内，切换到"开始"选项卡，调整字体为小初、楷体，输入文字内容"德能并举"。

STEP 2 设置文本框为透明无填充色、无边框，自动调节文本框为合适的大小。

选中文本框，单击"插入"选项卡"文本"组右下角【对话框启动器】""按钮，打开"设置形状格式"对话框，如图 4-16 所示。

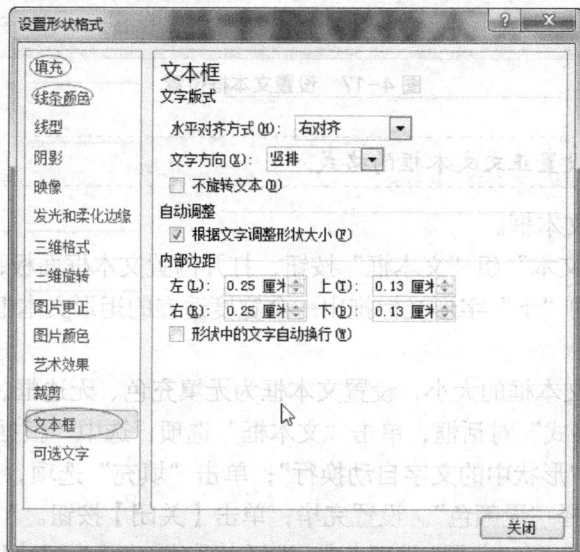

图 4-16　"设置形状格式"对话框

单击"文本框"选项，选中"根据文字调整形状大小"，内部边距左右设置为 0.25 厘米，上下设置为 0.13 厘米。注意："形状中的文字自动换行"不要选中；单击"填充"选项，选择"无填充"；单击"线条颜色"选项，选择"无颜色"。

STEP 3 复制右侧的竖排文本框。

选中上面创建的竖排文本框，将光标放在文本框的边框处，按住 Ctrl 键，光标形状变为↖，拖动光标移动，松开鼠标，复制了该文本框。

将复制文本框内的文字内容改为"工学交融"。

STEP 4 设置文本框位置。

选中"德能并举"文本框，在"格式"选项卡"排列"组，单击【位置】按钮，选择"其他布局选项"→打开"布局"对话框→"位置"选项卡，设置水平对齐方式为相对于"页边距""左对齐"，垂直方向的绝对位置为"页边距"下侧"5 厘米"。对"工学交融"文本框，进行类似操作，但水平对齐方式改为相对于"页边距""右对齐"，如图 4-17 所示。

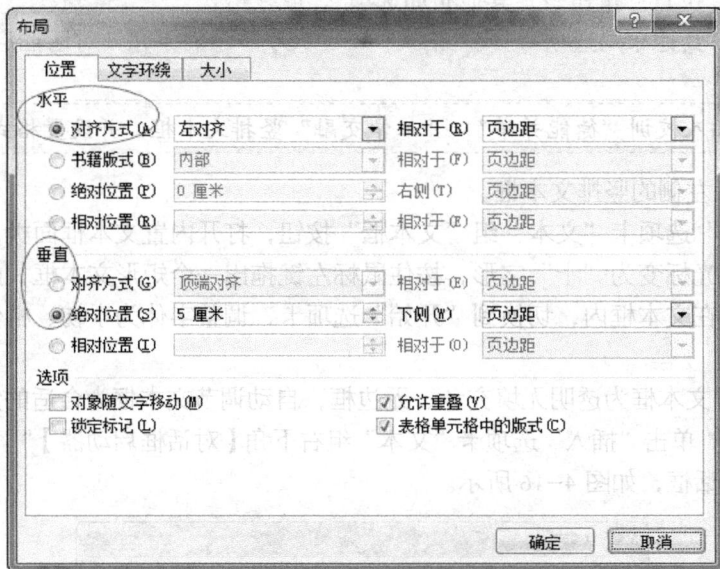

图 4-17　设置文本框位置

【任务 11】 插入并设置正文文本框的格式。

STEP 1 插入正文文本框。

"插入"选项卡"文本"组"文本框"按钮，打开内置文本框面板，单击"绘制文本框"项，按住鼠标左键拖动"十"字形光标拖出一个宽度适宜的矩形文本框，输入宋体、小三号的正文内容。

STEP 2 自动调节文本框的大小，设置文本框为无填充色、无边框、位置居中。

打开"设置形状格式"对话框，单击"文本框"选项，选中"根据文字调整形状大小"；正文内容较多，选中"形状中的文字自动换行"；单击"填充"选项，选择"无填充"；单击"线条颜色"选项，选择"无颜色"。设置完毕，单击【关闭】按钮。

打开"布局"对话框，在"位置"选项卡中，选择水平对齐方式为相对于"页面""居中"对齐。

4.4.4　插入并设置图片格式

涉及知识点：图片的插入与格式设置，图文混排，文档背景设置

【任务 12】将学校标志性建筑图片文件"学校 01.jpg"导入文档。

单击"插入"选项卡"插图"组中的【图片】按钮，打开"插入图片"对话框，找到文件"学校 01.jpg"所在路径，选中文件"学校 01.jpg"，单击【插入】按钮，即可导入图片，如图 4-18 所示。

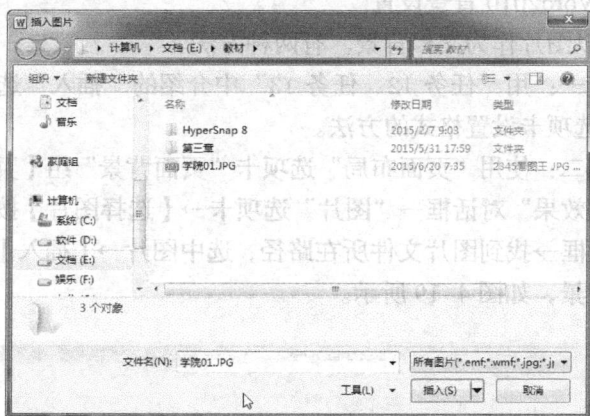

图 4-18　"插入图片"对话框

【任务 13】将图片大小设置为与"通知书.docx"纸张同等大小，与文本之间的环绕方式为衬于文字下方，淡化颜色，使之仅起到文字的衬托效果。

STEP 1　调节图片大小、位置及环绕方式。

单击选中图片后，图片的四周会出现 8 个黑色的小控点，将光标移到小控点上，光标会变成双向箭头，按住鼠标拖动，就可以缩放图片，调节图片大小。将光标放到图片边框处，光标变为十字四向箭头，按住鼠标拖动，就可以移动调整图片位置。

如果需要精确调节图片大小与位置，则需要在对话框中填入精确值。选中图片，在"格式"选项卡"大小"组中单击，打开"布局"对话框。

在"布局"对话框中可以调节图片大小、位置及环绕方式。选择"大小"选项卡，高度绝对值设为 18.2 厘米，宽度绝对值为 25.7 厘米（与页面 B5 纸张尺寸一致）；在"位置"选项卡中，设置水平对齐方式为相对于页面左对齐，垂直对齐方式为相对于页面顶端对齐；在"环绕方式"选项卡中，选择"衬于文字下方"。

STEP 2　淡化图片颜色。

单击"格式"选项卡"图片样式"组右下角的【对话框启动器】按钮 ，打开"设置图片格式"对话框。在"图片更正"选项中，选择适当的亮度、对比度（提高亮度、降低对比度）；在"图片颜色"选项中，调整色调，淡化图片颜色，使之仅起到背景衬托效果。

说明

[1] 图文混排环绕方式
Word 提供了 7 种图文混排的环绕方式——嵌入型、四周型环绕、紧密型环绕、浮于文字上方、衬于文字下方、上下型环绕和穿越型环绕。

对于嵌入型的图片，与文字是同等级别的，可以随文字内容变化而移动。在其余方式下，图片将相对固定在文档中的某个位置上，不会随文字的移动而移动，用户可以用鼠标拖动图片调整图片的位置。当插入的图片是位图时，四周型与紧密型的效果相同。穿越环绕型，与紧密型环绕相似，但可以在图像开放部位穿越。对于上下环绕型，文字在图像的顶部换行，在图像下部重新开始，在文字两旁无文字环绕。浮于文字上方的图片会压住部分文字，而衬于文字下方的图片则正相反，文字会压在图片的上方。

[2] Word2010 背景设置

① 以图片作为文档背景。有两种方法。

方法一：用"任务 12、任务 13"中介绍的"插入"选项卡插入图片，用"格式"选项卡设置格式的方法。

方法二：使用"页面布局"选项卡"页面背景"组【页面颜色】按钮，打开"填充效果"对话框→"图片"选项卡→【选择图片】按钮→打开"选择图片"对话框→找到图片文件所在路径，选中图片→【插入】按钮。图片文件即可作为背景，如图 4-19 所示。

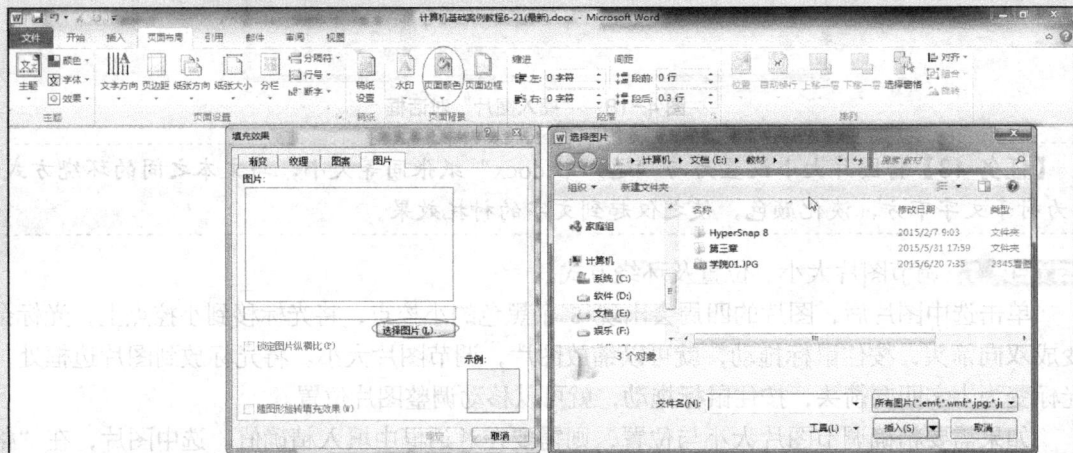

图 4-19　使用"填充效果"对话框插入背景图片

这两种方法的区别在于方法二不能调节图片大小、颜色与格式，要求事先处理好图片尺寸、颜色，与文档适应，否则会出现图片重叠或只部分出现。

② 以渐变色、纹理、图案作为文档背景。在上述"填充效果"对话框中，选择"渐变""纹理""图案"选项卡，可以将渐变色、纹理、图案设置为背景。

③ 以水印为背景。使用"页面布局"选项卡"页面背景"组中的"水印"按钮，弹出下拉菜单，选择预定义的水印文字及格式，如图 4-20 所示。如果预定义中没有用户需要的水印效果，选择"自定义水印"选项，打开"水印"对话框，对水印属性进行设置，如图 4-21 所示。

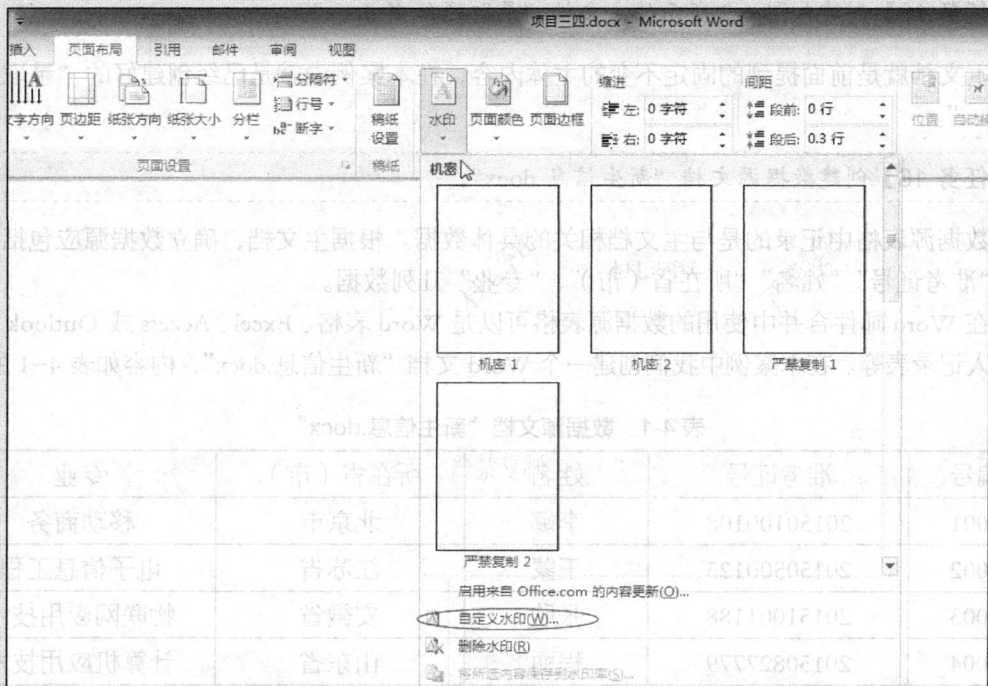

图 4-20 为文档添加水印

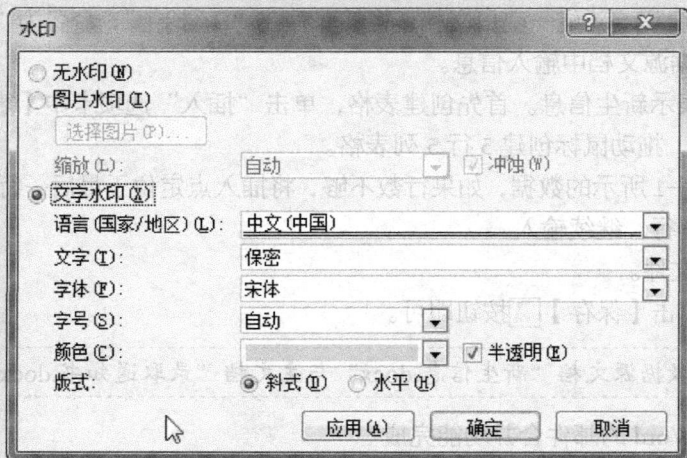

图 4-21 "水印"对话框

【任务 14】保存文件。

单击快速访问工具栏中的【保存】按钮,即可保存文件"录取通知书.docx"。

4.4.5 邮件合并

涉及知识点:邮件合并

在填写大量格式相同,只有少数相关内容需修改的文档时,我们可以灵活运用 Word 邮件合并功能。

邮件合并一般包括创建主文档、创建数据源、数据源合并到主文档这 3 个过程。

【任务 15】创建如图 4-2 所示的主文档"录取通知书.docx"。

主文档就是前面提到的固定不变的主体内容，在本案例中就是已经创建好的"录取通知书.docx"。

【任务 16】创建数据源文档"新生信息.docx"。

数据源表格中记录的是与主文档相关的具体数据。根据主文档，确立数据源应包括"编号""准考证号""姓名""所在省（市）"、"专业"几列数据。

在 Word 邮件合并中使用的数据源表格可以是 Word 表格、Excel、Access 或 Outlook 中的联系人记录表等。在本案例中我们创建一个 Word 文档"新生信息.docx"，内容如表 4-1 所示。

表 4-1　数据源文档"新生信息.docx"

编号	准考证号	姓名	所在省（市）	专业
0001	20150100108	李娜	北京市	移动商务
0002	20150500123	王蒙	江苏省	电子信息工程
0003	20151001188	张欣	安徽省	物联网应用技术
0004	20150827779	程丽	山东省	计算机应用技术

STEP 1 新建并命名保存数据源文档。

按 Ctrl+N 组合键，新建一空白文档，将其保存在"D:\招生"，命名为"新生信息.docx"。

STEP 2 在数据源文档中输入信息。

在此用表格表示新生信息。首先创建表格，单击"插入"选项卡中【表格】按钮，弹出"插入表格"菜单，拖动鼠标创建 5 行 5 列表格。

依次输入表 4-1 所示的数据，如果行数不够，将插入点定位于最后一行的后面，按 Enter 键，将产生新的一行，继续输入。

STEP 3 保存文件。

输入完毕，单击【保存】按钮即可。

【任务 17】把数据源文档"新生信息.docx"与主文档"录取通知书.docx"合并。

本任务使用 Word 的邮件合并功能完成。

STEP 1 打开文档"录取通知书.docx"。

STEP 2 指定主文档。

单击"邮件"选项卡"开始邮件合并"组中的【开始邮件合并】按钮，在弹出的菜单中，选择 邮件合并分步向导(W)，打开"邮件合并"任务窗格，如图 4-22 所示。选中"信函"单选按钮，再单击"下一步：正在启动文档"超链接，任务窗格如图 4-23 所示。选中【使用当前文档】单选按钮，再单击"下一步：选取收件人"超链接，任务窗格如图 4-24 所示。

STEP 3 选择数据源。

在图 4-24 所示窗格中，选中"使用现有列表"单选按钮，再单击"浏览"超链接，打开"选取数据源"对话框，如图 4-25 所示。找到数据源文档存放的位置路径，选中数据源文档"新生信息.docx"，单击【打开】按钮，出现"邮件合并收件人"对话框，在数据表中选择要合并到主文档的数据，单击【确定】按钮，返回到图 4-24 所示界面。

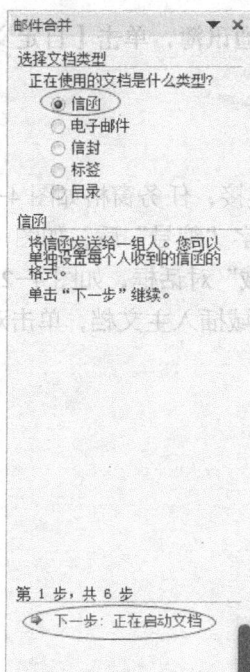

图 4-22 "邮件合并"任务窗格（1）

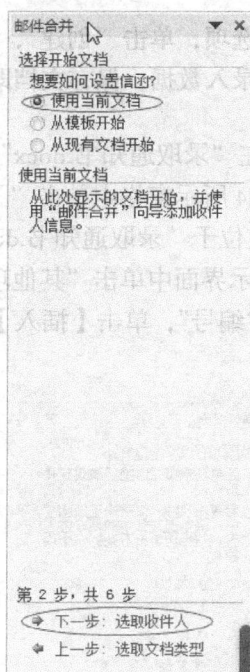

图 4-23 "邮件合并"任务窗格（2）

图 4-24 "邮件合并"任务窗格（3）

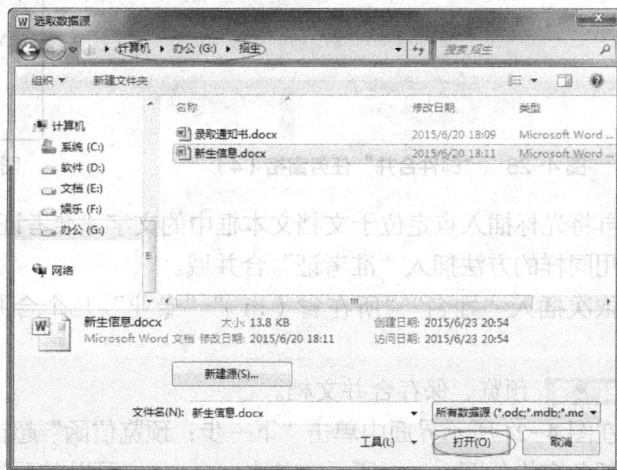

图 4-25 "选取数据源"对话框

> **说明**
>
> 数据源为其他类型数据源文件时，邮件合并的操作如下。
>
> 如果数据源表格是 Excel、Access 文档，操作与步骤 3 基本相同；如果是 Outlook 中的联系人记录表，在图 4-24 所示任务窗格中，选取"从 Outlook 联系人中选择"单选项；如果还未创建数据源表格，则可选取"键入新列表"单

选项，单击"创建"，将自动打开一个 Office 通讯簿，单击【自定义】按钮，录入数据，保存文档即可。

STEP 4 在"录取通知书.docx"中插入合并域。

在图 4-24 所示窗格中单击"下一步：撰写信函"超链接，任务窗格如图 4-26 所示。将光标插入点定位于"录取通知书.docx"文档中的文本框文字"编号"后，如图 4-27 所示。在图 4-24 所示界面中单击"其他项目"，打开"插入合并域"对话框，如图 4-28 所示。在对话框中选择"编号"，单击【插入】按钮，则"编号"合并域插入主文档，单击对话框中【关闭】按钮。

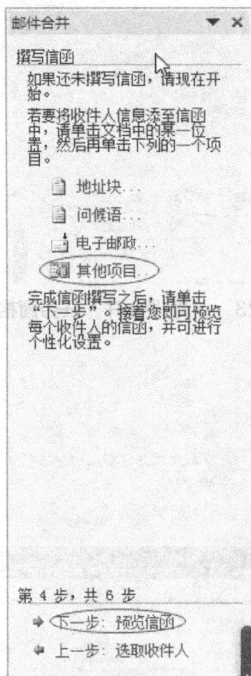

图 4-26　"邮件合并"任务窗格（4）　　　　　图 4-27　确定插入点位置

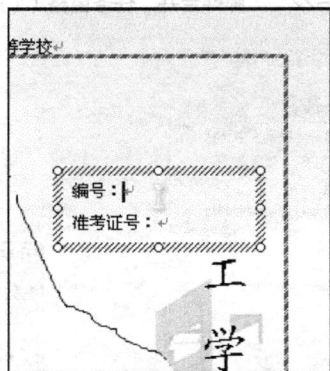

再将光标插入点定位于文档文本框中的文字"准考证"后，用同样的方法插入"准考证"合并域。

依次插入"姓名""所在省（市）""专业"几个合并域。

STEP 5 预览、保存合并文档。

在图 4-24 所示界面中单击"下一步：预览信函"超链接，任务窗格如图 4-29 所示。单击 《 、 》 可以前后查看将要产生的合并邮件的效果，确认无误后，单击"下一步：完成合并"超链接，任务窗格如图 4-30 所示。单击"编辑个人信函"，打开"合并到新文档"对话框，如图 4-31 所示。选定保存的范围，如"全部"后，单击【确定】按钮，将生成新合并文档"字母 1.docx"。在"字母 1.docx"中，单击【保存】 按钮，将文件保存为"录取通知书——邮件合并.docx"文档。

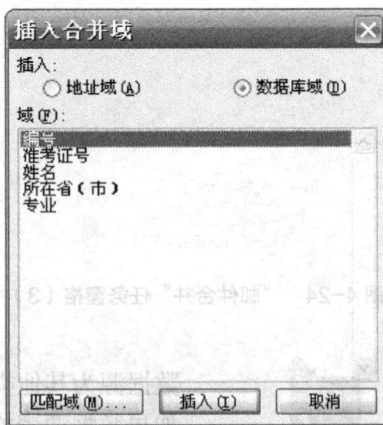

图 4-28　"插入合并域"对话框

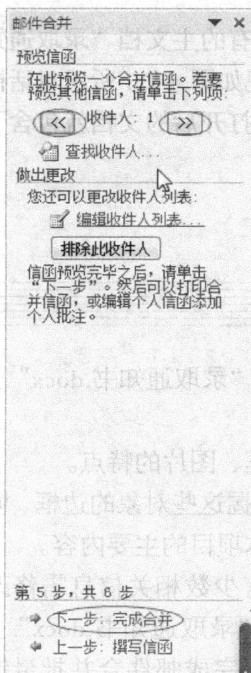

图 4-29 "邮件合并"任务窗格（5）

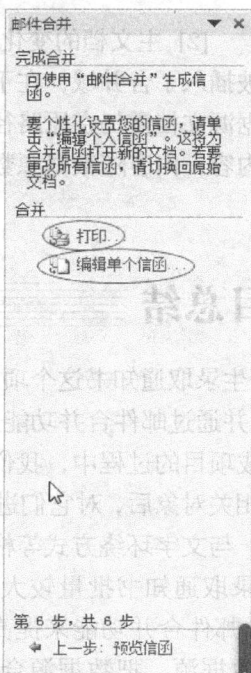

图 4-30 "邮件合并"任务窗格（6）

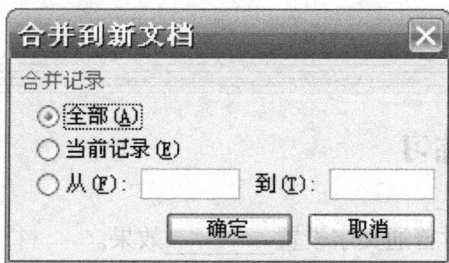

图 4-31 "合并到新文档"对话框

[1] 完成合并后会有两种情况：一种是上述单击"编辑个人信函"，最后生成新合并文档"录取通知书——邮件合并.docx"文档，新合并文档是合并后的最终结果，内容不随数据源数据的变化而变化。这种情况下，如果数据记录数较多，新合并文档会过大。另一种是在图 4-30 所示窗格中单击"打印"，将打开"合并到打印机"对话框，如图 4-32 所示，单击【确定】按钮，将直接打印合并后的内容，不再生成新文档。

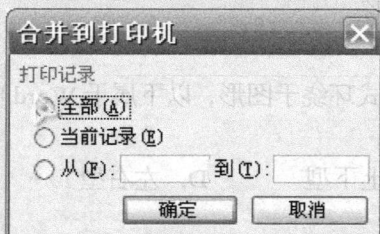

图 4-32 "合并到打印机"对话框

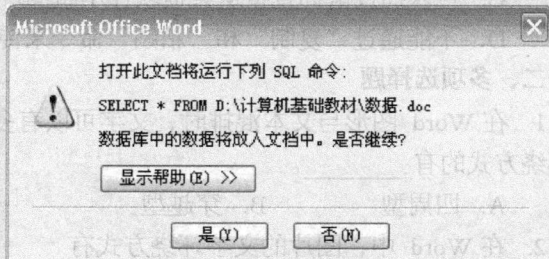

图 4-33 源数据位置确认对话框

　　[2] 主文档的变化：邮件合并操作后，原有的主文档"录取通知书.docx"被插入了合并域，在下次打开该文档时会出现如图 4-33 所示对话框，此时数据源文档需仍在原路径下，单击"是"按钮，打开后的文档就包含了合并域的内容，内容随数据源数据的变化而变化。

4.5　项目总结

　　在创建新生录取通知书这个项目里，我们主要完成了"录取通知书.docx"这个图文混排文档的创建，并通过邮件合并功能进行了批量制作。
- 在完成项目的过程中，我们了解了艺术字、文本框、图片的特点。
- 插入相关对象后，对它们进行了格式设置，从而掌握这些对象的边框、填充色、大小、位置、与文字环绕方式等格式的设置方法，这是本项目的主要内容。
- 由于录取通知书批量较大，基本格式相同，只有少数相关信息需修改，我们运用 Word 邮件合并功能来提高制作效率。通过创建"录取通知书.docx"主文档、创建相关数据源、把数据源合并到主文档几个过程，完成邮件合并批量制作录取通知书的任务。

4.6　技能拓展

4.6.1　理论考试练习

一、单项选择题

1. 在 Word 中，不能对普通文字设置_____效果。
　　A. 加粗倾斜　　　　　　　　　　B. 加下画线
　　C. 立体字　　　　　　　　　　　D. 文字倾斜与加粗
2. Word 的文本框可用于将文本置于文档的指定位置，但文本框中不能插入_____。
　　A. 文本内容　　　B. 图形内容　　　C. 声音内容　　　D. 特殊符号
3. 要将在其他软件中制作的图片复制到当前 Word 文档中，下列说法中正确的是_____。
　　A. 不能将其他软件中制作的图片复制到当前 Word 文档中
　　B. 可通过剪贴板将其他软件中制作的图片复制到当前 Word 文档中
　　C. 可以通过鼠标直接从其他软件中将图片移动到当前 Word 文档中
　　D. 不能通过"复制"和"粘贴"命令来传递图形

二、多项选择题

1. 在 Word 图形与文本混排时，文字可以有多种形式环绕于图形，以下属于 Word 中文字环绕方式的有_____。
　　A. 四周型　　　B. 穿越型　　　　C. 上下型　　　　D. 左右型
2. 在 Word 中，图片的文字环绕方式有_____。
　　A. 嵌入型　　　B. 四周型　　　　C. 紧密型　　　　D. 松散型

4.6.2　实践操作练习

一、参考样张（见图4-34），按列要求制作旅游宣传页

图4-34　黄山旅游宣传页

1. "黄山之旅"以艺术字插入，字体为宋体，字号为40。
2. 各段文字一侧插入相应图片，环绕方式为紧密型。
3. 各段文字另一侧插入文本框，边框为虚线。
4. 在页面下方插入自选图形"前凸带形"，并在自选图形中添加文字"天下第一奇山"，宋体加粗，小三号字，设置图形颜色为水绿色，无边框。
5. 背景以文字"黄山旅行社"为水印，半透明，文字为宋体、小初。

二、批量制作准考证

使用项目四习题素材"考生安排表.docx"为数据源，"准考证.docx"为主文档，利用邮件合并功能批量制作准考证。

项目五
Word 长文档编排
——毕业论文排版

学习目标

在实际的工作和学习中，经常会遇到制作会议报告、商业企划书、书稿编排或结项报告以及毕业论文排版等情况，这些文档内容篇幅较长，章节层次较多，要求注重样式的统一，大部分都要求制作目录。本章就以毕业论文的排版为例，介绍 Word 中长文档的排版方法和技巧，其中包括应用样式、自动生成目录、制作模板以及如何添加页眉和页脚等内容。

本项目利用 Word 的基本功能，根据"电子信息职业技术大学"的毕业论文要求，完成一篇毕业论文的编排。

通过本案例的学习，能够掌握以下计算机水平考试知识点。

知识目标

- 页面和文档属性设置，包括插入分隔符、页眉和页脚的设置。
- 样式、模板的定义和应用。
- 制作多级目录。
- 超链接的设置。
- 数学公式的使用。
- 打印预览与打印。

技能目标

- 能够按要求设置长文档的页眉和页脚。
- 能够根据要求设置长文档的样式。
- 会根据文档结构插入多级目录。

5.1 任务要求

王斌今年就要大学毕业了，他所在的学校要求学生在最后一学期进行毕业设计和毕业论文的撰写。毕业答辩的日期就要临近了，可看到学校关于毕业论文的格式要求，他不由着急起来，学校关于毕业论文的格式版面要求具体有以下几个方面。

1.封面（见图 5-1）

格式由模板提供，内容包括姓名、专业班级、论文名称、指导教师。

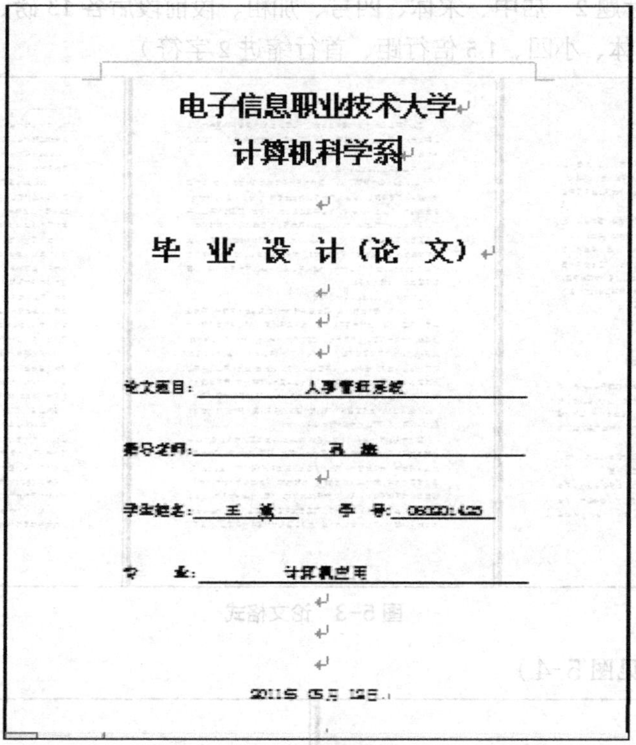

图 5-1 论文封面

2.摘要、ABSTRACT、目录（见图 5-2）

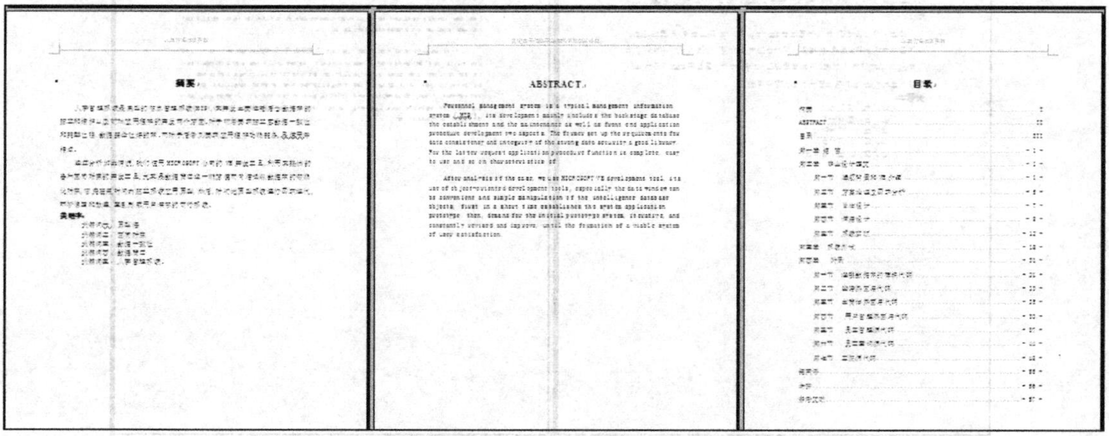

图 5-2 论文的摘要和目录

目录（标题1、居中、三号、黑体）

摘要（标题1、居中、三号、黑体）

ABSTRACT（标题1、居中、三号、黑体）

3.论文格式（见图5-3）

第一章章名（标题1　居中、黑体、三号、段前段后各1行、1.5倍行距）

第一节节名（标题2　居中、宋体、四号、加粗、段前段后各13磅、1.25倍行距）

正文内容：（宋体、小四、1.5倍行距、首行缩进2字符）

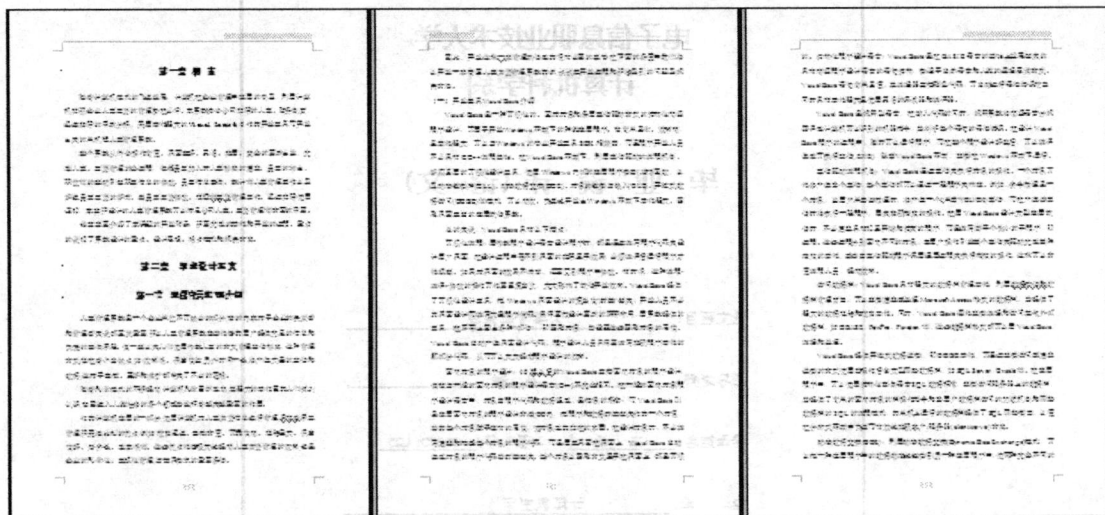

图5-3　论文格式

4.其他格式（见图5-4）

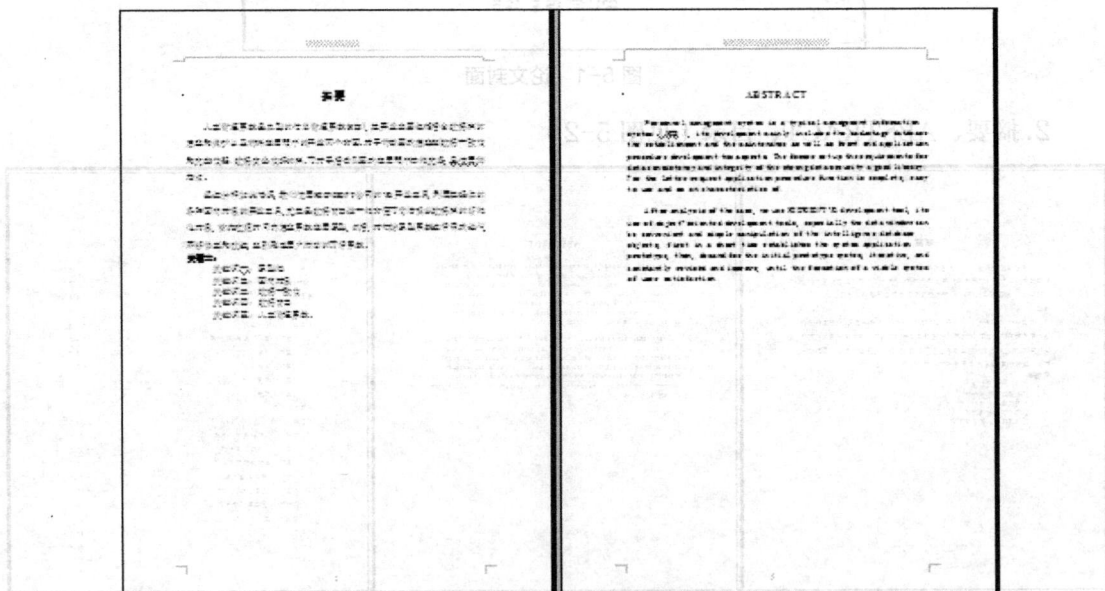

图5-4　论文其他格式

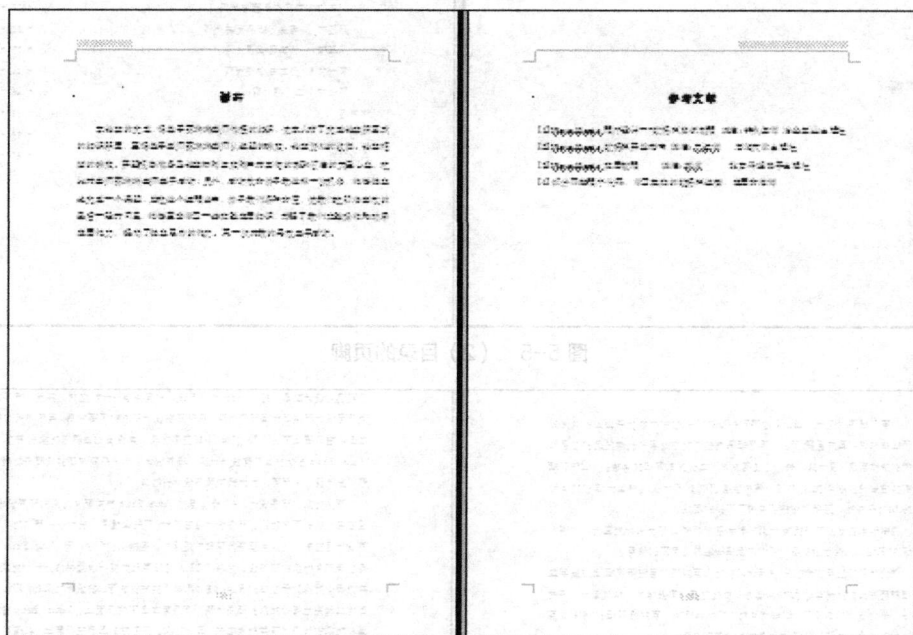

图 5-4　论文其他格式（续）

摘要：黑体、三号、居中，内容：宋体、小四号，关键词：黑体、小四号

致谢、参考文献：黑体、三号、居中，内容：宋体、小四号

5. 页眉页脚（见图 5-5）

毕业论文通常包括封面、摘要、目录、正文（包含致谢、参考文献）等几个部分。根据学校对毕业论文格式的要求，封面和摘要不需要页眉和页脚；目录不需要页眉，但必须在页脚中插入页码（格式设置为"Ⅰ、Ⅱ、Ⅲ…"）；在正文、致谢和参考文献中，奇偶页的页眉不同，在奇数页页眉中插入学院名称"电子信息职业技术大学"，在偶数页页眉中插入毕业论文题目"人事管理信息系统"，在页脚中插入页码（格式与目录中的页码格式不同，设置为"1，2，3，…"），居中放置。

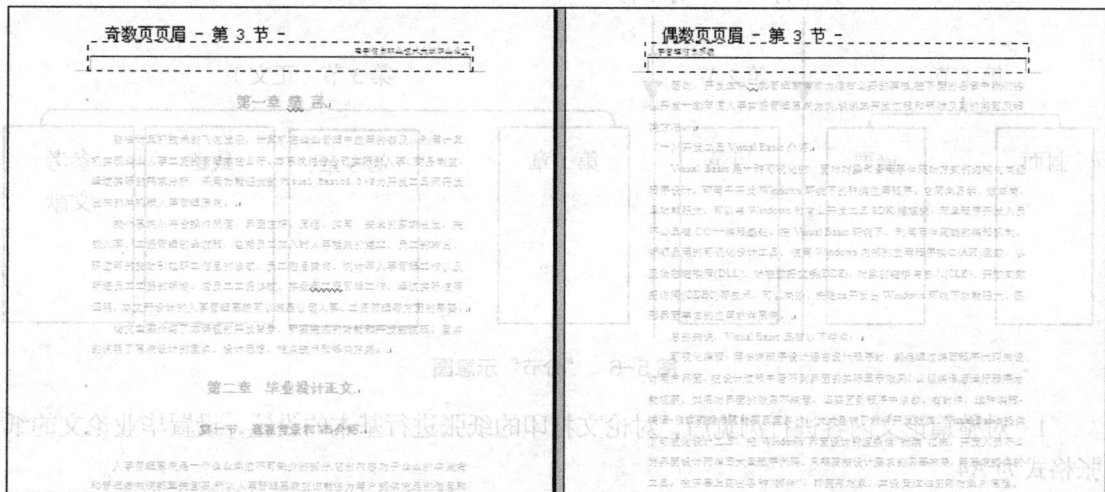

图 5-5　（1）奇偶页页眉

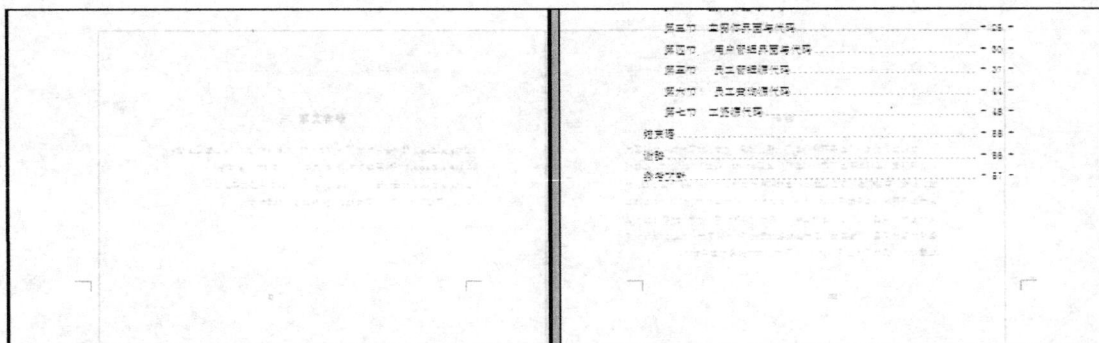

图 5-5 （2）目录的页脚

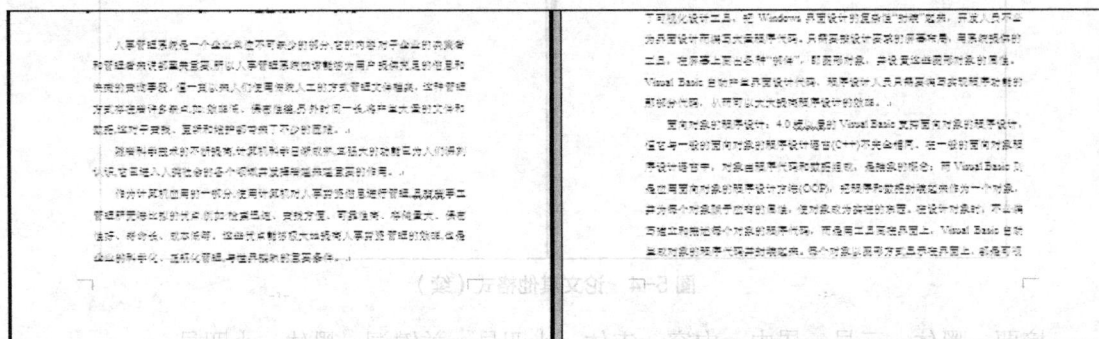

图 5-5 （3）正文的页脚

5.2 解决方案

首先，王斌对论文排版做了详细的分析，毕业论文由封面、摘要、目录、正文（包含致谢、参考文献）等几个部分构成。整篇论文按照学院对于论文格式的要求，我们把论文分为 3 个部分（3 节），如图 5-6 所示。

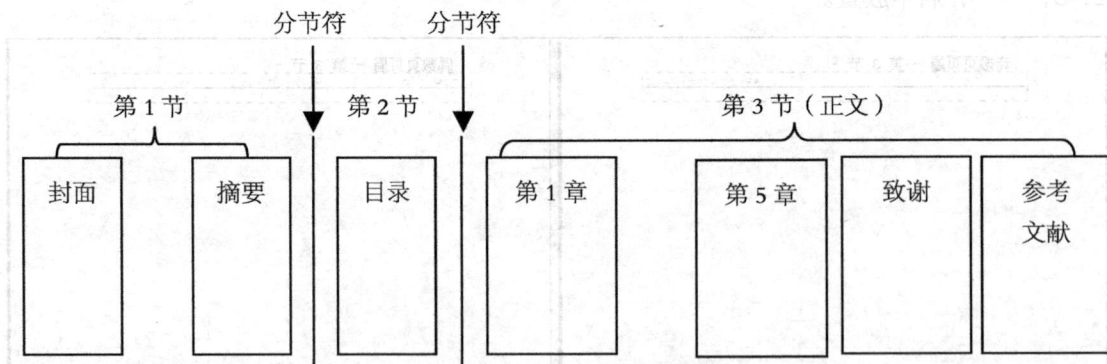

图 5-6 "分节"示意图

1. 对整篇论文内容进行浏览后，对论文打印的纸张进行基本的设置，设置毕业论文的纸张格式为 A4。

2. 按照论文编排要求分别设置论文的上下左右页边距，上边距设为 3 厘米，下边距、左边距、右边距分别设为 2.5 厘米。

3. 打开页面设置对话框，设置论文的装订线区域，为了保证装订论文时不会遮住论文正文的文字。

4. 将整篇论文分为 3 节，分别在目录上方、正文上方插入分节符，设置不同的页眉和页脚。

5. 将整篇论文按照表 5-1 的要求对 Word 的内置样式进行修改，然后按照图 5-7 所示为论文中不同的内容选取相应的样式。

表 5-1　样式修改要求

样式名称	字体	字体格式	段落格式
标题 1	黑体	三号、居中	1.5 倍行距，段前、段后 1 行
标题 2	宋体	四号、加粗、居中	多倍行距 1.25，段前、段后 13 磅

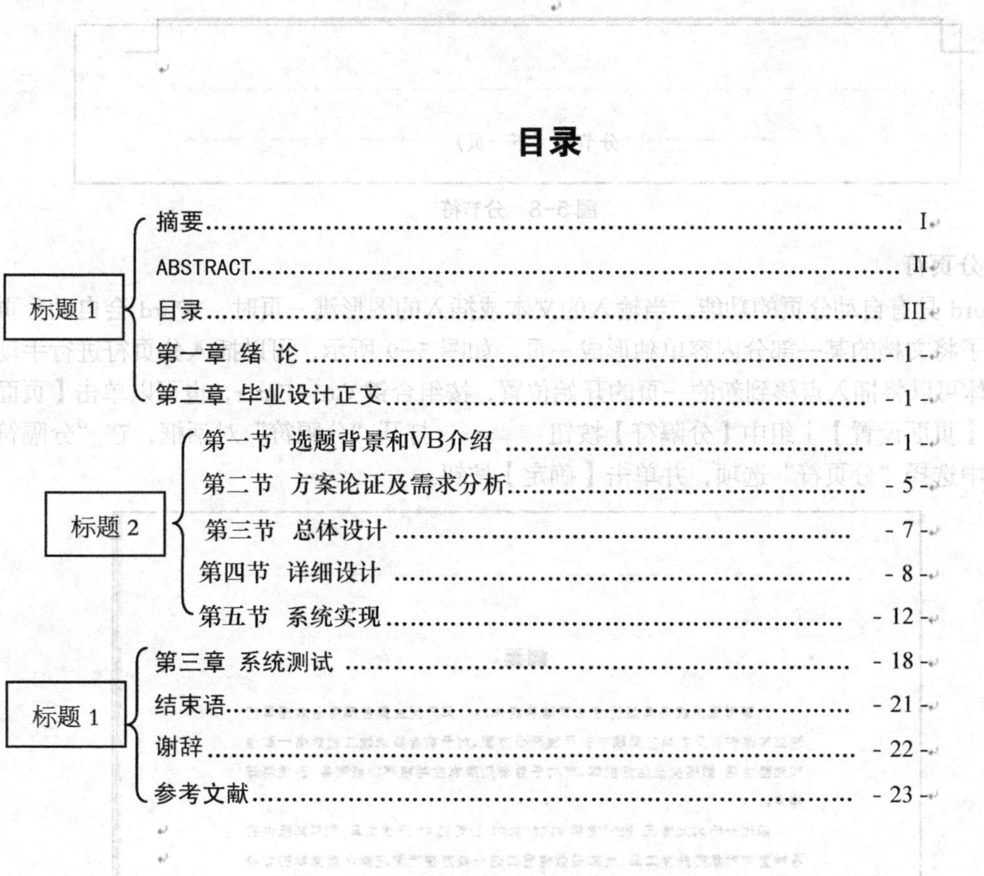

目录

标题 1

标题 2

标题 1

图 5-7　样式设置

6. 设置好整篇文档的样式以后，在此基础上快速生成论文目录，以便指导老师对论文内容的查阅。

7. 单击【文件】|【打印】|【打印预览】命令对整篇文档进行打印前的浏览，如果满足文档要求，就使用"打印"命令实现文档的打印。

5.3 基本概念

1. 分节符

论文格式要求封面和摘要不需要页眉页脚，在正文、致谢和参考文献中要设置不同的页眉和页脚，如目录部分的页码编号为"Ⅰ、Ⅱ、Ⅲ…"，而正文部分的页码编号为"1，2，3，…"。如果直接设置页眉和页脚，则所有页的页眉和页脚都是一样的。如果想设置不同的页眉和页脚，就要在文档中使用"分节符"。

节是文档的基本单位，分节符是为表示"节"结束而插入的标记，如图 5-8 所示。在 Word 中一个文档可以分为多个节，根据需要每节都可以设置各自的格式，而不影响其他节的文档格式设置，在 Word 中可以通过设置分节符以节为单位设置页眉页脚、段落编号或页码等内容。

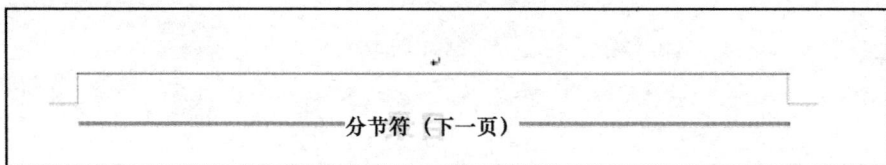

图 5-8 分节符

2. 分页符

Word 具有自动分页的功能，当输入的文本或插入的图形满一页时，Word 会自动分页。有时为了将文档的某一部分内容单独形成一页，如图 5-9 所示，可以插入分页符进行手动分页。具体可以将插入点移到新的一页的开始位置，按组合键 Ctrl+Enter，也可以单击【页面布局】|【页面设置】|组中【分隔符】按钮 分隔符 ，打开"分隔符"对话框，在"分隔符"对话框中选择"分页符"选项，并单击【确定】按钮。

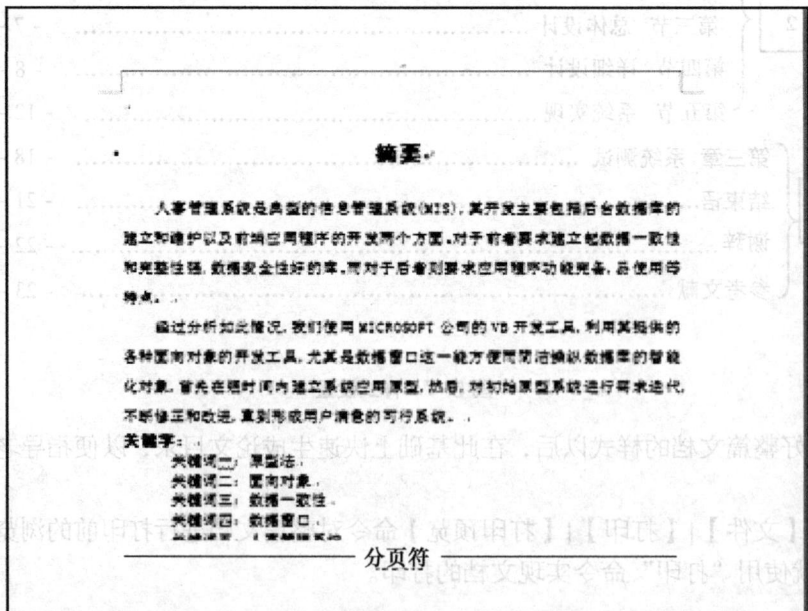

图 5-9 分页符

3. 页边距

页边距是页面的边线到文字的距离，是页面四周的空白区域，页边距以内的区域才能够插入文字和图片。如图 5-10 所示，"上""下"后面的框中的值分别表示页面顶部、底部不可编辑区域的高度。"左""右"后面的框中的值分别表示页面左边、右边不可编辑区域的宽度。在长文档编排的各种场合，纸张格式、页边距不完全相同。在以后的实际的工作中应根据具体的需要进行相应的调整。

4. 页眉和页脚

页眉和页脚是文档中每个页面页边距的顶部和底部区域。可以在页眉和页脚中插入文本或图形，如页码、日期、公司徽标、文档标题、文件名和作者等，这些信息通常打印在文档中每页的顶部或底部。

图 5-10 页边距选项卡

在本项目中，要求对奇偶页插入不同的页眉，如图 5-11 所示。采用对每一页单独设置页眉、页脚的方法效率很低，因此我们采用将文档分节，然后分别设置各节的页眉、页脚的方法。

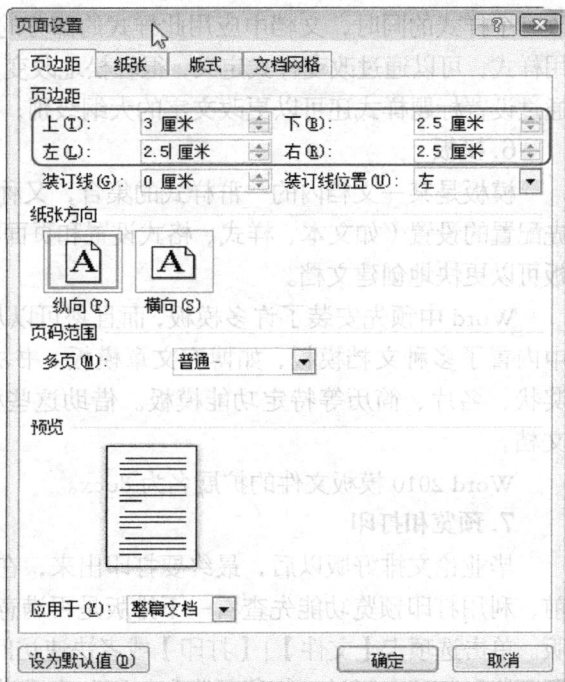

图 5-11 （1）奇数页页眉

图 5-11 （2）偶数页页眉

图 5-11 （3）页面页脚

5. 样式

长文档内容篇幅长，格式多，如果手工设置每个文字和段落的样式，比较费时费力，Word 中的"样式"就可以解决这类问题。

样式是字体、字号和缩进等格式设置特性的组合，常用在文档重复使用的固定格式中。Word 提供了多种标准的格式，并将样式和格式列表移动到任务窗格中，编辑文档时每次设置的新样式，都会在 Word 的任务窗格显示出来，这样就可以方便地使用自定义的样式，当修改一个样式的同时，文档中应用此样式的部分的格式设置也会随之改变。在长文档编排中应用样式，可以通过改变样式定义，很轻松地改变整篇文档的各类样式，达到事半功倍的效果。通过设置标题样式还可以更改文字的大纲级别，为生成多级目录打下基础。

6. 模板

模板是某一文档内的一群样式的集合，又称样式库，是一种文档的模型。模板提供了预先配置的设置（如文本、样式、格式设置和页面布局等），相对于从空白页开始而言，使用模板可以更快地创建文档。

Word 中预先安装了许多模板，而且您可以从 Office.com 网站下载更多模板。Word 2010 中内置了多种文档模板，如博客文章模板、书法字帖模板等，Office.com 网站提供了证书、奖状、名片、简历等特定功能模板。借助这些模板，用户可以创建比较专业的 Word 2010 文档。

Word 2010 模板文件的扩展名为 .docx。

7. 预览和打印

毕业论文排好版以后，最终要打印出来，在论文打印之前，要进行打印预览，打印论文前，利用打印预览功能先查看一下排版是否满意。如果满意，则打印，否则可以继续修改排版。单击选项卡【文件】|【打印】或者快速访问工具栏中的"打印预览和打印"可以实现打印预览和打印。通过"打印预览和打印"查看满意后就可以打印了。打印前，最好先保存文档，以免意外丢失。Word 提供了许多灵活的打印功能。可以打印一份或多份文档，也可以打印文档的每一页或几页。当然，在打印前，应准备好并打开打印机。

5.4 实现步骤

5.4.1 页面设置

毕业论文需要打印并装订以便存档，因此我们首先要对论文打印的纸张进行基本的设置。页面设置的主要目的是设置文档的页边距、装订线、页面方向、纸张大小等。按照论文纸张格式的要求，设置毕业论文的纸张格式为 A4，设置论文的上、下、左、右页边距。为了保证装订论文时不会遮住论文正文的文字，设置论文的装订线为 0.5 厘米。

具体的操作方法在之前的项目里已经详细介绍过，在这里就不再重复介绍。

5.4.2 插入分隔符

涉及知识点：分节符、分页符的插入、删除

本案例先将整篇论文分为 3 节，然后对封面、摘要、目录和正文部分进行不同的页眉、页脚格式设置。

> **【任务 1】**插入分节符，以满足论文格式封面、摘要不需要页眉页脚，目录和正文部分要设置不同的页眉和页脚的要求。

STEP 1 插入分隔符。

将光标移至"目录"页面的上方。单击选项组【页面布局】|【页面设置】组中的【分隔符】 ，将会显示出"分隔符"的类型，如图 5-12 所示。

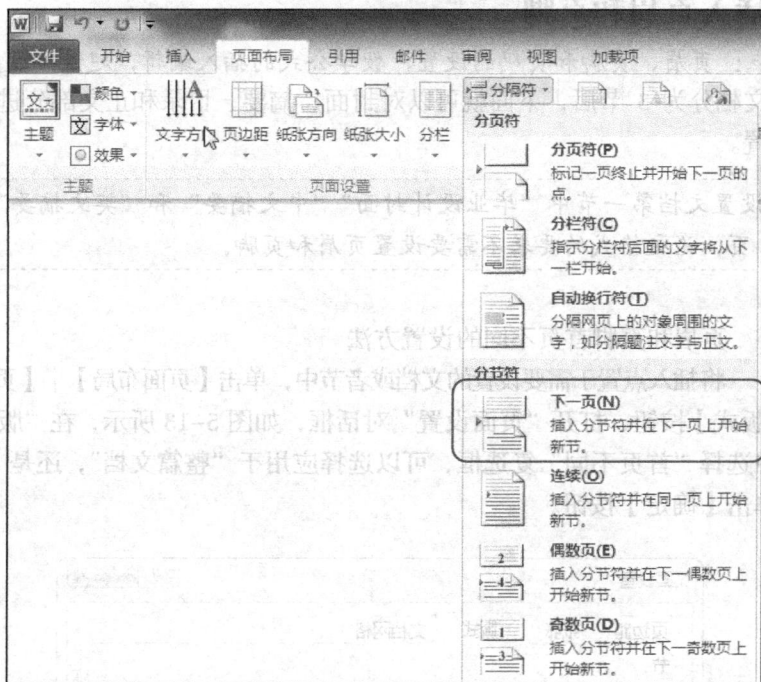

图 5-12　"分隔符"对话框

STEP 2 选择分节符类型。

在分隔符类型中选择"分节符"，单击"下一页"，这样就会在需要分节的位置上插入分节符。

STEP 3 重复操作步骤 1~步骤 2。

在"正文"页上方插入分节符，则整篇文档分成了 3 个小节。

> **提示**
>
> 分节符类型："下一页"表示在插入分节符处进行分页，下一节从下一页开始；"连续"表示在插入点的位置插入分节符；"偶数页"表示从偶数页开始建新节；"奇数页"表示从奇数页开始建新节。

> **说明**
>
> [1] 插入分页符：将插入点移到新的一页的开始位置，单击【页面布局】|【页面设置】|【分隔符】按钮，打开"分隔符"对话框，在"分隔符"对话框中选择"分页符"选项，并单击【确定】按钮。
>
> [2] 显示"分页符""分节符"：在"页面视图"默认情况下，"分页符"、"分节符"看不到，可以单击【开始】|【段落】组中的【显示/隐藏编辑标记】按钮。
>
> [3] "分页符""分节符"的区别：分页符和分节符在外观上是有区别的，分页符为单虚线，分节符为双虚线。
>
> [4] 删除"分页符""分节符"：如果想删除分节符或分页符，可将插入点移到该符号的水平虚线中，按 Delete 键即可。

5.4.3 插入页眉和页脚

涉及知识点：页眉、页脚和页码的设置，数学公式的插入编辑，超链接设置

在将整篇文档分为 3 节后，下面就可以对封面、摘要、目录和正文部分进行不同的页眉页脚的格式设置。

【任务 2】设置文档第一节中"毕业设计封面""中文摘要"和"英文摘要"的页眉和页脚。本节有 3 页，论文格式的要求不需要设置页眉和页脚。

说明

页眉和页脚首页不同的设置方法

将插入点置于需要设置的文档或者节中，单击【页面布局】|【页面设置】|【版式】按钮，打开"页面设置"对话框，如图 5-13 所示，在"版式"选项卡中选择"首页不同"复选框，可以选择应用于"整篇文档"，还是"本节"，并单击【确定】按钮。

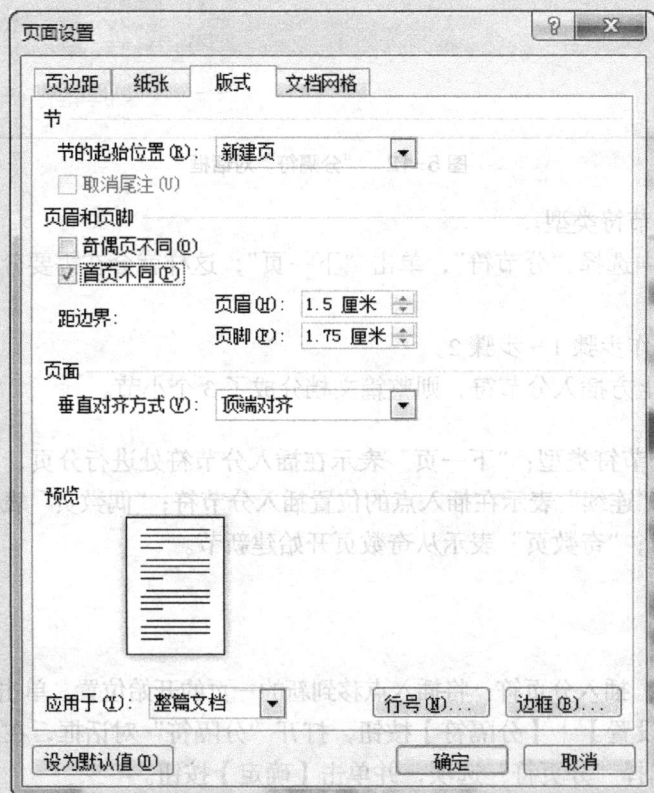

图 5-13 "页面设置"对话框

【任务 3】设置文档第二节中"目录"的页眉和页脚。页眉和页脚内容与第一节不同，页脚为"Ⅰ，Ⅱ，Ⅲ"，不需要设置页眉。

STEP 1 将插入点置于本节中。

因为第 2 节中不需要设置页眉，所以我们只需要设置页脚。单击【插入】|【页眉和页脚】

组中的【页脚】按钮 ，进入页脚编辑状态。由于文档中已经设置了第一节的页眉和页脚，第二节默认与上一节相同，即与第一节的页眉和页脚相同，现在要取消"链接到前一条页眉"。如图 5-14 所示，单击"页眉和页脚工具—设计"选项卡中的"链接到前一条页眉"，取消与上一节相同。因为第二节不需要页眉，所以也不需要对页眉进行设置。

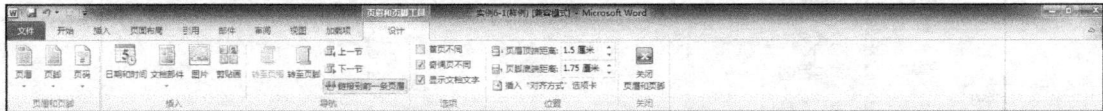

图 5-14　"页眉和页脚"工具栏

STEP 2 设置页码格式。

将光标定位于"目录"页的页脚处，单击【页眉和页脚工具】|【页眉和页脚】组中的【页码】按钮 ，如图 5-15 所示。单击"设置页码格式"，打开"页码格式"对话框，如图 5-16 所示。在"编号格式"中选择"Ⅰ，Ⅱ，Ⅲ，…"，在"页码编号"下选择"起始页码"单选框，起始页码设置为Ⅰ。

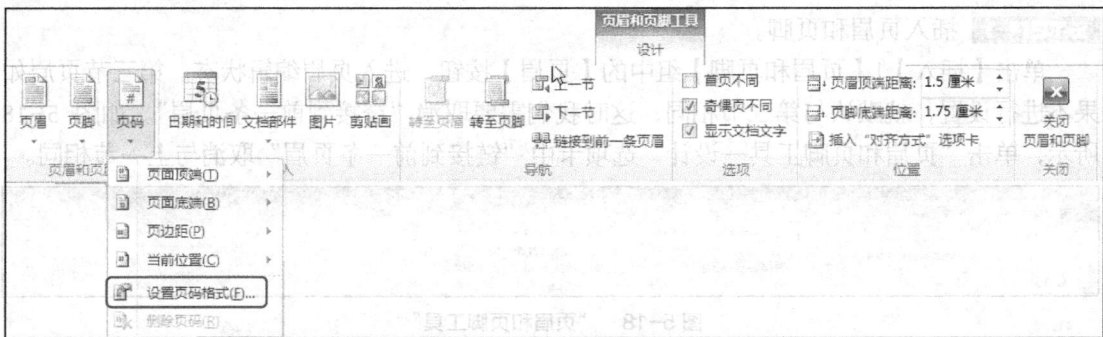

图 5-15　页码格式设置

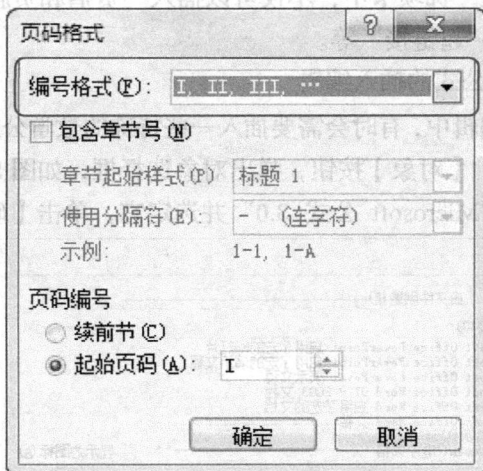

图 5-16　"页码格式"对话框

STEP 3 插入页码。

在步骤 2 中将页码格式设置完成后，单击"页面底端"在目录页的底端插入设置好的页码，如图 5-17 所示。

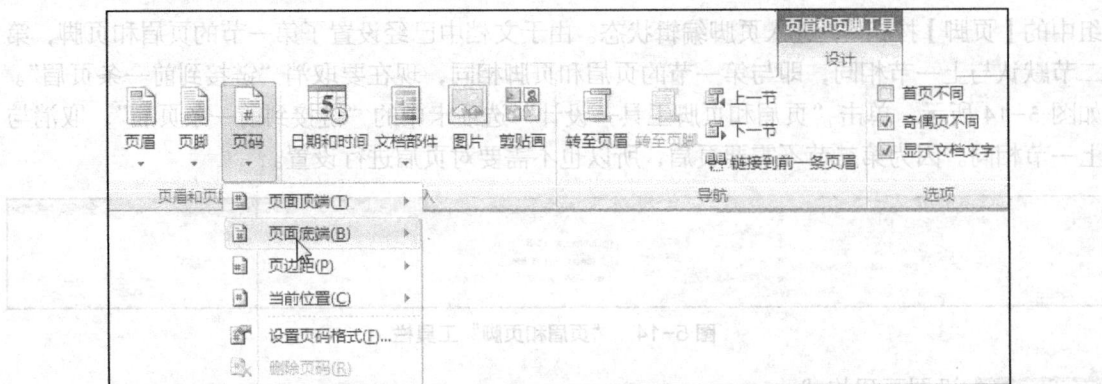

图 5-17 "页码"插入

【任务 4】设置文档第三节中正文的页眉和页脚。毕业论文正文中偶数页顶部区域文字左对齐，内容为该论文的题目；奇数页顶部区域文字右对齐，内容为"电子信息职业技术大学毕业论文"。页面底部区域要求添加页码，从"1"开始并居中放置。

STEP 1 插入页眉和页脚。

单击【插入】|【页眉和页脚】组中的【页眉】按钮，进入页眉编辑状态。第三节页眉如果不进行设置，就默认与第二节相同，这时我们需要取消"链接到前一条页眉"。如图 5-18 所示，单击"页眉和页脚工具—设计"选项卡中"链接到前一条页眉"取消与上一节相同。

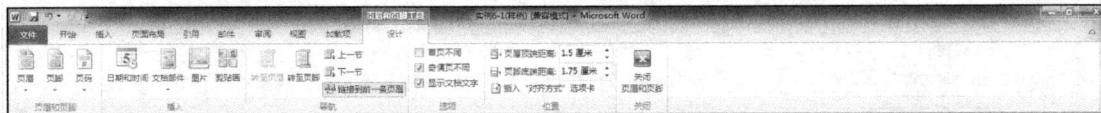

图 5-18 "页眉和页脚工具"

说明

在"插入"选项卡中，不仅可以插入"页眉和页脚"，还可以插入"数学公式"，插入"超链接"等。

[1] 数学公式的插入编辑

在论文编辑中，有时会需要插入一些特殊的数学公式，我们可以单击 【插入】|【文本】|【对象】按钮，弹出对象选择框，如图 5-19 所示。将下拉条往下拉，找到"Microsoft 公式 3.0"并选定它，单击【确定】按钮。

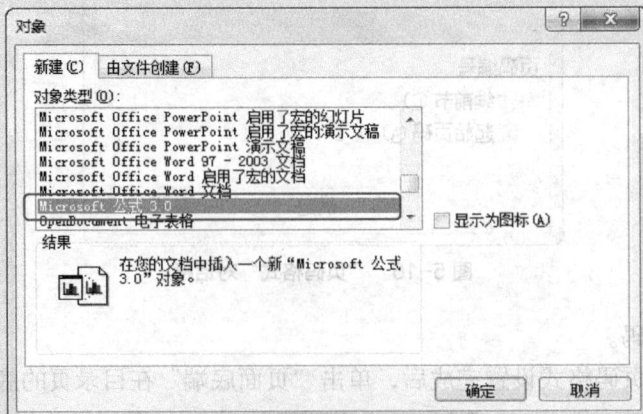

图 5-19 "插入"对象

接下来会在编辑文档中弹出一个公式编辑框如图 5-20 所示，就可以任意编写自己需要的公式了。

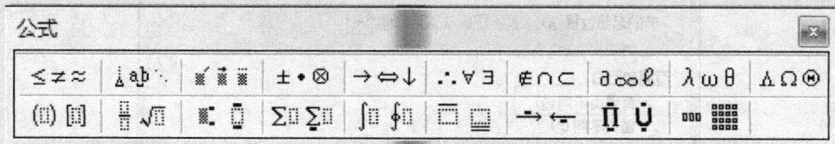

图 5-20　公式对话框

[2]"插入"选项卡中超链接的使用

在论文编辑中，有时候需要设置超链接，首先选中我们要添加超链接的文字内容，然后单击【插入】|【链接】|【超链接】按钮，弹出"插入超链接"对话框，如图 5-21 所示。在弹出的超链接设置框中，输入想要添加的超链接。超链接可以是网址，也可以是计算机上的文件等。这里以百度网址为例，输入完成以后，单击【确定】按钮。把鼠标放到设置了超链接的文字上，就会看到相应的提示了。

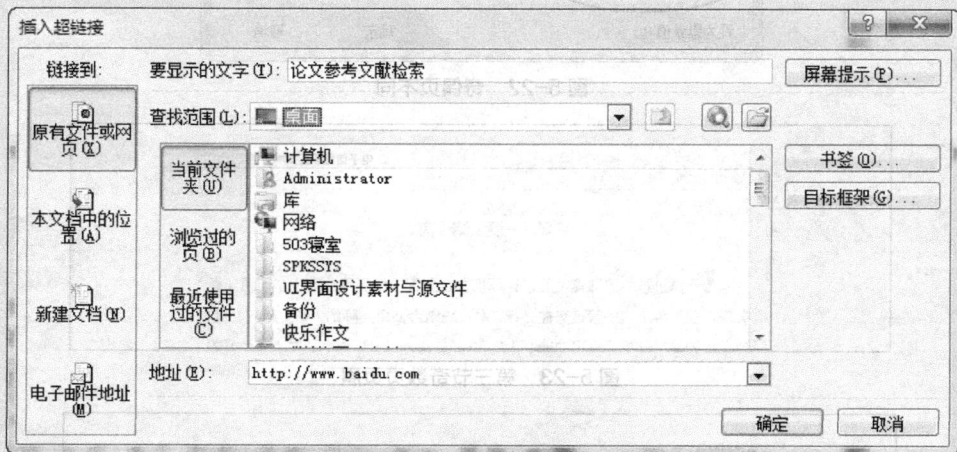

图 5-21　"插入超链接"对话框

STEP 2 奇偶页设置不同的页眉。

单击【页面布局】|【页面设置】组中的【版式】按钮，打开"页面设置"对话框，选择"版式"选项卡。在"页面设置"对话框中，单击如图 5-22 所示的"页眉和页脚"框架下的"奇偶页不同"复选框，设置应用范围为"本节"，单击【确定】按钮，即可完成设置。

STEP 3 设置奇数页页眉。

单击【页眉和页脚工具】|【导航】，切换显示上一节 和显示下一节 ，将光标定位于"第一章绪言"页的页眉处，如图 5-23 所示。输入文字"电子信息职业技术大学毕业论文"并设置文字右对齐，字体宋体，字号小五。

STEP 4 设置偶数页页眉。

单击【页眉和页脚工具】选项卡上的显示下一节按钮 ，显示如图 5-24 所示。输入文字"人事管理信息系统"并设置文字左对齐，字体宋体，字号小五。

项目五　Word 长文档编排——毕业论文排版

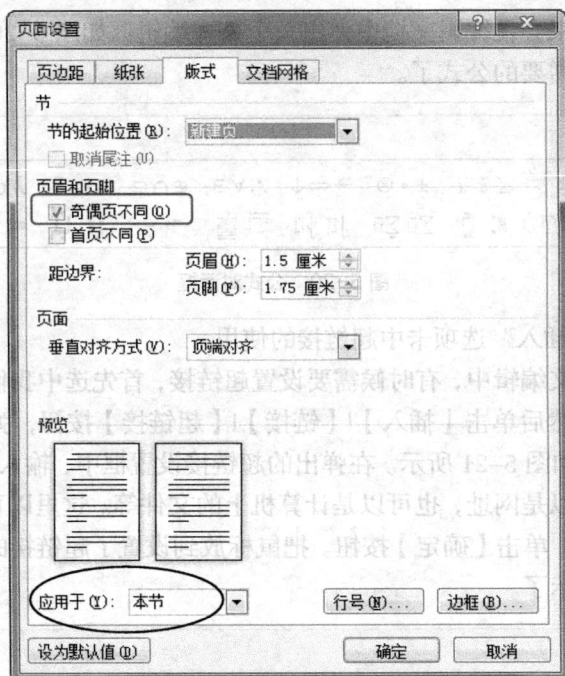

图 5-22　奇偶页不同

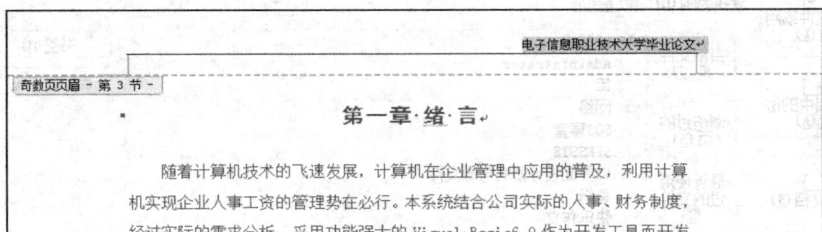

图 5-23　第三节奇数页页眉

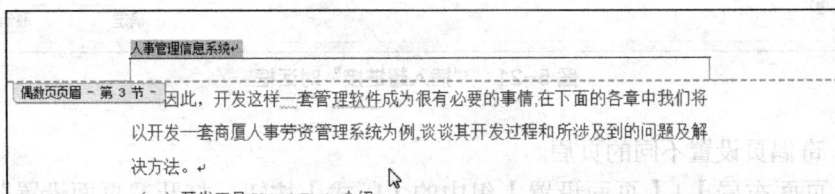

图 5-24　第三节偶数页页眉

STEP 5 设置文档部分页码。

将光标定位于"第一章绪言"页的页脚处，单击【页眉和页脚工具】|【页眉和页脚】组中的【页码】按钮，如图 5-25 所示。单击"设置页码格式"，打开"页码格式"对话框，如图 5-26 所示。在"编号格式"中选择"1，2，3…"，在"页码编号"下选择"起始页码"单选框，起始页码设置为 1。

STEP 6 插入页码。

在步骤 5 中将页码格式设置完成后，将光标先定位到奇数页页脚中，单击"页面底端"在奇数页的底端插入设置好的页码，如图 5-27 所示。同样的操作，在偶数页页脚中也插入设置好的页码，如图 5-28 所示。

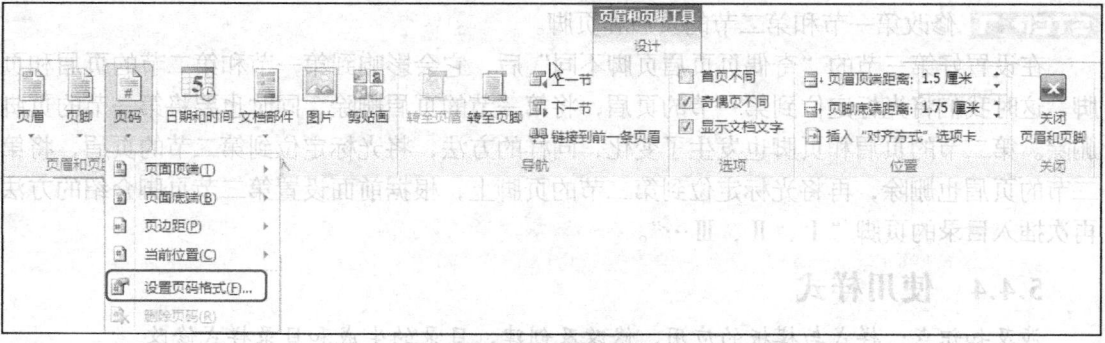

图 5-25　页码格式设置

图 5-26　"页码格式"对话框

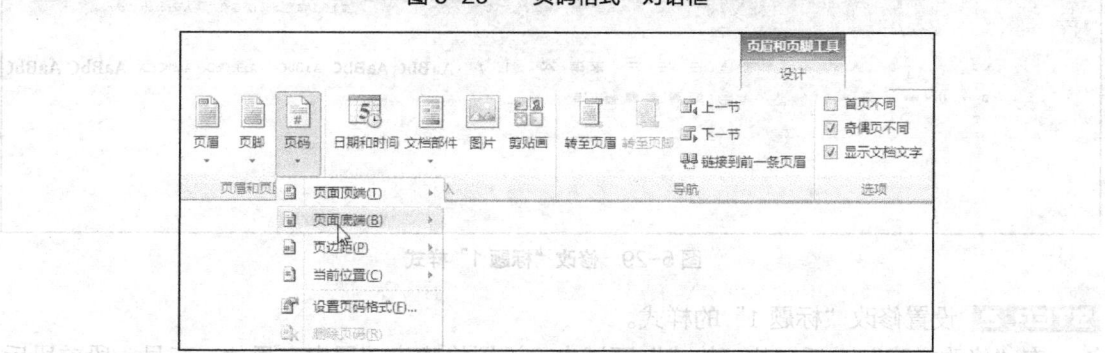

图 5-27　"页码"插入

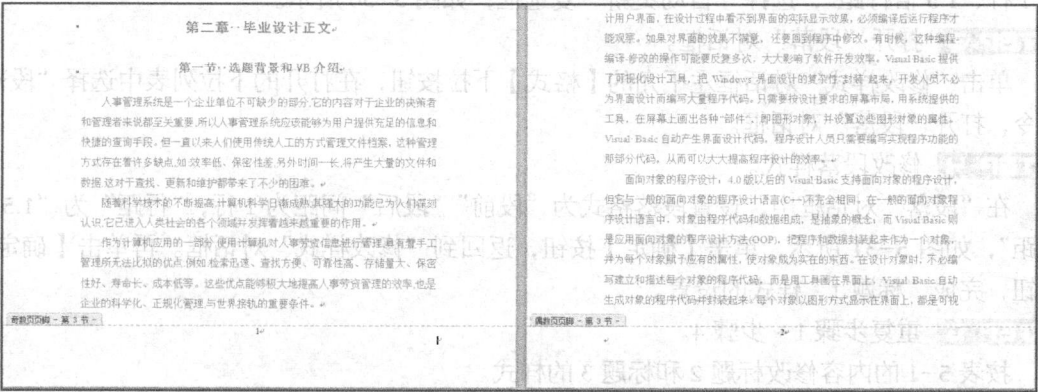

图 5-28　奇偶页页脚

项目五　Word 长文档编排——毕业论文排版

STEP 7 修改第一节和第二节的页眉和页脚。

在设置好第三节的"奇偶页页眉页脚不同"后，它会影响到第一节和第二节的页眉和页脚，这时我们将光标定位到第一节的页眉，将第一节的页眉删除，同时也要将第一节的页脚删除。第二节的页眉和页脚也发生了变化，同样的方法，将光标定位到第二节的页眉，将第二节的页眉也删除，再将光标定位到第二节的页脚上，根据前面设置第二节页脚介绍的方法再次插入目录的页脚"Ⅰ、Ⅱ、Ⅲ…"。

5.4.4 使用样式

涉及知识点：样式与模板的应用、修改及创建，目录的生成和目录样式修改

长文档内容篇幅长，格式多，在论文排版过程中常常需要使用样式，以使论文各级标题、正文、致谢、参考文献等版面格式符合要求，Word 2010 中已经内置了一些常用样式，可直接应用这些样式，也可根据排版的格式要求，修改这些样式或新建样式。论文全文中各个层次之间，可分为一级标题（章标题）、二级标题（节标题）、三级标题（小节标题）和正文内容。

【任务 5】Word 内置样式不符合论文样式要求，按照表 5-1 的要求对 Word 的内置样式进行修改。

STEP 1 打开"修改样式"对话框。

在样式组中选择"标题 1"样式，在弹出的快捷菜单中选择"修改"命令，如图 5-29 所示，打开"修改样式"对话框。

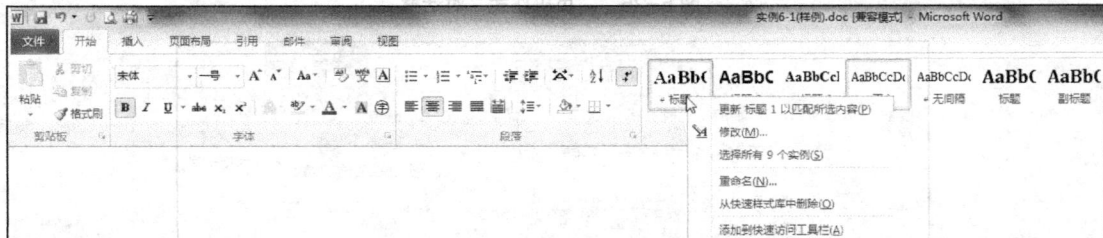

图 5-29 修改"标题 1"样式

STEP 2 设置修改"标题 1"的样式。

在"修改样式"对话框的"格式"区域中，设置格式为"居中、黑体、三号、段前段后各 1 行、1.5 倍行距"，选择"自动更新"复选框，如图 5-30 所示。

STEP 3 打开"段落"对话框。

单击"修改样式"对话框左下角的【格式】下拉按钮，在打开的下拉列表中选择"段落"命令，打开"段落"对话框。

STEP 4 修改段落样式。

在"段落"对话框中，设置段落格式为"段前""段后"间距为 1 行，"行距"为"1.5 倍行距"，如图 5-31 所示，单击【确定】按钮，返回到"修改样式"对话框。再单击【确定】按钮，完成"标题 1"样式的设置。

STEP 5 重复步骤 1～步骤 4。

按表 5-1 的内容修改标题 2 和标题 3 的样式。

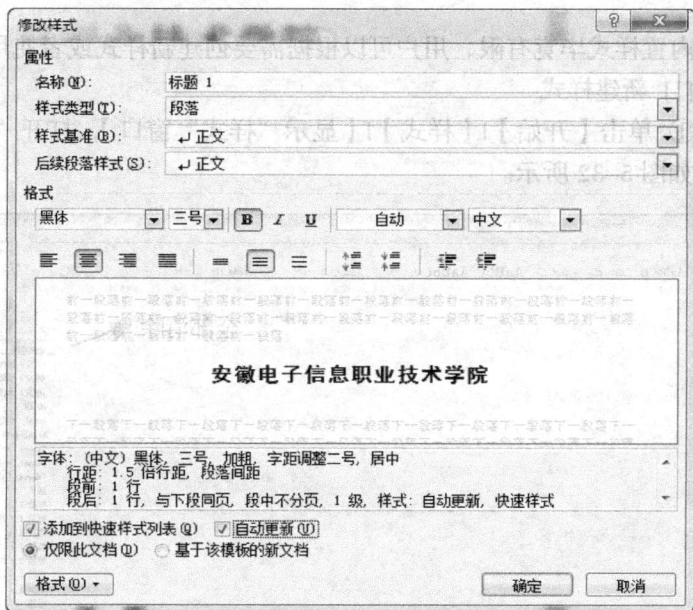

图 5-30　"修改样式"对话框

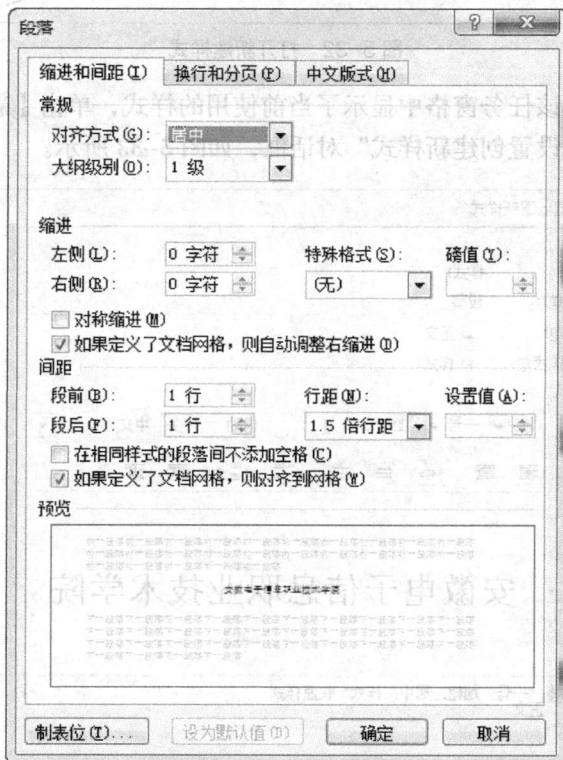

图 5-31　"段落"对话框

提示

● 有些文档可能已经设置了一些格式，为了避免先前无关紧要的设置影响到后面的排版，首先要将全文的格式清除掉。可以单击【开始】|【样式】|【显示"样式"窗口】，打开"样式"窗口如图 5-32 所示。选中文档中的所有文字，单击【全部清除】，此时文档中设置的所有格式都将被清除掉。

说明

内置样式毕竟有限，用户可以根据需要创建新样式或者使用模板。

[1] 新建样式

① 单击【开始】|【样式】|【显示"样式"窗口】，打开"样式"任务窗格，如图 5-32 所示。

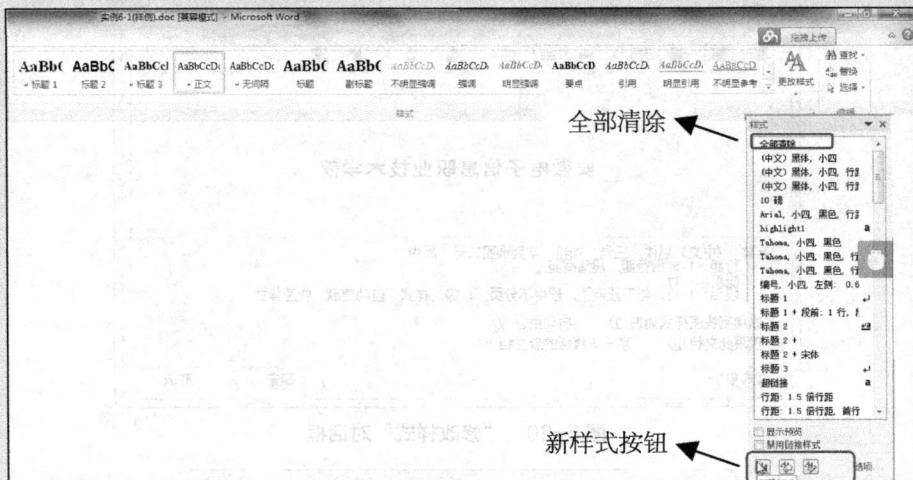

全部清除

新样式按钮

图 5-32　打开新建样式

② 在该任务窗格中显示了当前使用的样式，单击【新样式】按钮，打开"根据格式设置创建新样式"对话框，如图 5-33 所示。

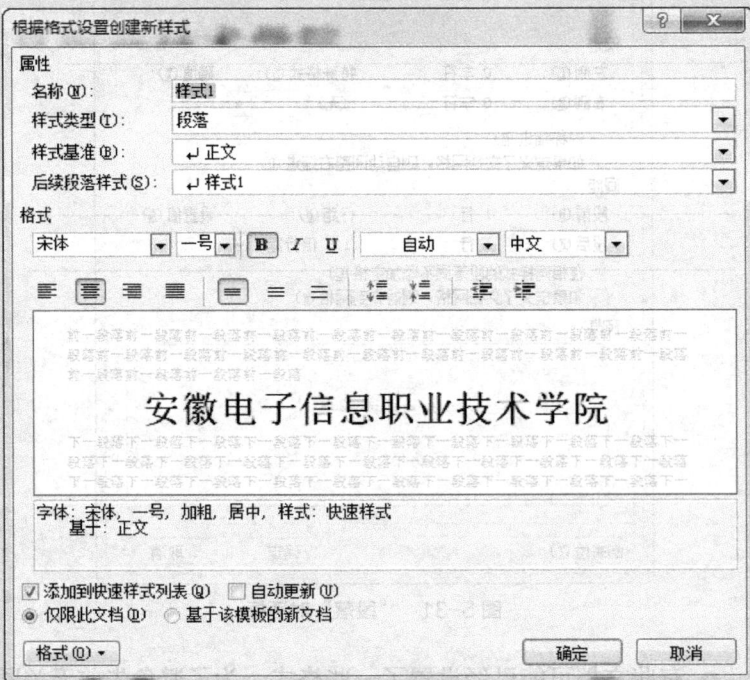

图 5-33　新建样式

③ 在"名称"文本框中输入相应的样式名称，如"一级标题"，在"样式类型"下拉列表框中选择段落或字符。

④ 单击"根据格式设置创建新样式"对话框中的【格式】按钮，在其下拉菜单中分别选择字体及段落格式，单击【确定】按钮后返回到"根据格式设置创建新样式"对话框中。

⑤ 在"新建样式"对话框中按照步骤③、④分别设置其他标题相对应的格式，这样就创建了一个新的样式。

[2] 模板的创建与应用

模板是文档的模型，可以利用模板创建指定模式的文档，它可以包含文字、图片、样式等元素。Word 提供了多种模板，用户也可以自定义创建模板。

① 创建模板。首先在当前文档中设计自定义模板所需要的元素，如文本、图片、样式，打开"另存为"对话框，如图 5-34 所示，"保存类型"选择"Word 模板"选项，"保存位置"为 Users\Administrator\AppData\Roaming\Microsoft\Templates 文件夹，再输入模板文件名称，该文档就成为保存在"我的模板"中的模板文件，保存为模板文件。

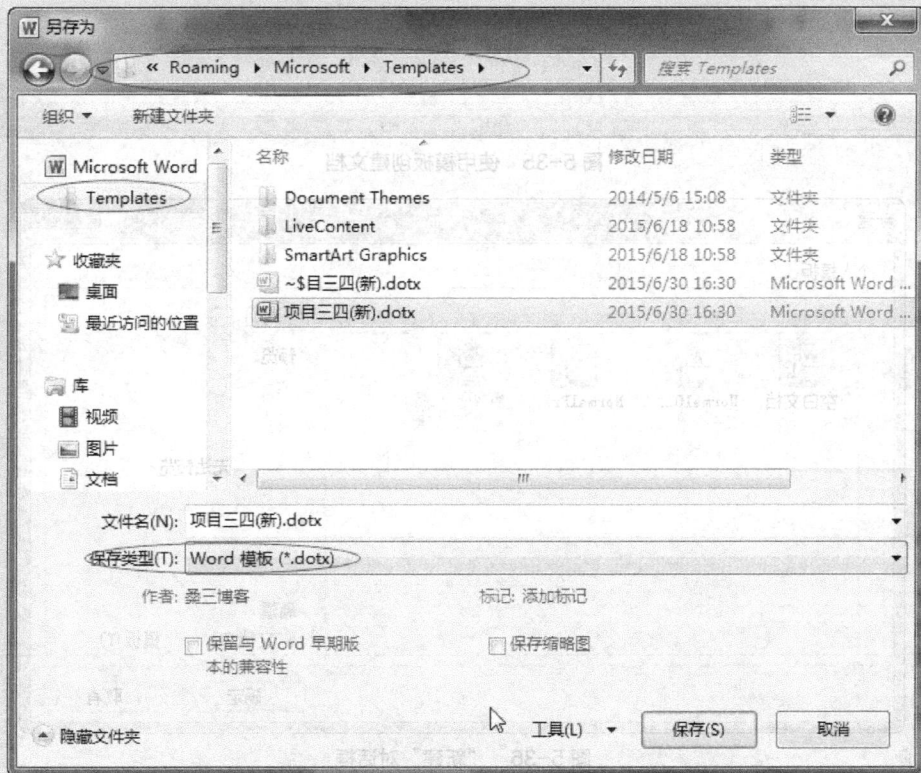

图 5-34　自定义模板

② 使用模板创建指定模式的文档。

单击选项卡【文件】|【新建】，打开"新建"面板，如图 5-35 所示，如果使用在①中自定义的模板，则单击"我的模板"，打开"新建"对话框，如图 5-36 所示，选择需要的自定义模板文件，在"新建"选项中选择"文档"，单击【确定】按钮即可。如果自定义的模板文件保存路径不是①中的路径，则可以在图 5-35 所示界面中选择"根据现有内容新建"，在其他路径下，选择模

板文件。如果使用 Word 内置的模板文件，则可以单击"博客文章""书法字帖""样本模板"等 Word 2010 自带的模板创建文档，还可以单击 Office.com 提供的"名片""日历"等在线模板。

图 5-35　使用模板创建文档

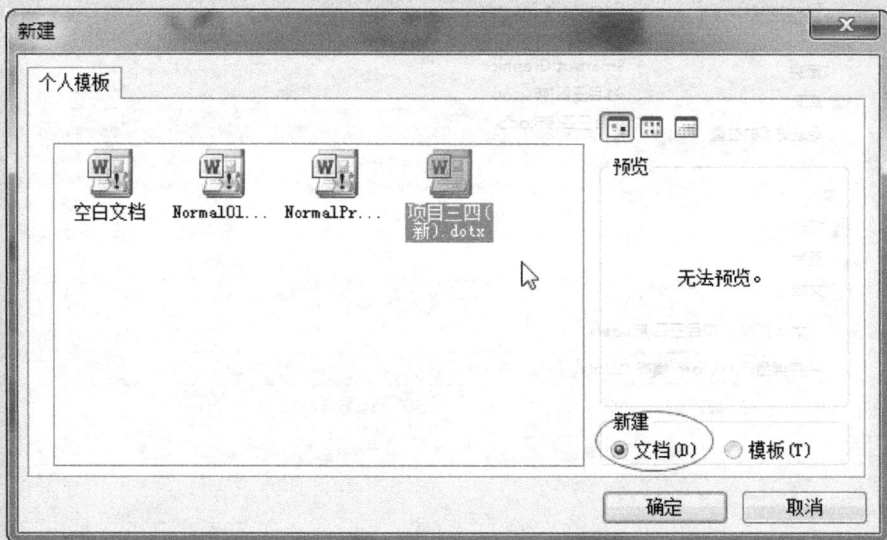

图 5-36　"新建"对话框

【任务6】分别选择文档中的内容，为不同的内容选取相应的样式。

STEP 1 设置正文文本格式。

除了文章的各级标题以外，其他文字皆需要设置为正文样式。选择所有文本（Ctrl+A 组合键），设置段落首行缩进两个字符，1.5 倍行距，字体为宋体，字号为小四。

STEP 2 设置一级标题格式。

选中文档第一行的"摘要"，单击【开始】|【样式】|【标题 1】，此时文字"摘要"即被

设置为"标题1"的样式。采用上述的方法，分别将图 5-7 中大括号括起来"标题1"的文字样式设置为"标题1"。

STEP 3 设置二级标题格式。

采用与"设置一级标题格式"相同的方法，分别将图 5-7 所示的各行文字样式设置为"标题2"。如果文章中还有三级标题，采用步骤 1、步骤 2 相同的方法进行设置。

【任务7】设置好整篇文档的样式以后，插入分页符，使每章内容另起一页显示。然后在此基础上快速生成论文目录。

STEP 1 插入分页符。

在论文正文中设置各级标题后，为了使每章内容另起一页，可在每一章后插入分页符，然后再利用 Word 的引用功能为论文提取目录。将光标置于第 1 章的标题文字"第一章绪言"的左侧（不是在上一行的空行中），单击【插入】|【页面设置】|【分隔符】按钮，然后选择"分页符"，在第 1 章前插入"分页符"。使用同样的方法，在其余 2 章（第 2 章~第 3 章），以及"结束语"和"谢辞""参考文献"前，依次插入"分页符"，使每一部分都另起一页显示。

STEP 2 自动生成目录。

将插入点置于"目录"所在行的下一行空行中，单击【引用】|【目录】|【目录】按钮，在打开的下拉列表中，选择"插入目录"，如图 5-37 所示。

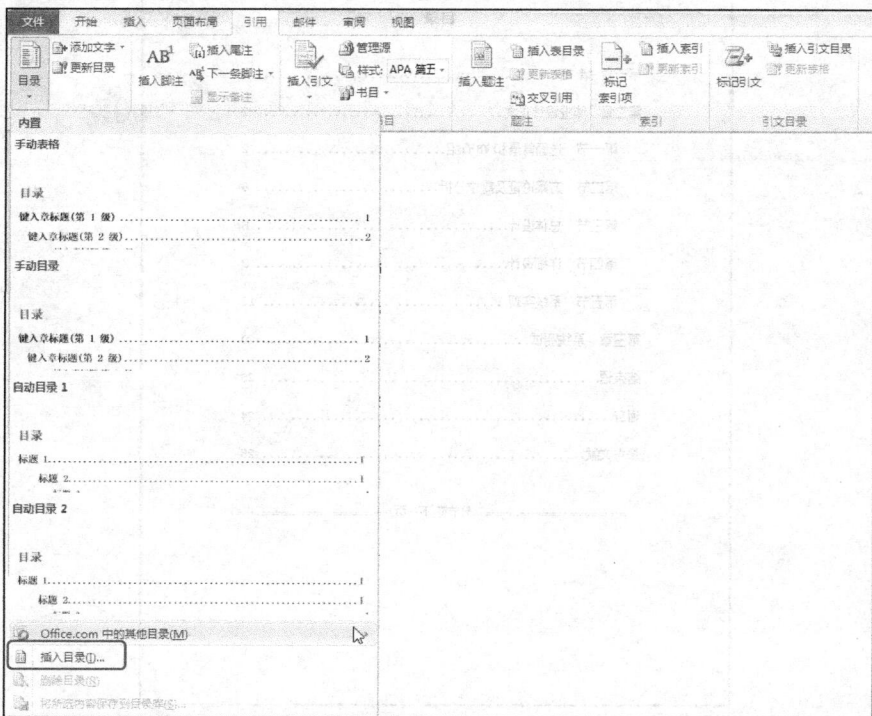

图 5-37　插入目录

STEP 3 设置目录格式。

在打开的"目录"对话框中，选中"显示页码"和"页码右对齐"复选框，选择"显示级别"为 3，如图 5-38 所示，单击【确定】按钮，生成的目录如图 5-39 所示。

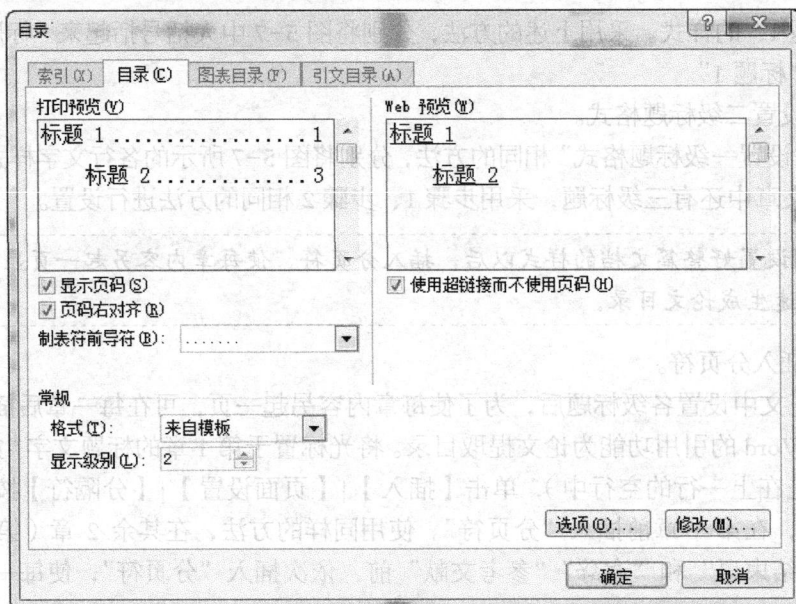

图 5-38 "目录"对话框

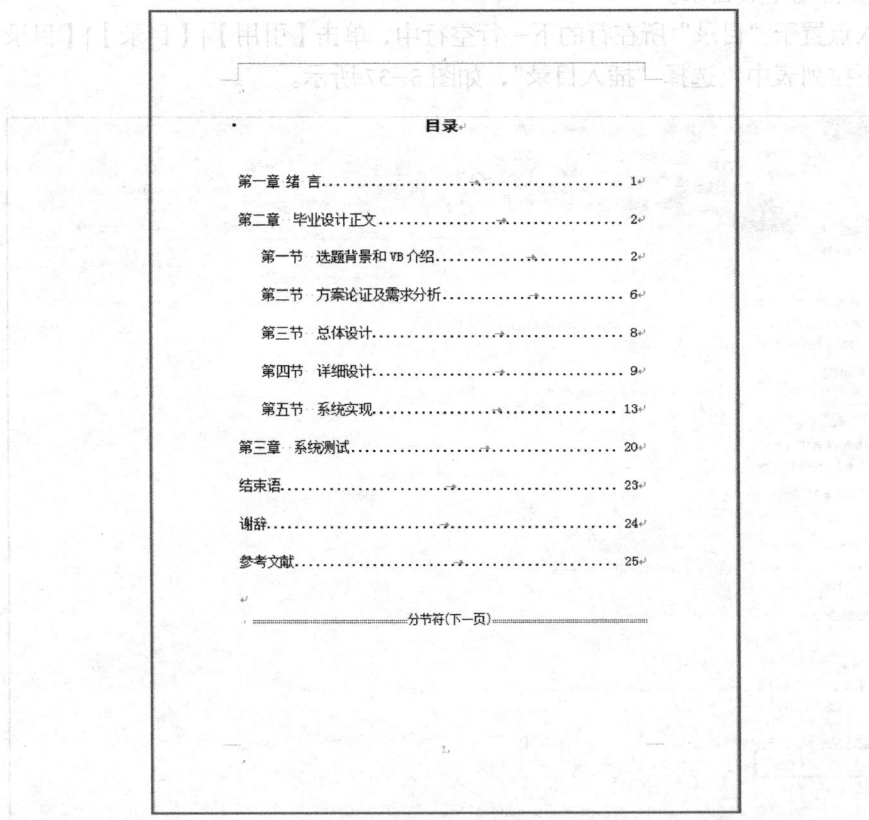

目录

第一章 绪 言..1
第二章 毕业设计正文.......................................2
　　第一节 选题背景和 VB 介绍.............................2
　　第二节 方案论证及需求分析.............................6
　　第三节 总体设计.....................................8
　　第四节 详细设计.....................................9
　　第五节 系统实现....................................13
第三章 系统测试...20
结束语...23
谢辞...24
参考文献...25

————————————分节符(下一页)————————————

图 5-39 论文自动生成目录效果

修改目录样式：如果要对生成的目录格式做统一修改，则和普通文本的格式设置方法一样；如果要分别对目录中的标题 1 和标题 2 的格式进行不同的设置，则需要修改目录样式。

① 将插入点置于目录的任意位置，在功能区选项卡中选择【引用】|【目录】|【插入目录】，打开"目录"对话框，在"格式"下拉列表中选择"来自模板"选项，如图 5-38 所示。

② 单击【修改】按钮，打开"样式"对话框，如图 5-40 所示。在"样式"列表框中选择"目录 1"，单击【修改】按钮，按要求进行相应的修改，再用相同的方法修改目录 2 和目录 3。

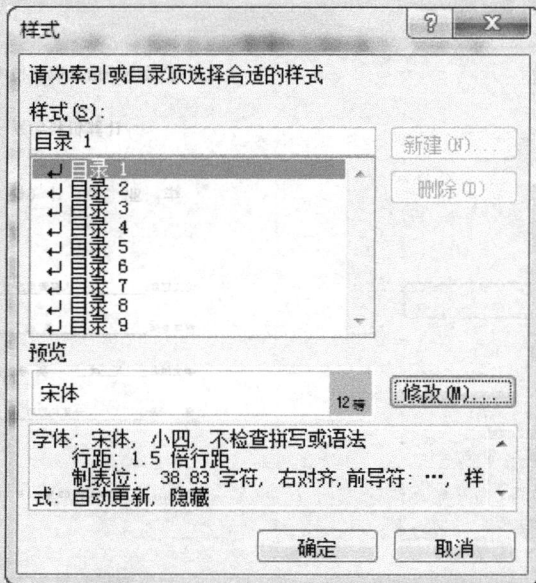

图 5-40　"样式"对话框

③ 连续单击【确定】按钮，依次退出"修改样式""样式"及"目录"对话框，随之打开如图 5-41 所示的对话框，单击【确定】按钮，目录得到了相应的改变。

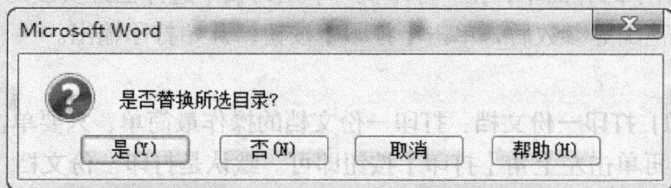

图 5-41　替换生成目录

5.4.5　预览和打印

涉及知识点：打印预览，打印参数设置

毕业论文排好版以后，最终要打印出来上交到学校，在论文打印之前，要进行打印预览，查看一下排版是否满意。如果满意，则打印，否则可以继续修改排版。

【任务 8】论文排版结束后，使用"打印预览"和"打印"命令实现文档的打印。

STEP 1 打开"打印"对话框。

选择【文件】|【打印】命令，如图 5-42 所示。用户设置的纸张大小、纸张方向、页面边距等都可以在左侧"设置"区域里查看，在窗口右侧预览区域可以查看打印预览效果，并且还可以通过调整窗口右下角的缩放滑块来缩放预览视图的大小。在确认需要打印的文档正确无误后，即可打印文档。

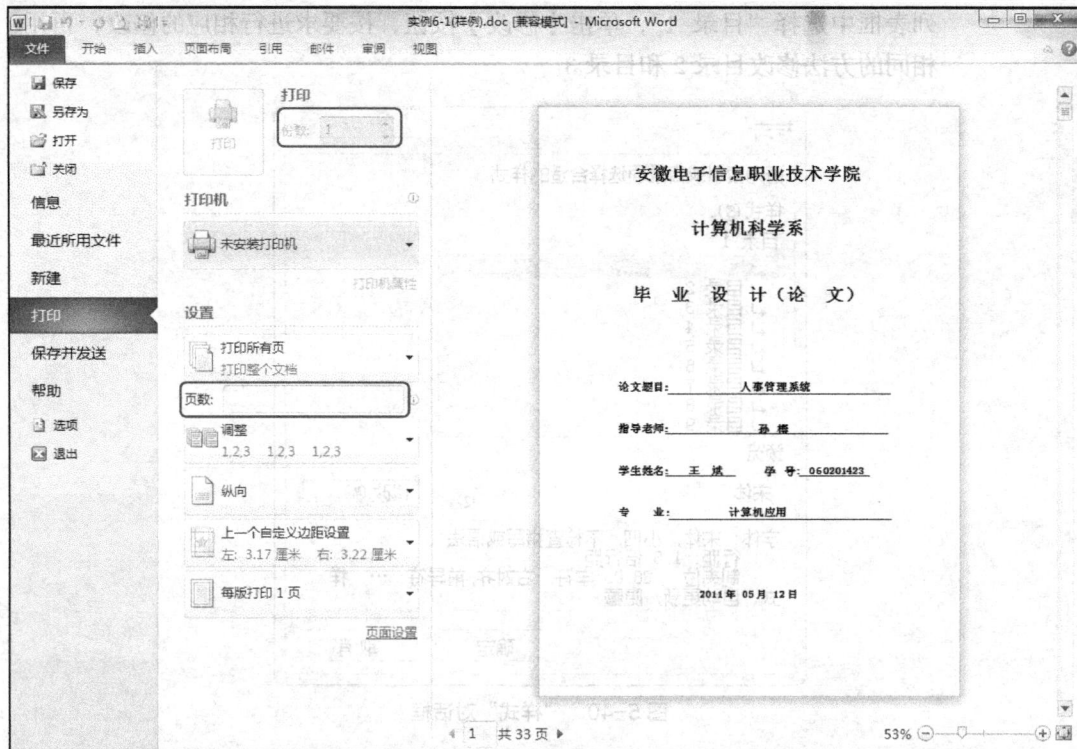

图 5-42 打印预览

STEP 2 "打印"参数的设置。

在如图 5-42 所示的界面中，在"打印机"下拉列表中选择已经安装的打印机，设置合适的打印份数、打印范围等参数后，单击【打印】按钮，开始打印输出。

> **说明**
>
> [1] **打印一份文档**：打印一份文档的操作最简单，只要单击【文件】|【打印】，再单击左上角【打印】按钮即可。默认是打印一份文档。
>
> [2] **打印多份文档副本**：如果要打印多份文档副本，单击【文件】|【打印】或按 Ctrl+P 组合键，打开"打印"对话框。在对话框的打印"份数"框中填入需要的份数，如果选中"逐份打印"复选框，那么就一份一份打印出来，否则全部打印完第一页再打印第二页，如此下去，直到打印完文档所有的页。
>
> [3] **打印一页或几页**：如果在"打印自定义范围"中，如图 5-43 所示，选择【打印当前页面】按钮，那么只打印当前插入点所在的一页；如果选择【打印自定义范围】按钮，就可以自己定义打印的页数范围；当然也可以仅打印奇数页或者仅打印偶数页。

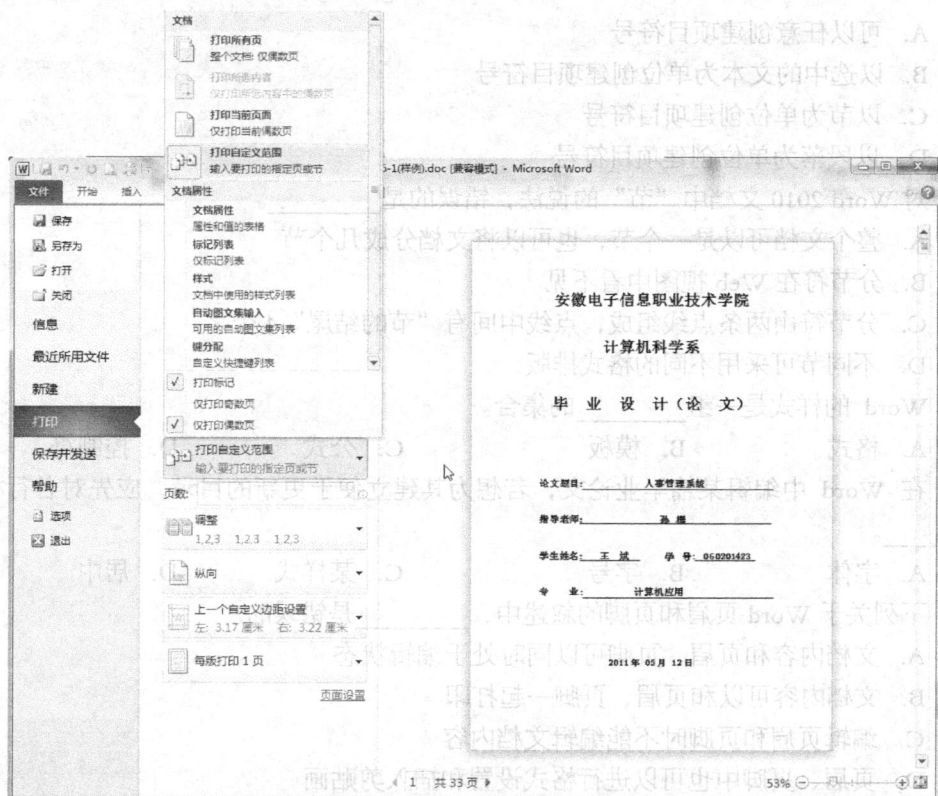

图 5-43 设置打印自定义范围

5.5 项目总结

在毕业论文排版这个项目里，我们主要完成了样式、节、页眉和页脚的设置，并详细介绍了长文档的排版方法和操作技巧。

- 在完成项目的过程中，我们完成了文档的页面设置、论文纸张大小的设置以及页边距和版式信息（如奇偶数不同）的设置。
- 将整篇论文分为 3 个小节，分别设置不同的页眉、页脚内容。
- 使用样式，将定义好的各级样式分别应用到论文的各级标题和论文正文中，然后自动生成目录。

完成本项目后，同学们可以掌握 Word 长文档的排版方法和技巧，能够合理地在长文档中使用样式，插入节、超链接、数学公式，设置不同的页眉和页脚内容，插入目录等。同学们还可以对类似的企业年度总结、调查报告、商品使用手册、小说等进行长文档的排版。

5.6 技能拓展

5.6.1 理论考试练习

一、单项选择题

1. 下列关于 Word 2010 文档创建项目符号的叙述中，正确的是_____。

  A. 可以任意创建项目符号

  B. 以选中的文本为单位创建项目符号

  C. 以节为单位创建项目符号

  D. 以段落为单位创建项目符号

2. 对 Word 2010 文档中"节"的说法，错误的是_____。

  A. 整个文档可以是一个节，也可以将文档分成几个节

  B. 分节符在 Web 视图中看不见

  C. 分节符由两条点线组成，点线中间有"节的结尾"4 个字

  D. 不同节可采用不同的格式排版

3. Word 的样式是一组_____的集合。

  A. 格式   B. 模板   C. 公式   D. 控制符

4. 在 Word 中编辑某篇毕业论文，若想为其建立便于更新的目录，应先对各行标题设置_____。

  A. 字体   B. 字号   C. 某样式   D. 居中

5. 下列关于 Word 页眉和页脚的叙述中，_____是错误的。

  A. 文档内容和页眉、页脚可以同时处于编辑状态

  B. 文档内容可以和页眉、页脚一起打印

  C. 编辑页眉和页脚时不能编辑文档内容

  D. 页眉、页脚中也可以进行格式设置和插入剪贴画

6. Word 2010 中，_____视图方式只能显示出分页符，而不能显示出页眉和页脚。

  A. Web 版式   B. 页面   C. 大纲   D. 普通

7. 在 Word 2010 编辑的内容中，文字下面有红色波浪下画线的表示_____。

  A. 可能的拼写错误   B. 对输入的确认

  C. 已修改过的文档   D. 可能的语法错误

8. 在 Word 中，页码与页眉页脚的关系是_____。

  A. 页眉页脚就是页码

  B. 页码与页眉页脚分别设定，所以二者彼此毫无关系

  C. 不设置页眉和页脚，就不能设置页码

  D. 如果要求有页码，那么页码是页眉或页脚的一部分

9. 从一页中间分成两页，正确的命令是_____。

  A. 插入页码   B. 插入分隔符

  C. 插入自动图文集   D. 插入图片

10. 在 Word 中，要求在打印文档时每一页上都有页码，_____。

  A. 已经由 Word 根据纸张大小分页时自动加上

  B. 应当由用户执行"插入"菜单中的"页码"命令加以指定

  C. 应当由用户执行"文件"菜单中的"页面设置"命令加以指定

  D. 应当由用户在每一页的文字中自行输入

二、多项选择题

1. 在 Word 2010 中，下列关于页边距设置的说法，正确的有_____。

  A. 页边距的设置只影响当前页

B. 用户既可以设置左、右页边距，也可以设置上、下页边距

C. 用户可以使用"页面设置"对话框来设置页边距

D. 用户可以使用标尺来调整页边距

2. 在 Word 2010 中，有关样式的说法正确的是_____。

A. 样式能够自动录入文字

B. 样式一经生成不能修改

C. 样式就是应用于文档中的文本、表格和列表的一套格式特征

D. 使用样式能够提高文档的编辑排版效率

3. 在 Word 中，通过"页面设置"可以直接完成_____设置。

A. 页边距　　　　　　　　　　　　B. 纸张大小

C. 打印页码范围　　　　　　　　　　D. 纸张的打印方向

4. 在 Word 中，下列关于页眉、页脚的叙述正确的有_____。

A. 能同时编辑页眉/页脚窗口和文档窗口中的内容

B. 可以使奇数页和偶数页具有不同的页眉、页脚

C. 用户设定的页眉、页脚在大纲视图方式下无法显示

D. 用户设定的页眉、页脚必须在页面视图方式中才能看见

5. 在 Word 文档中，可以插入的分隔符有_____。

A. 分页符　　　　B. 分栏符　　　　C. 换行符　　　　D. 分节符

6. Word 中，要修改页眉和页脚可以通过_____实现。

A. 菜单中的页眉和页脚命令　　　　B. 菜单中的样式命令

C. 文件菜单中的页面设置命令　　　　D. 双击文档中的页眉和页脚位置

5.6.2　实践操作练习

利用 Word 的处理长文档格式的技术和排版功能，根据素材"实例 5-2（文本）.txt"完成如图 5-44 所示的文档排版。

① 打开未排版的文档"实例 5-2（文本）.txt"进行页面设置，设置纸张大小为 A4 纸，上边距为 2.8 厘米，下边距为 2.5 厘米，左边距为 3 厘米，右边距为 2.5 厘米，方向为"纵向"。

② 分别在封面页和目录页的页面下方插入分节符，在需要分页的位置插入分页符。

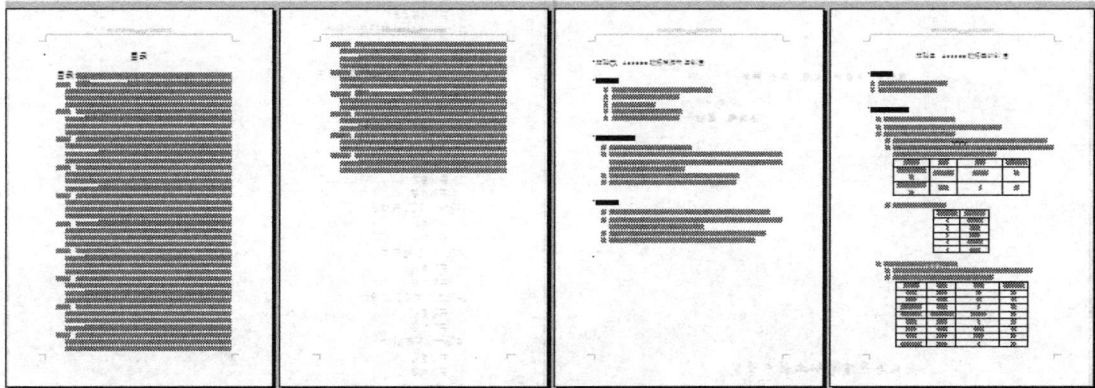

图 5-44　"实例 5-2（样例）.doc"文档

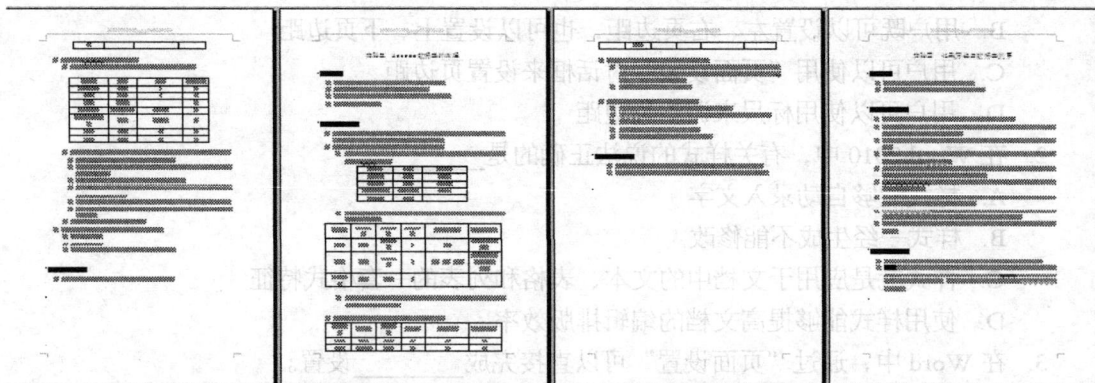

图 5-44　"实例 5-2（样例）.doc"文档（续）

③ 定义标题样式：如表 5-2 所示。

表 5-2　样式

样式名称	字体	字体格式	段落格式
一级标题	黑体	四号、居中	1.5 倍行距，段前、段后 5 磅
二级标题	宋体	小四号、加粗	多倍行距 1.25，段前、段后 10 磅、左对齐

④ 使用第③步自定义的样式，分别设置文档中 1～2 级标题和正文的格式（小四号，宋体，单倍行距，首行缩进 2 字符）。

⑤ 设置每页的页眉和页脚。文档封面不要求页眉和页脚；目录要求有页脚无页眉，页脚格式为"I"，居中放置；正文要求既有页眉，也有页脚，奇数页页眉为"安徽电子信息职业技术学院"，右对齐，偶数页页眉为"《（数据库技术）Access 实验指导书》"，左对齐，页脚从"−1−"开始，不分奇数页和偶数页。

⑥ 创建目录：定义好目录选项和目录的字体（小四宋体、1.2 倍行距），自动生成目录，如图 5-45 所示。

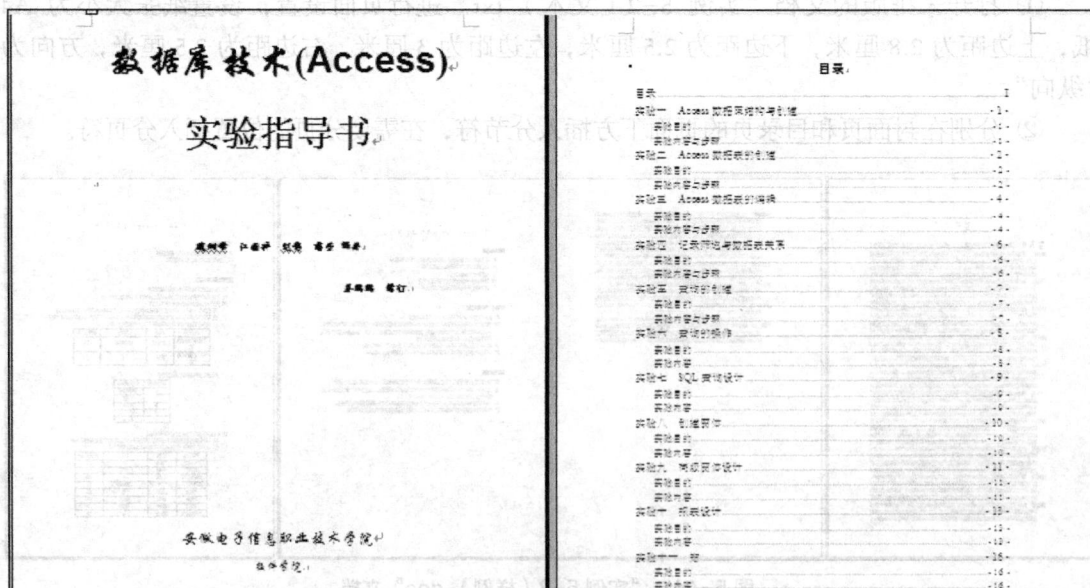

图 5-45　自动生成的目录

PART 6

项目六
Excel 数据输入与格式设置
——制作员工信息表

学习目标

在日常的工作和生活中，我们往往需要制作商品明细表、采购清单、员工信息表等表格。这一类表格的特点是表结构清晰，数据量大，常需要进行一定的数据处理工作。可以使用 Office 的电子表格组件 Excel 2010 来完成这样的工作任务。它是目前市场上功能最强大的电子表格制作软件，不仅具有强大的数据组织、计算、分析和统计功能，还可以通过图表、图形等多种形式来形象地显示处理结果，帮助用户轻松制作各类功能的电子表格。

本项目通过员工信息表的制作案例来了解 Excel 2010，学习以数据展示和存储为目的的简单电子表格的制作和处理方法。

通过本案例的学习，能够掌握以下计算机等级考试及计算机水平考试知识点。

知识目标

- Excel 的基本功能、运行环境、启动和退出。
- 工作簿和工作表的建立、保存和退出。
- 数据输入和编辑。
- 工作表和单元格的选定、插入、删除、复制、移动。
- 工作表的重命名和工作表窗口的拆分和冻结。
- 工作表的格式化，包括设置单元格格式、列宽和行高、条件格式、使用样式、自动套用模式和使用模板等。
- 工作表的页面设置、打印预览和打印。

技能目标

- 会进行 Excel 基本文件操作。
- 能够按需求以合适的数据格式录入数据。
- 能够编辑表格格式，并对工作表进行美化。
- 能够进行工作表内容的打印输出。

6.1 任务要求

小李作为刚毕业的新员工进入一家大型企业的综合部工作，需要处理大量的员工信息。为提高工作效率和公司信息化水平，最近部门经理决定采用计算机对对公司员工信息进行管理，小李接到工作任务后，他打算先用 Excel 创建一个员工信息表，然后进行后续的相关管理。

经过对公司人事信息管理制度的学习，小李对员工信息表进行了规划。表中的信息包括工号、部门、职位、姓名、性别、学历、手机、家庭住址、入职时间、备注等项目。由于需要打印为纸质文档进行档案存档，要求打印表格时，每张纸都能输出表头、列标题，每页打印 14 名员工信息，页眉处注明制表人的姓名。

根据员工信息表的需求，小李进行了电子表格的制作。最终效果如图 6-1 所示。

	A	B	C	D	E	F	G	H	I	J
1	员工信息表									
2	工号	部门	职位	姓名	性别	学历	手机	家庭住址	入职时间	备注
3	100011	3G项目部	部长	史向超	男	本科	18965345678	安徽省巢湖市居巢区和平路北***号	2005-11-1	
4	100012	3G项目部	技术总监	程剑	男	硕士研究生	13912345678	安徽省芜湖市鸠江区望湖路***号	2011-2-1	
5	100013	3G项目部	技术员	林莉	女	专科	13654367314	江苏省南京市白下区玄武路北***号	2011-3-1	
6	100014	财务部	财务总监	王国阳	男	博士研究生	13012345678	安徽省六安市金安区体育路北***号	2006-9-1	
7	100015	财务部	会计	李海	男	高中	13412345678	安徽省蚌埠市龙子湖区和平路北***号	2011-3-1	
8	200011	系统集成部	部长	马岚	女	硕士研究生	13712345678	湖南省长沙市雨花区东海大道北***号	2005-9-1	
9	200012	系统集成部	高级程序员	向勇	男	本科	13112345678	安徽省蚌埠市蚌山区和平路北***号	2011-6-1	
10	200013	系统集成部	工程师	何明平	男	硕士研究生	18812345678	安徽省六安市裕安区渭河路北***号	2013-9-1	
11	200014	系统集成部	管理员	李左	女	专科	18012345678	安徽省蚌埠市禹会区和平路北***号	2011-5-1	
12	200015	软件开发部	部长	孙丽	女	本科	15112345678	安徽省合肥市蜀山区黄山路北***号	2007-4-1	
13	200016	软件开发部	高级程序员	由斌	男	博士研究生	18972607139	安徽省巢湖市居巢区和平路北***号	2011-3-1	

图 6-1 员工信息表

6.2 解决方案

1. 了解 Excel 2010 的窗口界面后，创建一个员工信息表工作簿文件，保存在“D:\员工信息”文件夹中，进行归类存放。

2. 定义表结构，选定工作簿中的第一个工作表，录入表格行、列标题文字。

3. 在员工信息表各列中按照数据的特点分别录入员工的相关信息。

4. 通过设置工作表边框、背景、行高、列宽以及字体和对齐方式实现工作表格式设置，美化工作表。

5. 最后进行页面设置（纸张选择、页眉页脚、顶端标题行、页边距、打印预览），为打印做好准备。

6.3 基本概念

涉及知识点：数据表、工作簿、工作表、单元格的概念为保证项目能够顺利完成，请结合项目一中数据库、数据库管理系统等相关概念的基础上，在实际操作前先行预习以下基本概念。

1. 电子表格

电子表格是一种使用信息技术制作的表格，它可以输入输出、显示数据，进行繁琐的数据计算，并能将数据显示为可视性极佳的表格。此外，它还能形象地将大量数据以多种漂亮的彩色商业图表显示和打印出来，极大地增强了数据的可视性。Excel 是微软 Office 软件中的电子表格组件，除此以外还有国产的 CCED、金山 WPS 中的电子表格等。

2. 工作簿

在 Excel 中，用来存储并处理工作数据的文件叫作工作簿（workbook）。在"我的计算机"或"资源管理器"中看到的 Excel 工作簿文件都有一个 Excel 图标，其扩展名通常为".xls"或".xlsx"。每一本工作簿可以拥有许多不同的工作表，工作簿中最多可建立 255 个工作表。每次启动 Excel 后，默认会新建一个名称为"Book1"的空白工作簿，在 Excel 程序界面标题栏中可以看到工作簿名称。

3. 工作表

工作簿中的每一张表格称为工作表。工作簿如同活页夹，工作表如同其中的一张张活页纸。一个工作表可以由 65536 行和 256 列构成。行的编号从 1 到 65536，列的编号依次用字母 A、B...IV 表示。行号显示在工作簿窗口的左边，列号显示在工作簿窗口的上边。每个工作表有一个名字，工作表名显示在工作表标签上。白色的工作表标签表示活动工作表。单击某个工作表标签，可以选择该工作表为活动工作表，如图 6-2 所示。

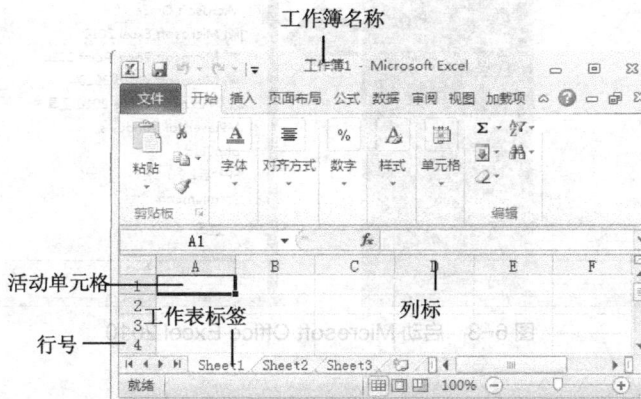

图 6-2　工作表示意图

4. 单元格

每张工作表由列和行所构成的"存储单元"所组成。这些"存储单元"被称为"单元格"。输入的所有数据都保存在"单元格"中。

单元格地址：每个单元格都有其固定的地址，一个地址也唯一地表示一个单元格，如"B5"指的是"B"列与第"5"行交叉位置上的单元格。在 Excel 环境中，每张工作表最多可以有 65536 行、256 列数据。

活动单元格：是指正在使用的单元格，其外有一个黑色的方框，此时输入的数据都会被保存在该单元格中。

6.4　实现步骤

6.4.1　创建员工信息表工作簿文件

涉及知识点：工作簿的打开、保存和关闭

为完成本案例的需求，首先需要初步认识 Excel 的界面，新建员工信息表工作簿文件，并将其命名为"员工信息表"。

【任务 1】创建空的工作簿，认识界面。将工作簿重新命名为"员工信息表"。

STEP 1　新建工作簿文件。

在桌面上单击【开始】|【所有程序】|【Microsoft Office】|【Microsoft Office Excel 2010】命令，也可以单击桌面上或快速启动栏的快捷方式图标（如果存在的话）来启动 Excel 2010。Excel 成功启动后，自动打开一个新的工作簿。操作过程如图 6-3 所示。

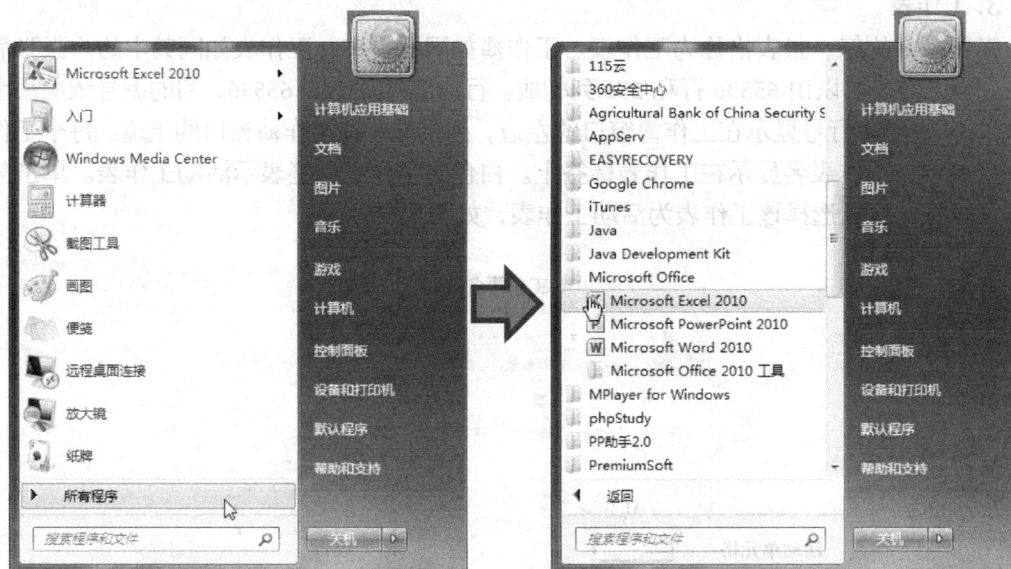

图 6-3　启动 Microsoft Office Excel 2010

> **提示**
>
> 　除了在启动 Excel 的同时创建工作簿外，还可以通过以下方式创建工作簿。
>
> ● 通过在桌面或者我的计算机窗口空白处右击出现的快捷菜单中选择【新建】|【Microsoft Excel 工作表】创建新的工作簿。
>
> ● 单击菜单栏的【文件】|【新建】打开模板选择页，选择"空白工作簿"或者相应模板，创建新的工作簿。

STEP 2　认识 Excel 的界面。

可以看出 Excel 的菜单栏、工具栏等和 Word 的是非常类似的，但 Excel 中的工作表区域包括行号、列标、工作表标签等，如图 6-4 所示。

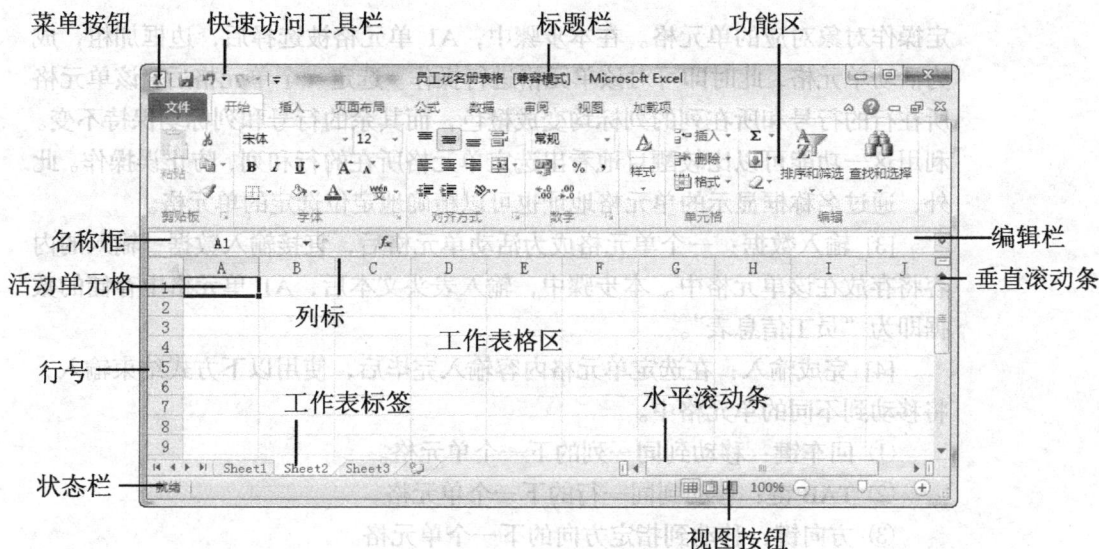

菜单按钮　快速访问工具栏　标题栏　功能区

名称框　　　　　　　　　　　　　　　　　　　编辑栏
活动单元格　　　　　　　　　　　　　　　　　垂直滚动条
列标
行号　　　　　　　　　　　工作表格区
工作表标签　　　　　　水平滚动条
状态栏
视图按钮

图 6-4　Excel 2010 操作界面

STEP 3 保存文件。

单击菜单【文件】|【保存】，在弹出的"另存为"对话框里选择"D:\员工信息"文件夹作为文件保存的路径，为工作簿命名"员工信息表"，单击【保存】按钮进行保存。

提示

● 新建的工作簿自动命名为工作簿 N（N 为 1、2……），在首次保存时会弹出"另存为"对话框。想再次命名可通过菜单【文件】|【另保存】打开"另存为"对话框。在"另存为"对话框中还可选择将工作簿存储为不同的格式，如网页等。

6.4.2　规划表格结构

涉及知识点：单元格和单元格区域，数据输入

完成员工信息表工作簿文件的创建以后，首先规划工作表的表格结构，然后再输入相关数据。

【任务 2】规划员工信息表的表结构。熟悉电子表格的表示形式，生成表头以及列标题的文字内容。

STEP 1 选定单元格，输入表头文本。

单击行号 1 对应行和列号 A 对应的列交叉点所在的单元格，会发现单元格 A1 外有一个黑色的方框，表示 A1 单元格被选定，成为活动单元格。

保持 A1 单元格被选定的状态，输入表头文本"员工信息表"，输入完毕后，按回车键结束输入。

说明

[1] 二维表：Excel 以二维表的形式组织数据，即由行和列两个维度来组成表格。二维表的特点是只要知道行号和列号就可以确定表中的数据，在日常生活中二维表得到了广泛的应用。

[2] 选定单元格：在对 Excel 工作表进行增删改等数据操作之前，需要确

定操作对象对应的单元格。在本步骤中，A1 单元格被选择后，边框加粗，成为活动单元格，此时即可对该单元格进行操作。选定一个单元格后，该单元格所在行的行号和所在列的列标均变成橙色，而其余的行号和列标均保持不变。利用这一功能可以比较醒目地看出选定单元格所在的行和列，防止误操作。此外，通过名称框显示的单元格地址也可以精确地定位选定的单元格。

[3] 输入数据：一个单元格成为活动单元格后，直接输入数据，输入的内容将存放在该单元格中。本步骤中，输入表头文本后，A1 单元格中存储的数据即为"员工信息表"。

[4] 完成输入：在选定单元格内容输入完毕后，使用以下方式结束输入，将移动到不同的单元格中。

① 回车键：移动到同一列的下一个单元格。

② TAB 键：移动到同一行的下一个单元格。

③ 方向键：移动到指定方向的下一个单元格。

STEP 2 选定单元格区域，输入列标题文本。

单击 A2 单元格，按鼠标左键拖动鼠标指针到 J2 单元格，然后释放鼠标左键，会发现单元格 A2 到单元格 J2 外有一个黑色的方框，表示 A2:J2 单元格区域被选定。

A2:J2 单元格区域被选定后，输入列标题"工号"，以回车键结束输入，会发现单元格 B2 自动处于被选定状态，此时不要移动鼠标，直接输入列标题"备注"，以回车键结束输入，单元格 C2 自动处于被选定状态，继续输入下一个标题直至所有列标题输入完毕。

说明

[1] 单元格区域的优点：利用单元格区域可以实现同时对多个单元格进行复制、剪切以及格式化等操作。单元格区域可以由一组相邻的单元格组成，也可以由不连续的单元格组成。

[2] 连续单元格区域的地址：常以如 A1:D3 的形式表示，这表示以 A1 和 D3 为对角线的两个端点的矩形区域，包括 A1、A2、A3、B1、B2 和 D3 六个单元格组成的区域。

[3] 选择所有单元格：通过单击工作表左上角的全选按钮或按 Ctrl+A 组合键可以选择工作表中的所有单元格，如图 6-5 所示。

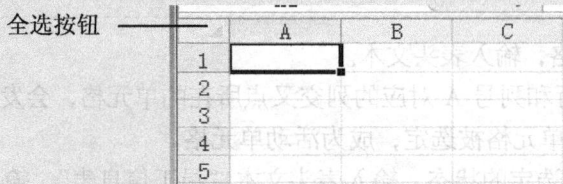

图 6-5　全选按钮

[4] 选择一行或一列：单击相应的行号或者列标。

[5] 选择指定单元格区域：如选择 A1:B5 区域，可以通过 3 种方法来实现。

① 如在本步骤中，单击 A1 单元格，按鼠标左键拖动鼠标指针到 B5 单元格，然后释放鼠标左键。此时 A1:B5 单元格区域被选定，A1 为活动单元格，

如图 6-6 所示。

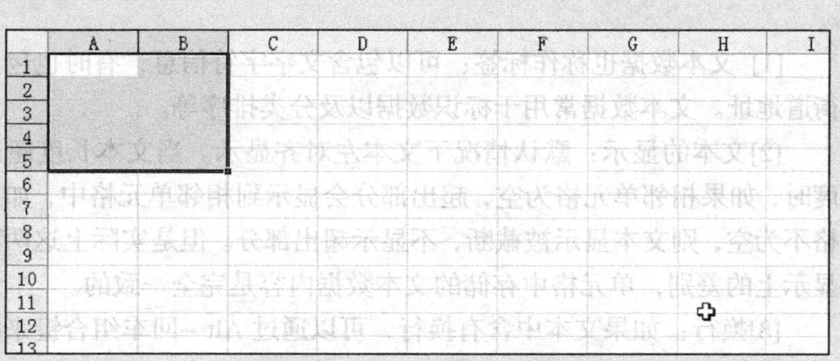

图 6-6　选定 A1:B5 单元格区域

　　提示：要选定多个不相邻的单元格区域，先选定第一个区域，然后按住 Ctrl 键选择其他区域，依次操作可以选定多个不同相邻的单元格区域。

　　② 单击 A1 单元格，按 Shift 键，然后单击 B5 单元格，再松开 Shift 键，A1:B5 单元格区域被选定。

　　③ 单击 A1 单元格，按 Shift 键，然后分别按 4 次向下和一次向右的方向键，A1：B5 单元格区域被选定。

　　[6] 输入数据：选定单元格区域后，可以直接输入多个数据，分别以回车键或 Tab 键结束输入每个单元格的输入，此时不能以方向键作为输入结束的确认键，否则会取消单元格区域的选定。

任务 2 结束后，工作表如图 6-7 所示。

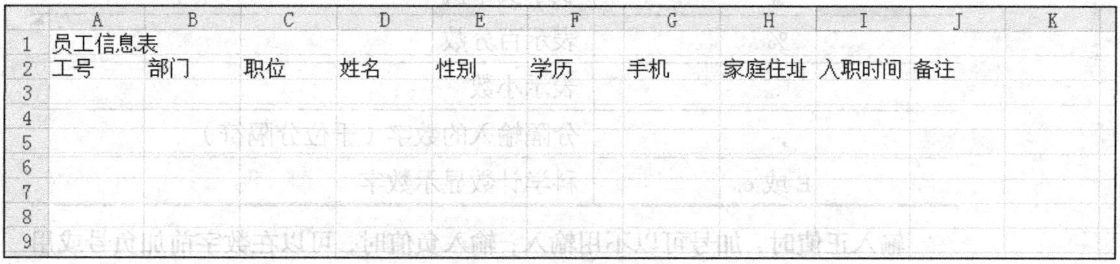

图 6-7　规划好的员工信息表结构

6.4.3　录入员工的相关信息

　　涉及知识点：各种数据类型的输入、编辑和显示，单元格、行、列相关操作

　　规划好表结构后，为员工信息表分别输入具体数据，其中部门、职位、姓名及性别等为文本数据，工号等为数值数据，入职时间等为日期和时间类型数据。

【任务 3】依次输入员工信息表中各学生的相关信息。

STEP 1　输入文本。

　　单击 D3 单元格，使得 D3 单元格为活动单元格，输入姓名"史向超"，按回车键确定输入。此时 D4 成为活动单元格，重复该过程完成文本信息的输入。通过类似方法完成员工信息表中文本信息的输入。

说明

　　[1] 文本数据也称作标签：可以包含文字字符信息，有时也包含数字，如街道地址。文本数据常用于标识数据以及分类排序等。

　　[2]文本的显示：默认情况下文本左对齐显示。当文本长度超过单元格长度时，如果相邻单元格为空，超出部分会显示到相邻单元格中，如果相邻单元格不为空，则文本显示被截断，不显示超出部分。但是实际上这两种情况只是显示上的差别，单元格中存储的文本数据内容是完全一致的。

　　[3]换行：如果文本中含有换行，可以通过 Alt +回车组合键来实现。如果要放弃输入的内容可以按 Esc 键。

STEP 2 输入数字。

　　单击 A3 单元格，A3 单元格为活动单元格，输入数字"100011"，按回车键。此时 A4 成为活动单元格，通过类似方法完成员工信息表中数值信息的输入。

说明

　　[1] 数值型数据：数值型数据可以用来进行各种计算和分析，还可以生成复杂的图表。数值型数据包含 0 ~ 9 的组合。此外还可以包含一些特殊字符，如表 6-1 所示。

表 6-1　数值型数据中包含的符号表

字符	用于
+	表示正值
–或（ ）	表示负值
$	表示货币值
%	表示百分数
.	表示小数
,	分隔输入的数字（千位分隔符）
E 或 e	科学计数显示数字

　　输入正值时，加号可以不用输入；输入负值时，可以在数字前加负号或用括号将数字括起来；输入分数时，应在分数前加上 0 和空格，如"0　1/2"将输入"1/2"，如不加将显示为日期数据。

　　[2] 数值型数据的显示：默认情况下，数值型数据以右对齐显示。当数值型数据长度超过单元格长度时，将以科学计数法（指数）、#号（####）或四舍五入形式显示。但实际上单元格存储的仍是输入的源数据。

　　[3] 数值型数据的精度：Excel 中仅保留 15 位的数字精度，如数字长度超出 15 位，会将超出部分转换为 0。

STEP 3 输入时间或日期数据。

　　单击 I3 单元格，I3 单元格为活动单元格，输入入职日期"2005/11/1"，按回车键。此时 I4 成为活动单元格，重复该过程完成数值信息的输入。通过类似方法完成员工信息表中数值信息的输入。

STEP 4 设置数字格式。

为了方便特殊号码的录入，使 G 列严格按照输入显示，可以设置 G 列为 "文本" 数字格式，操作方式如下。

选定 G 列，单击【开始】|【数字】组的功能扩展按钮，弹出 "设置单元格格式" 对话框，如图 6-8 所示。

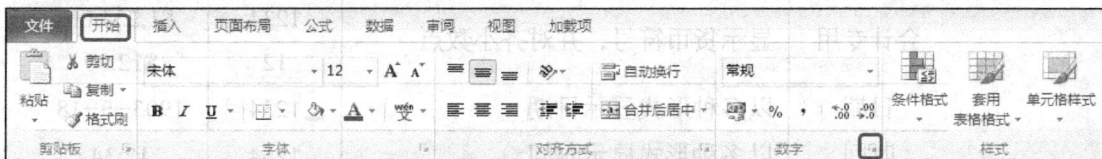

图 6-8 【数字】组的功能扩展按钮

在弹出的 "设置单元格格式" 对话框中选择 "数字" 选项卡，在 "数字" 选项卡的 "分类" 中选择 "文本"，单击【确定】按钮，设置 G 列单元格格式为文本格式，如图 6-9 所示。

再按照此步骤设置 I 列为日期格式。

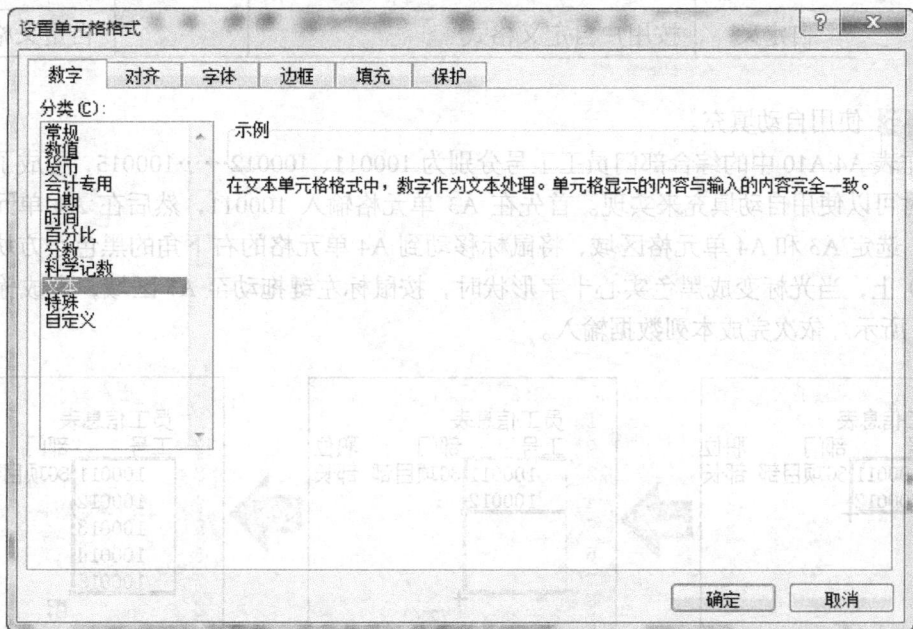

图 6-9 设置 G 列为文本格式

数字格式的应用场合：数值往往有不同的类型——货币、百分数、小数等，合理采用数字格式可以更有效地解释和分析数据，还可以避免一些问题。如本例中，国际手机号码往往会表现为如"0013253701234"之类以 0 开头的数值，如果采用普通的输入方式将会自动省略开头的 0，而将 A 列设置为文本格式就可以解决这个问题。如果数值需要不同显示形式，可以选择，如表 6-2 所示。

表6-2 数字格式

类别	显示方式	输入	显示
常规	按输入显示数据	1234	1234
数值	默认显示两位小数	1234	1234.00
货币	显示货币符号（可设置）	1234	$1,234.00
会计专用	显示货币符号，并对齐小数点	1234 12	$1,234.00 $12.00
日期	以多种形式显示日期	1234	1903-5-18
时间	以多种形式显示时间	1234	12:34
百分比	以百分数显示数值	1234	123400.00%
分数	以分数显示数值	12.34	12 17/50
科学计数	以科学计数显示数值	1234	1.23E+03
文本	严格按输入显示数据，包括数字0	1234	1234
特殊	邮编、电话等形式（美国制式）	12345	1234
自定义	按用户自定义格式		自定义格式

STEP 5 使用自动填充。

工作表 A4:A10 中的综合部门员工工号分别为 100011、100012……100015，构成了等差数列，此时可以使用自动填充来实现。首先在 A3 单元格输入 100011，然后在 A4 单元格输入 100012，选定 A3 和 A4 单元格区域，将鼠标移动到 A4 单元格的右下角的黑色小方块（自动填充柄）上，当光标变成黑色实心十字形状时，按鼠标左键拖动至 A7 区域，完成输入，如图 6-10 所示。依次完成本列数据输入。

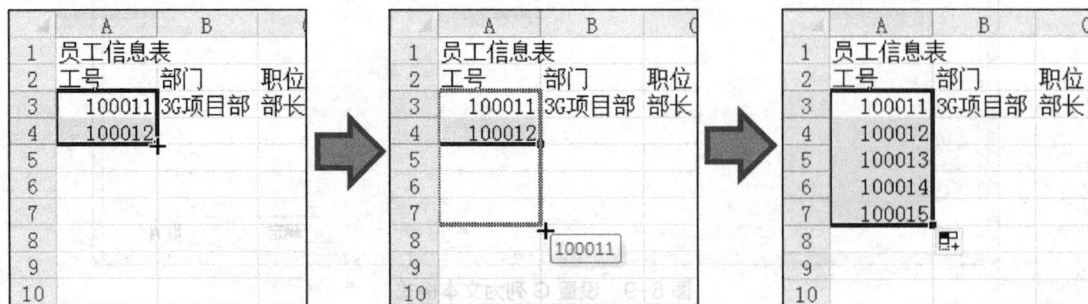

图 6-10 出现自动填充柄后按住填充柄进行填充

[1] 自动填充适用场合：一系列有规律的数据，如一行或一列呈等差数列、等比或其他规律的数据。不可以在不联系的单元格中使用自动填充。

[2] 拖动方式进行填充：首先输入起始单元格数据，一般输入两个或以上以确定数据规律。然后选定起始单元格，按住自动填充柄。拖放至目标单元格，完成填充，本步骤即采用此方法。

[3] 菜单方式进行填充：首先输入起始单元格数据，只需输入一个单元格。然后选定起始单元格，选择【开始】|【编辑】|【填充】按钮，在出现的选单中选择【序列】选项，如图 6-11 所示。

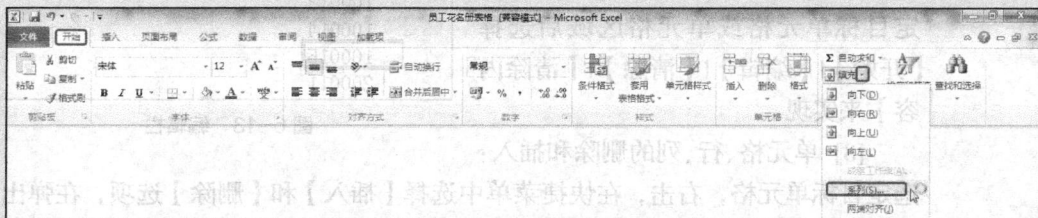

图 6-11 【序列】选项

在弹出的"序列"对话框中设置后，单击【确定】按钮完成填充，如图 6-12 所示。

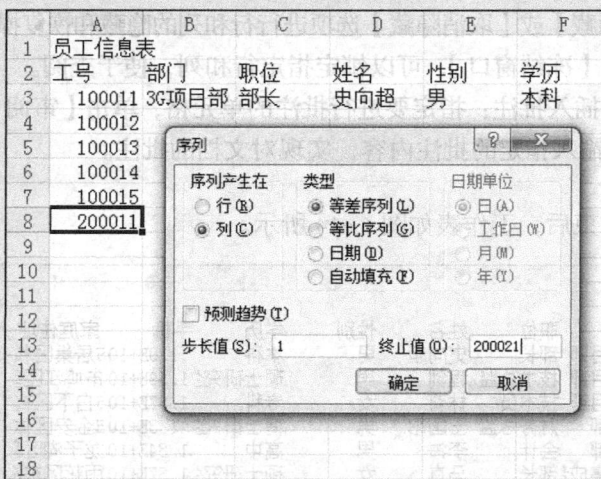

图 6-12 使用【序列】选项进行填充

【水平考试常见考点练习】

新建 Excel 表格，将（A3:A10）单元格数字格式设置为文本。然后在 A3 单元格内输入刘明亮的职工号 0000001，再用鼠标拖动的方法依次在（A4:A10）单元格内填充上 0000002~0000008。

【任务 4】检查输入的数据，对输入错误的地方进行修改，对不需要的单元格内容进行删除。

STEP 1 修改或删除数据。

如输入时发现 A7 单元格输入错误，需要重新输入，此时可以选定 A7 单元格，直接输入新的数据，新输入的数据将覆盖原来的数据。

说明

[1] 修改数据：如果想修改单元格数据的一部分，可以使用以下方法。
选定目标单元格，按 F2 键或双击鼠标，在单元格内进行编辑。选定目标单元格，在编辑栏直接修改，编辑栏位置如图 6-13 所示。

[2] 删除单元格数据：选定目标单元格或单元格区域，单击 Del 键或者 Backspace 键进行删除。也可在选定目标单元格或单元格区域后选择【开始】|【编辑】|【清除】|【清除内容】来实现。

	A	B	C	D
	A7		fx	100015
1	员工信息表			
2	工号	部门	职位	姓名
3	100011	3G项目部	部长	史向超
4	100012			
5	100013			
6	100014			
7	100015			
8	200011			

图 6-13　编辑栏

[3] 单元格、行、列的删除和插入：
选定目标单元格，右击，在快捷菜单中选择【插入】和【删除】选项，在弹出的对话框中可以进行单元格、行、列的插入和删除操作。对于行和列，可以右击行号或列标，在快捷菜单中选择【插入】和【删除】选项进行行和列的插入和删除操作。

[4] 行、列的隐藏和恢复与锁定：右击指定的行号或列标，在快捷菜单中选择【隐藏】或【取消隐藏】选项进行行和列的隐藏和恢复操作。单击【视图】|【窗口】|【冻结窗口】，可以锁定指定行和列，便于查阅。

[5] 插入批注：指定要进行批注的单元格，单击【审阅】|【批注】|【新建批注】，输入指定的批注内容，实现对文档的批注。

STEP 2 任务 4 结束后，工作表如图 6-14 所示。

	A	B	C	D	E	F	G	H	I	J
1	员工信息表									
2	工号	部门	职位	姓名	性别	学历	手机	家庭住址	入职时间	备注
3	100011	3G项目部	部长	史向超	男	本科	1.9E+10	居巢区和	2005-11-1	
4	100012	3G项目部	技术总监	程剑	男	硕士研究	1.39E+10	市鸠江区	2011-2-1	
5	100013	3G项目部	技术员	林莉	女	专科	1.37E+10	白下区玄	2011-3-1	
6	100014	财务部	财务总监	王国阳	男	博士研究	1.3E+10	金安区体	2006-9-1	
7	100015	财务部	会计	李海	男	高中	1.34E+10	龙子湖区	2011-3-1	
8	200011	系统集成	部长	马岚	女	硕士研究	1.37E+10	雨花区东	2005-9-1	
9	200012	系统集成	高级程序	向勇	男	本科	1.31E+10	蚌山区和	2011-6-1	
10	200013	系统集成	工程师	何明平	男	硕士研究	1.88E+10	裕安区洑	2013-9-1	
11	200014	系统集成	管理员	李左	女	本科	1.8E+10	禹会区和	2011-5-1	
12	200015	软件开发	部长	孙丽	女	本科	1.51E+10	蜀山区黄	2007-4-1	
13	200016	软件开发	高级程序	由斌	男	博士研究	1.9E+10	居巢区和	2011-3-1	
14	200017	软件开发	程序员	陈宏月	女	本科	1.31E+10	市鸠江区	2011-2-1	
15	200018	软件开发	程序员	殷澜	男	专科	1.38E+10	白下区玄	2011-4-1	
16	200019	软件测试	测试工程	胡乐	女	博士研究	1.31E+10	金安区体	2011-3-1	
17	200020	软件测试	测试工程	刘畅	男	硕士研究	1.35E+10	龙子湖区	2011-7-1	
18	200021	软件测试	测试工程	何子伟	男	本科	1.38E+10	雨花区东	2011-6-1	
19	300011	销售部	部长	王海	男	博士研究	1.33E+10	蚌山区和	2008-9-1	
20	300012	销售部	业务员	何川	女	专科	1.9E+10	裕安区洑	2011-9-1	
21	300013	销售部	业务员	许琼	女	专科	1.81E+10	禹会区和	2011-3-1	
22	300014	市场部	部长	蓝辉	女	本科	1.52E+10	蜀山区黄	2006-2-1	
23	300015	市场部	业务员	许兰	女	硕士研究	1.9E+10	居巢区和	2011-8-1	
24	300016	市场部	业务员	陆弘天	男	专科	1.39E+10	市鸠江区	2011-7-1	

图 6-14　员工信息表内容

6.4.4 工作表格式设置

涉及知识点：边框、底纹的设置，格式设置与样式的使用

工作表内容输入好后，发现部门、手机、家庭住址等列只显示了一部分信息，而工号、性别等列过宽，整个表格不便于查阅，为此可以进行一系列工作表格式的设置工作。

> 【任务5】将表头合并成一个单元格，为表头和标题行设置合适的字体使得整个表格更为醒目。

STEP 1 合并单元格。

单击 A1 单元格，按住 Shift 键单击 L1 单元格，此时 A1:F1 单元格区域被选定，单击【合并后居中】按钮，完成合并单元格，如图 6-15 所示。

图 6-15 合并单元格

> 提示
>
> 随时可以拆分已经合并的单元格，方法是：选定合并后的单元格，再次单击"合并后居中"按钮，取消该按钮的选中状态即可。

STEP 2 设置字体格式。

选定 A1 单元格，类似于 Word 的字体设置，在【开始】|【字体】组中的字体和字号按钮选单中设置字体为"楷体_GB2312"，字号大小为 24。再选定 B2:L2 单元格区域，设置字体样式为加粗，设置完成后结果如图 6-16 所示。

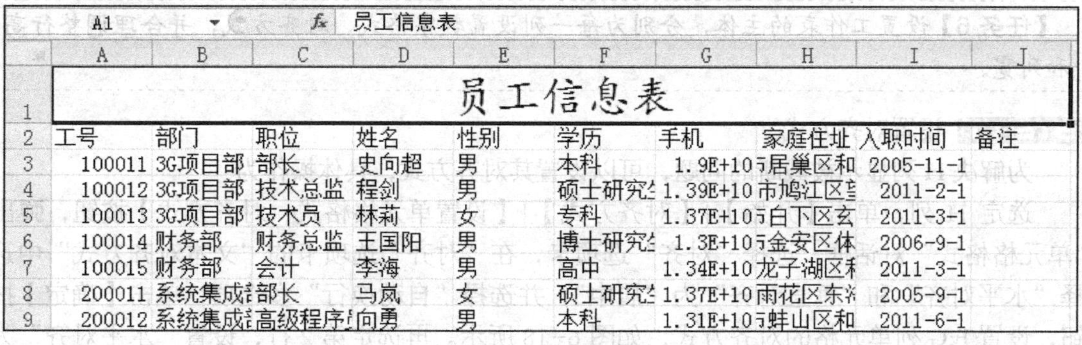

图 6-16 设置字体

说明

除了使用格式工具栏，还可以采用以下方法：

[1]"单元格格式"对话框方式：选定指定的单元格或单元格区域后，单击【开始】|【字体】|【设置单元格格式：字体】按钮，弹出"单元格格式"对话框，选择"字体"选项卡，进行相关的设置，如图 6-17 所示。

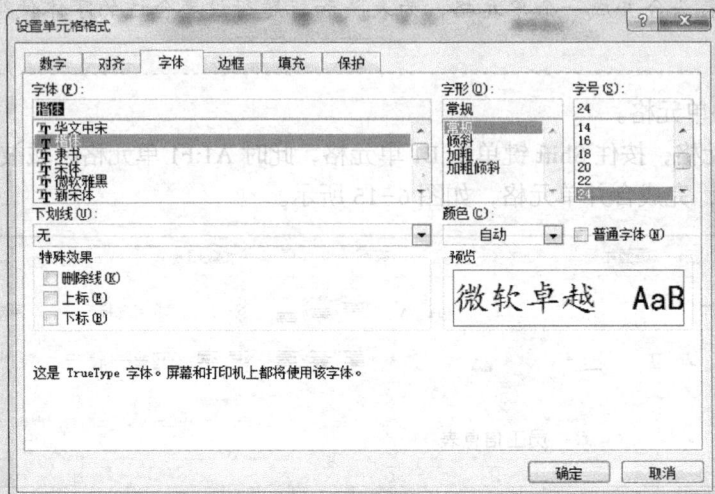

图 6-17　设置字体

[2]快捷菜单：选定指定的单元格或单元格区域后，单击鼠标右键，在弹出的快捷菜单中选择"设置单元格格式（F）"选项，弹出"单元格格式"对话框，选择"字体"选项卡，进行相关的设置。

提示

在一些功能区块右下角会出现单击按钮，单击该按钮可以打开对应的对话框以便选择更多功能。

【水平考试常见考点练习】

新建 Excel 表格，在表格第一行前插入一行，并在 A1 单元格输入标题"正达电器厂职工工资表"，字体黑体，字号 16 磅，合并（A1:H1）单元格、水平对齐居中。

【任务 6】设置工作表的主体，分别为每一列设置数字格式、对齐方式，并合理调整行高和列宽。

STEP 1 设置对齐方式。

为解决 H 列显示被截断的问题，可以设置其对齐方式，具体操作为：

选定 H 列，单击【开始】|【对齐方式】|【设置单元格格式：对齐方式】按钮，弹出"单元格格式"对话框，选择"对齐"选项卡，在"对齐"选项卡的"文本对齐方式"中选择"水平对齐"和"垂直对齐"为"居中"，并选择"自动换行"多选项，单击【确定】按钮，设置 F:G 列单元格的对齐方式，如图 6-18 所示。再选定第 2 行，设置"水平对齐"为"居中"。

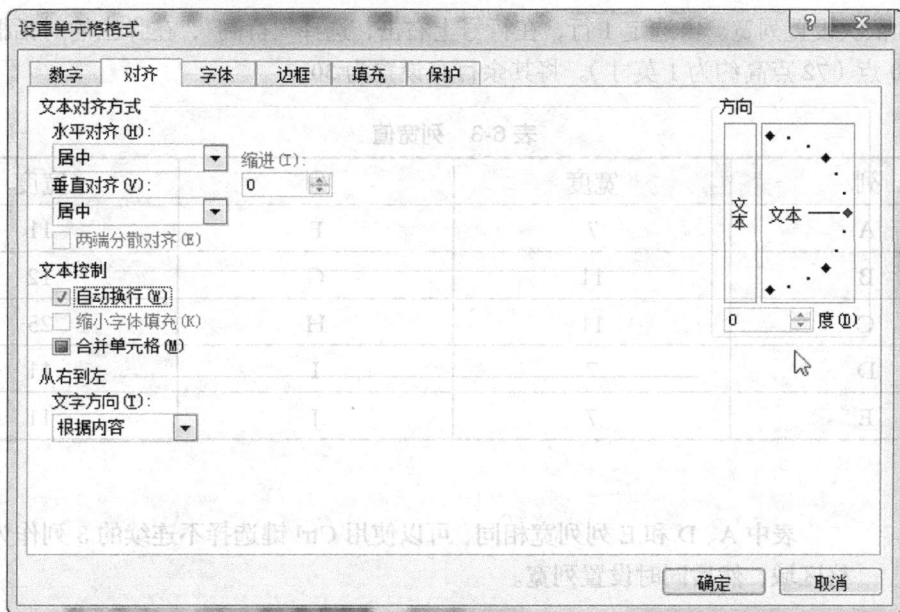

图 6-18　设置对齐方式

说明

　　[1] 水平对齐：水平对齐指单元格的数值在水平方向上左对齐、右对齐，还是居中对齐。

　　[2] 垂直对齐：垂直对齐指单元格的数值在垂直方向上向上对齐、向下对齐，还是居中对齐，在单元格只有一行数值的情况下往往看不出效果，而单元格有多行数值的时候效果比较明显。

　　[3] 自动换行：当该选项被选中时，单元格中的内容如果超出单元格宽度，将自动进行换行，自动换行的效果如图 6-19 所示。

图 6-19　自动换行效果

STEP 2 调整列宽和行高。

　　步骤 3 后发现 H 列影响整个表格的高度，为此需要设定表格的行高和列宽，操作步骤如下。

　　选定 H 列，在列标上右键单击，选择"列宽"，弹出"列宽"对话框，如图 6-20 所示。

　　在弹出的"列宽"对话框中设置列宽为 17.25 个字符，再

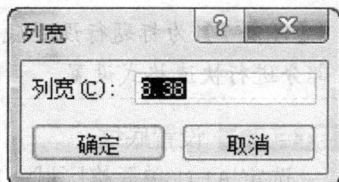

图 6-20　"列宽"对话框

按表 6-3 依次设置列宽。再选定 1 行，在行号上右击，选择“行高”，在弹出的对话框中设置行高为 50 点（72 点高约为 1 英寸）。将其余行高设置为 30。

表 6-3　列宽值

列	宽度	列	宽度
A	7	F	11
B	11	G	12
C	11	H	25
D	7	I	11
E	7	J	11

提示

表中 A、D 和 E 列列宽相同，可以使用 Ctrl 键选择不连续的 3 列作为单元格区域，然后同时设置列宽。

说明

调整行高和列宽的 3 种方式：以调整列宽为例，可以通过 3 种方式来实现。

① 列宽对话框：可以使用上述步骤的方法打开列宽对话框，也可以通过单击【开始】|【单元格】|【格式】按钮在打开的下拉选单中选择列宽选项来实现。

② 鼠标拖动：将鼠标指针定位到列标的右边界时，鼠标变成可调整尺寸的形状，此时向右拖动即可增加列宽，如图 6-21 所示。

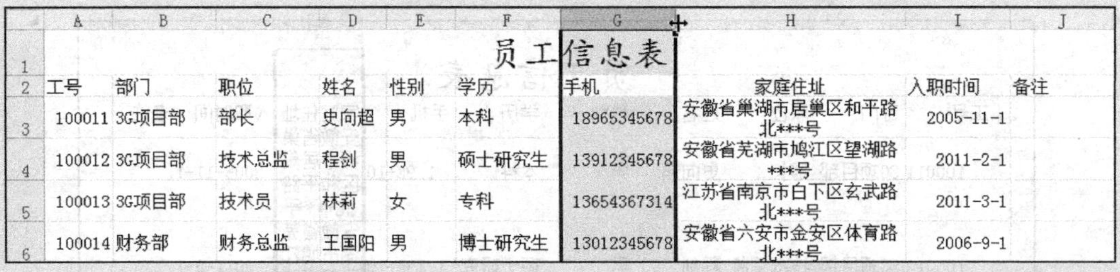

	A	B	C	D	E	F	G	H	I	J
1						员工信息表				
2	工号	部门	职位	姓名	性别	学历	手机	家庭住址	入职时间	备注
3	100011	3G项目部	部长	史向超	男	本科	18965345678	安徽省巢湖市居巢区和平路北***号	2005-11-1	
4	100012	3G项目部	技术总监	程剑	男	硕士研究生	13912345678	安徽省芜湖市鸠江区望湖路***号	2011-2-1	
5	100013	3G项目部	技术员	林莉	女	专科	13654367314	江苏省南京市白下区玄武路北***号	2011-3-1	
6	100014	财务部	财务总监	王国阳	男	博士研究生	13012345678	安徽省六安市金安区体育路北***号	2006-9-1	

图 6-21　拖动方式重设列宽

③ 鼠标双击：鼠标双击列标的右边界，可以将列宽自动调整到与该列最长单元格的字符相同。

【任务 7】为标题行设置底纹，同时设置边框。最后采用套用表格格式的方式对表格主体部分进行快速格式设置。

STEP 1 设置底纹。

选定 A1:J1 单元格区域，单击【开始】|【单元格】|【填充颜色】按钮，选择“白色，背景 1，深色 25%”选项，如图 6-22 所示。

图 6-22　设置底纹

说明

[1] 底纹的应用场合：底纹可以引起人们对数据的注意。一般来说，大型的工作簿可以添加隔行的浅色底纹，这样可以使行与行之间更为清晰。使用底纹时要注意不能干扰对数据的阅读，因此底纹一般仅使用浅色。

[2] 功能区方式使用底纹：单击【开始】|【对齐方式】|【设置单元格格式：对齐方式】按钮，选择"填充"选项卡，也可以使用底纹。在该选项卡中还可以选择图案作为底纹，如图 6-23 所示。

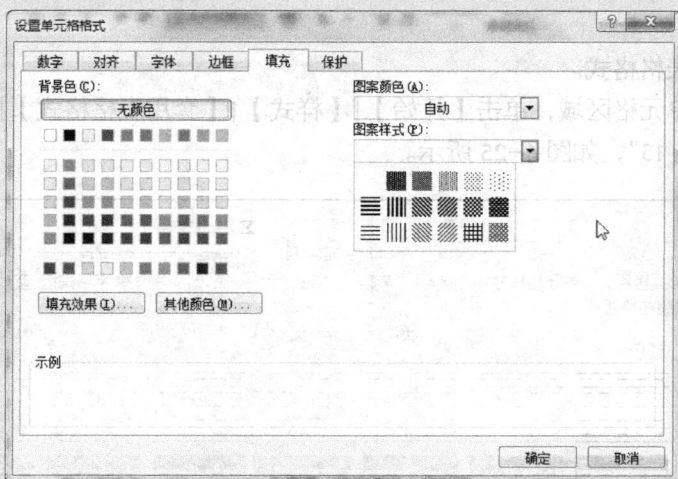

图 6-23　图案选项卡

STEP 2 添加边框。

选定 A1:J1 单元格区域，单击【开始】|【单元格】|【框线】按钮，再重复操作，选择"粗匣框线"，如图 6-24 所示。

提示

默认情况下工作表中看到的框线只是辅助用户使用的，在打印时不会输出。而用户自定义的框线在打印时将可以打印出来。

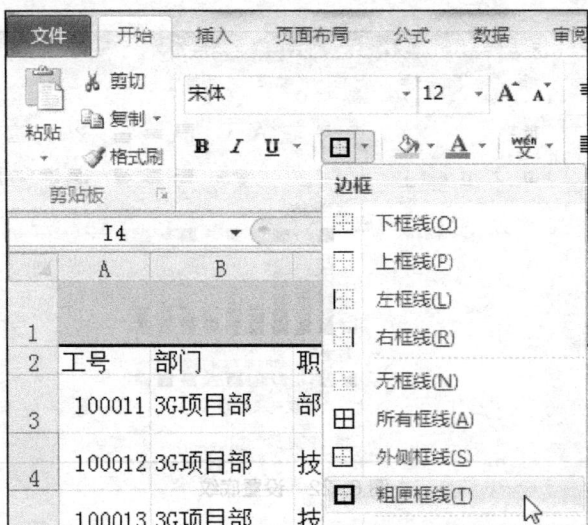

图6-24 设置边框

> **说明**
> 边框的使用方式：可以通过以下方式来实现。
> ① 工具栏【边框】按钮：如本步骤所述。
> ② 功能区方式：单击【开始】|【对齐方式】|【设置单元格格式：对齐方式】按钮，选择"边框"选项卡，确定边框。

STEP 3 套用表格格式。

选定 A2:J32 单元格区域，单击【开始】|【样式】|【套用表格格式】按钮，选定表格样式为"表样式浅色15"，如图6-25所示。

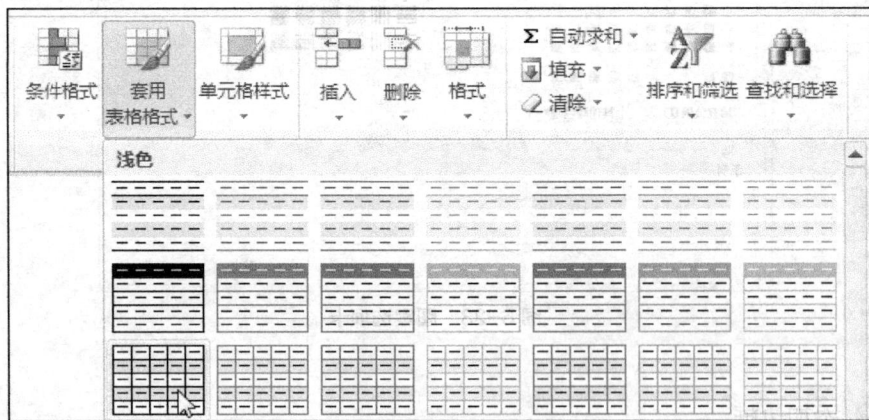

图6-25 套用表格格式

STEP 4 设置单元格样式。

发现标题行显示不美观，选定 A2:J2 单元格区域，单击【开始】|【样式】|【单元格样式】按钮，选定单元格样式为"输出"，如图6-26所示。

STEP 5 任务7完成后，表格效果如图6-27所示。

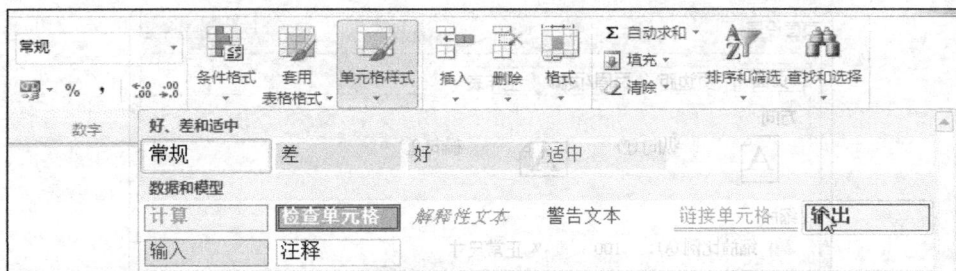

图 6-26　单元格格式

图 6-27　设置边框后表格效果

【水平考试常见考点练习】

（1）为工作表 Sheet1 中 A2:B8 的单元格添加"田"字形（红色单实线）边框，文字设置为水平居中对齐。

（2）设置工作表 Sheet1 的标题（A1:B1）单元格的字体为黑体，字号为 20 磅。B2 单元格内填充黄色底纹，填充图案为 12.5%灰色。

（3）在 C2 单元格左边插入一个单元格，输入"2011 年"，然后将 C2 单元格旋转 30 度。

6.4.5　进行页面设置

涉及知识点：页面设置、分页符的使用、打印工作表

在 Excel 中处理数据时的工作表数据含量较大，为了保证打印效果，需要进行进一步的页面设置。

【任务 8】设置为 A4 纸横向打印表格，表格左上角显示制作人信息，而且要保证每张打印的表格都含有表头和标题行。

STEP 1　插入分页符。

单击 A13 单元格，单击【页面布局】|【页面设置】|【分隔符】|【插入分页符】，出现虚线将原表格按照需求手动分页。

STEP 2　纸张设置。

单击菜单【文件】|【打印】|【页面设置】，在弹出的"页面设置"对话框中选择"页面"选项卡，选择"方向"为横向，纸张大小为 A4，如图 6-28 所示。

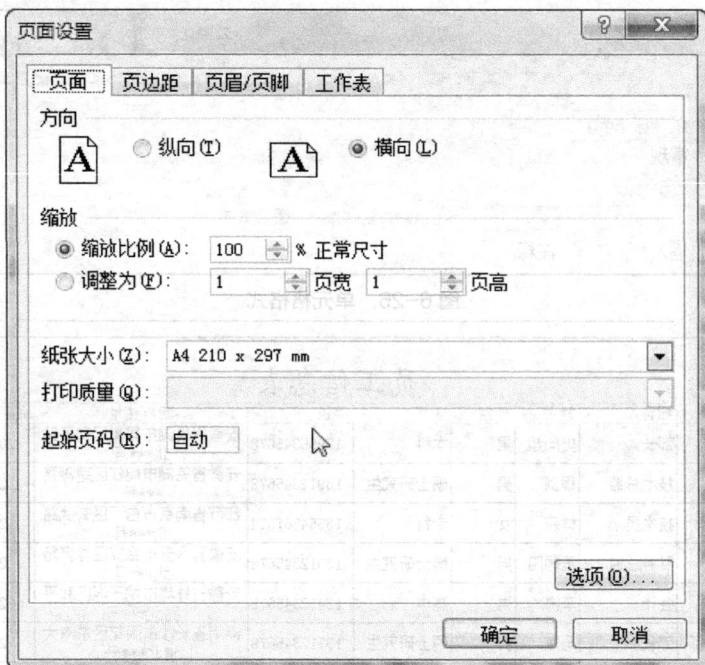

图 6-28 设置打印方向和纸张

提示 　　除了使用文件菜单进行页面设置，也可通过单击选项卡【页面布局】|【页面设置】选择相关功能按钮进行页面设置。

STEP 3 页边距设置。

同上一步，在弹出的"页面设置"对话框中，选择"页边距"选项卡。在选项卡中可以设置上下左右的页边距，还可以设置页眉页脚的位置以及打印居中方式，本步骤保持默认即可。

STEP 4 页眉页脚设置。

同上一步，在弹出的"页面设置"对话框中，选择"页眉/页脚"选项卡。选择自定义页面，在左侧区域填写页眉信息，单击【确定】按钮完成页眉设置，如图 6-29 所示。

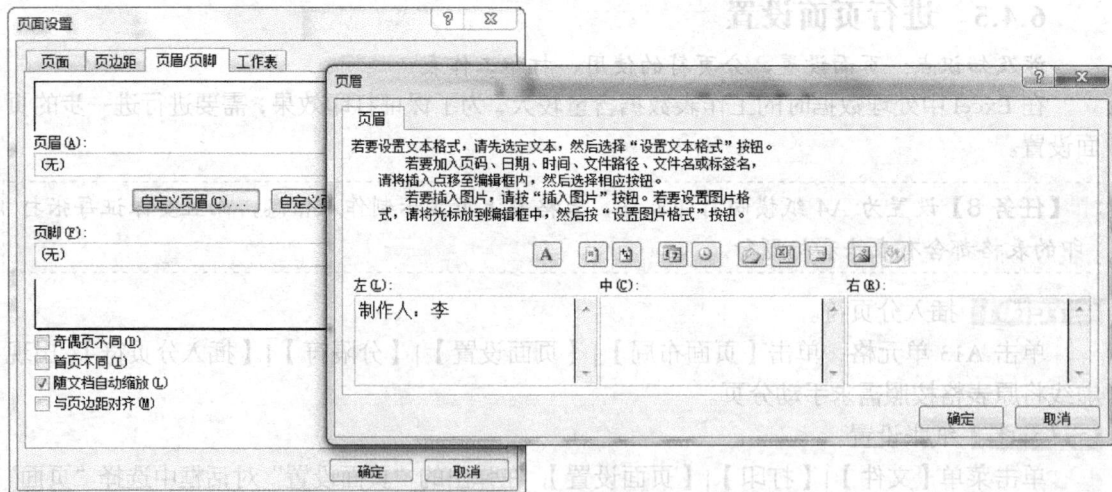

图 6-29 设置页眉

STEP 5 打印标题设置。

单击【页面布局】|【页面设置】|【打印标题】按钮，在弹出的"页面设置"对话框中默认选择"工作表"选项卡。单击"顶端标题行"右侧的【拾取】按钮，返回工作表中选择第一行和第二行，按回车键确定选择，完成打印的标题设置，如图 6-30 所示。

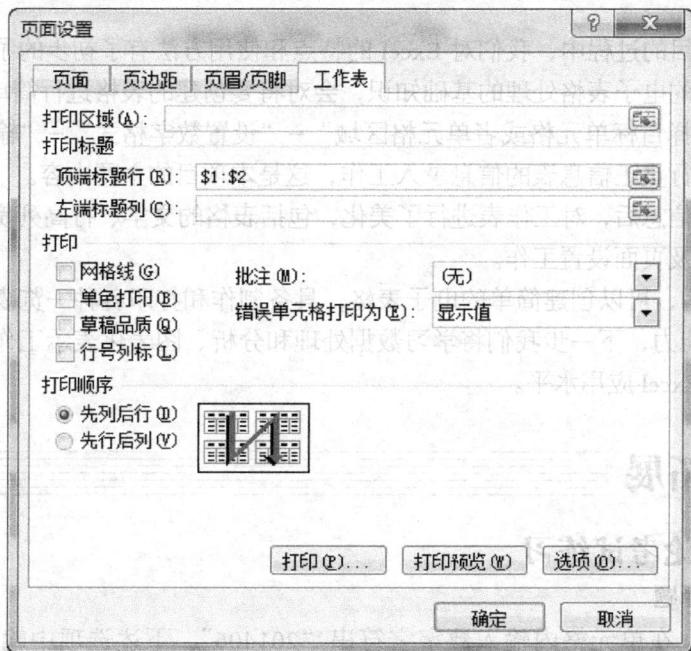

图 6-30 设置打印标题

STEP 6 打印预览及打印。

单击菜单栏【文件】|【打印】可以进入打印和打印预览界面。该页面预览实际打印的效果，单击下方页面切换按钮可以预览打印的各页面。

以上工作完成后，可以通过单击【打印】按钮进行文件的打印工作，如图 6-31 所示。

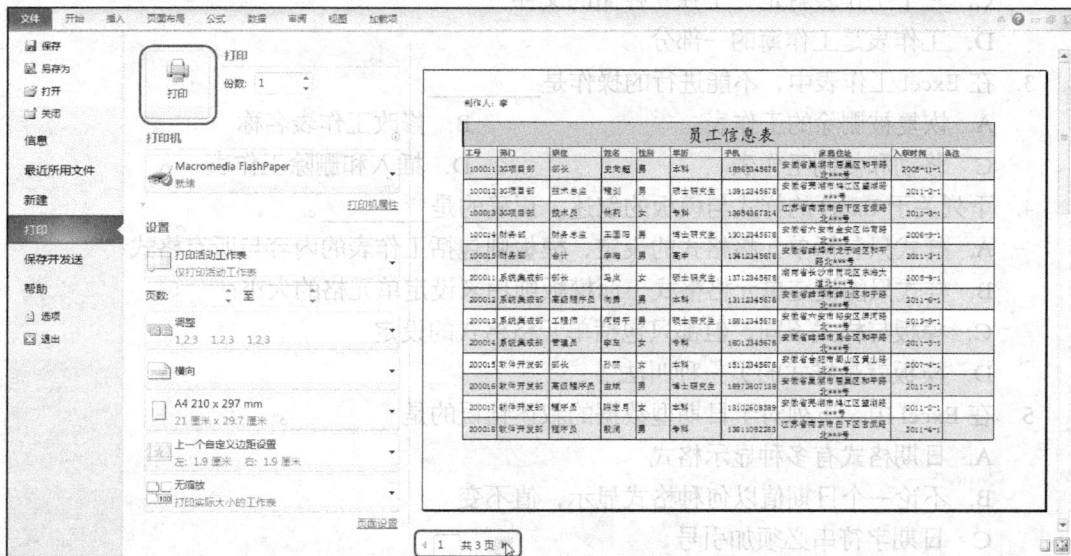

图 6-31 打印效果预览

6.5 项目总结

在创建员工信息表这个项目里，我们主要完成了对"员工信息表"这个 Excel 工作簿的创建过程。

● 在完成项目的过程中，我们对 Excel 的特点和使用方法有了初步的了解，学习了含有大量数据的电子表格处理的基础知识，会对将要创建的表格进行简单的规划。

● 按照"选择目标单元格或者单元格区域"－"设置数字格式"－"输入数据"的整个过程，进行员工信息表的信息录入工作，这是本项目的主要内容。

● 录入相关信息后，对工作表进行了美化，包括表格的文字、行高列宽、边框等格式设置工作以及页面设置工作。

完成本项目后，可以创建简单的电子表格，具备制作和打印各种一览表、清单等信息展示类电子表格的能力，下一步我们将学习数据处理和分析、图表化表示工作表数据的相关项目，进一步提升 Excel 应用水平。

6.6 技能拓展

6.6.1 理论考试练习

一、单项选择题

1. Excel 中，在单元格内输入数字字符串"201406"，下述选项中输入方式正确的是_____。

    A. 201406　　　　 B. =201406　　　　 C. '201406　　　　 D. "201406

2. 下列对 Excel 工作表的描述中，正确的是_____。

    A. 一个工作表可以有无穷个行和列

    B. 工作表不能更名

    C. 一个工作表就是一个独立存储的文件

    D. 工作表是工作簿的一部分

3. 在 Excel 工作表中，不能进行的操作是_____。

    A. 恢复被删除的工作表　　　　　　 B. 修改工作表名称

    C. 移动和复制工作表　　　　　　　 D. 插入和删除工作表

4. 下列关于 Excel 的样式与模板的叙述，正确的是_____。

    A. 样式只包括单元格格式的设定，模板则包括工作表的内容与所有格式

    B. 样式只能设定单元格格式，而模板则用来设定单元格的大小

    C. 模板与样式不同，但都只包括单元格格式的设定

    D. 模板就是样式的另一种叫法

5. 在 Excel 中，下列对于日期型数据的叙述错误的是_____。

    A. 日期格式有多种显示格式

    B. 不论一个日期值以何种格式显示，值不变

    C. 日期字符串必须加引号

    D. 日期数值能自动填充

6. 在 Excel 中, 当输入的字符串长度超过单元格的长度范围, 且其右侧相邻单元格为空时, 在默认状态下字符串将_____。

    A. 超出部分被截断删除　　　　　　　　B. 超出部分作为另一个字符串存入 B1 中

    C. 字符串显示为#####　　　　　　　　D. 继续超格显示

7. 在 Excel 的工作表中, 当鼠标的形状变为_____时, 就可进行自动填充操作。

    A. 空心粗十字　　　　　　　　　　　　B. 向左下方箭头

    C. 实心细十字　　　　　　　　　　　　D. 向右上方箭头

8. 启动 Excel, 系统会自动产生一个工作簿 Book1, 并且自动为该工作簿创建_____张工作表。

    A. 1　　　　　　　　B. 3　　　　　　　　C. 8　　　　　　　　D. 10

9. 在 Excel 中, 选择活动单元格输入一个数字后, 按住_____键拖动填充柄, 所拖过的单元格被填入的是按 1 递增或递减的数列。

    A. Alt　　　　　　　B. Ctrl　　　　　　C. Shift　　　　　　D. Del

10. 在 Excel 中, 为了加快输入速度, 在相邻单元格中输入 "二月" 到 "十月" 的连续字符时, 可使用_____功能。

    A. 复制　　　　　　B. 移动　　　　　　C. 自动计算　　　　D. 自动填充

11. 在 Excel 工作表中, A1、A2 单元格中数据分别为 2 和 5, 若选定 A1:A2 区域并向下拖动填充柄, 则 A3:A6 区域中的数据序列为_____。

    A. 6, 7, 8, 9　　B. 3, 4, 5, 6　　　C. 2, 5, 2, 5　　　D. 8, 11, 14, 17

12. 若要在 Excel 单元格中输入邮政编码 231000 (字符型数据), 应该输入_____。

    A. 231000'　　　　B. '231000　　　　C. 231000　　　　D. '231000'

13. 在 Excel 中, 可以将一个工作表最多拆分为_____个窗口。

    A. 2　　　　　　　　B. 3　　　　　　　　C. 4　　　　　　　　D. 任意

14. 在 Excel 中, 单元格 A1 的数值格式设为整数, 当输入 "3.05" 时, 屏幕显示为_____。

    A. 3.05　　　　　　B. 3.1　　　　　　　C. 3　　　　　　　　D. 3.00

15. 在 Excel 中, 利用格式菜单可在单元格内部设置_____。

    A. 曲线　　　　　　B. 图形　　　　　　C. 斜线　　　　　　D. 箭头

二、多项选择题

1. Excel 中, 有关行高的叙述错误的有_____。

    A. 整行的高度是一样的

    B. 系统默认设置行高自动以本行中最高的字符为准

    C. 行高增加时, 该行各单元格中的字符也随之自动增大

    D. 一次可以调整多行的行高

2. 在 Excel 中, 自动填充功能可完成_____。

    A. 复制　　　　　　　　　　　　　　　B. 剪切

    C. 按等差序列填充　　　　　　　　　　D. 按等比序列填充

3. 下列对于 Excel 工作表的操作中, 能选取单元格区域 A1:C9 的是_____。

    A. 单击 A1 单元格, 然后按住 Shift 键单击 C9 单元格

    B. 单击 A1 单元格, 然后按住 Ctrl 键单击 C9 单元格

    C. 将鼠标指针移动到 A1 单元格, 按鼠标左键拖曳到 C9 单元格

    D. 在名称框中输入单元格区域 A1:C9, 然后按回车键

6.6.2　实践操作练习

一、请在 Excel 中对如下工作表完成操作

	A	B	C	D	E	F	G
1	安徽徽韵文化有限公司2014年10月份员工销售业绩及收入表						
2	工号	姓名	实际销售量	10月份应销售量	基本工资	奖金	扣除 月收入
3	hy001	张小凡	360	300	2100		
4	hy002	李爱萍	330	300	1500		
5	hy003	孔伟芳	380	300	1650		
6	hy004	童佳缘	310	300	1750		
7	hy005	张思民	290	300	1700		
8	hy006	王巍巍	220	300	1650		
9	hy007	谢　刚	330	300	1650		
10	hy008	肖卫平	300	300	1400		

① 将（A1:G1）单元格合并并居中，行高设为自动调整行高，数据区域（A2:G10）设置为水平居中，垂直居中。

② 将 10 月份应销售量（D 列）的列宽设置为 15。

③ 为表格（A2:G10）区域加单实线外边框。

二、请在 Excel 中对如下工作表完成操作

	A	B	C	D
1	专业	班级数	每班人数	专业人数
2	自动化	4	31	
3	电子信息工程	4	35	
4	电子科学与技术	2	42	
5	电气工程	2	44	
6	通信工程	8	30	
7				
8			超过 100人的专业人数之和：	

① 设置 C8 单元格的文本控制方式为"自动换行"。

② 为表格（A1:D8）加双实线外边框和细实线内边框。

③ 设置 D8 单元格的格式为水平居中对齐和垂直居中对齐。

三、请在 Excel 中对如下工作表完成操作

	A	B	C	D	E	F
1	百味食品销售近两年销售情况表					
2	产品名称	2013年销量	增长比例	2014年销量	2014年销售额	
3	巧克力	510	10%			
4	饼　干	310	30%			
5	蛋　糕	120	20%			
6	汽　水	90	-10%			

① 设置标题行（A1:E1）合并及水平居中，并设置标题行为红色底纹（颜色中第三行第一列色块）和黄色文字。

② 为表格（A2:E6）设置红色双线外边框和红色细实线内边框。

③ 将 2014 年销售额所在单元格的列宽设为 16，将（E3:E6）单元格的数字格式设为货币（¥），保留 2 位小数。

四、请在 Excel 中对如下工作表完成操作

	A	B	C	D	E	F	G	H	I	J
1	职工号	姓名	基本工资	职务工资	生活补贴	水电费	住房公积金	个人所得税	实发工资	应发工资
2		刘明亮	1280	880	1600	20	600			
3		郑强	1160	780	1600	78	580			
4		李红	1140	760	1600	90	560			
5		刘奇	1080	700	1600	42	520			
6		王小会	1420	940	1600	55	700			
7		陈朋	1240	860	1600	100	580			
8		佘东琴	1200	800	1600	96	560			
9		吴大志	1100	750	1600	45	540			

① 在表格第一行前插入一行，并在 A1 单元格输入标题"江苏泰兴实业有限公司职工工资表"，字体黑体，字号 16 磅，合并（A1:J1）单元格，水平对齐居中。

② 将（A3:A10）单元格数字格式设置为文本。然后在（A3:A10）单元格内填充上 0000001～0000008。

五、请在 Excel 中对如下工作表完成操作

	A	B	C	D	E	F	G
1	管理工程学院2014级学生考试成绩表						
2	学号	姓名	英语	大学语文	高等数学	平均	总评等级
3	201401	李小丽	77	96	90		
4	201402	张俊荣	85	67	83		
5	201403	葛伟华	98	69	73		
6	201404	阎晓宏	67	58	88		
7	201405	周继红	89	99	87		
8	201406	汪小峰	55	45	74		

① 请将标题行 A1:G1 合并居中，设为黑体、28 磅。

② 为列标题区域（A2:G2）设置橙色（颜色中最后、行第三列色块）底纹，图案样式为细逆对角线条纹。

六、请在 Excel 中对如下工作表完成操作

	A	B	C	D
1	长安福特汽车有限公司产品成本核算表			
2	单位:万元		经销商补贴	2000
3	品名	单价	数量	总计
4	嘉年华两厢	7.8	2089	
5	嘉年华三厢	8.3	4233	
6	经典福克斯	10.9	3277	
7	新福克斯	11.5	4032	
8	翼搏	11.3	1870	
9	翼虎	17.9	1000	

① 为标题行（A1:D1）设置红色底纹（颜色中最后一行第二列色块）、白色（RGB 模式，红色 255，绿色 255，蓝色 255）文字，将 D2 单元格文字方向转动 15 度。

② 将单价区域（B4:B9）格式设置为数值，保留两位小数位。

七、请在 Excel 中对如下工作表完成操作

① 将订单号列修改为文本格式。

② 去除工作表 Sheet1 的所有单元格的边框。

③ 将工作表 Sheet1 中 B16 单元格的值复制到 B20 单元格内。

	A	B	C	D
1	服装公司2014年销售订单统计表			
2	订单号	订单金额	销售人员	
3	D2014001	$5,000.00	张锦鹏	
4	D2014002	$14,500.00	李卫平	
5	D2014003	$12,500.00	王可欣	
6	D2014004	$7,500.00	余望平	
7	D2014005	$25,000.00	余望平	
8	D2014006	$4,200.00	李卫平	
9	D2014007	$95,000.00	张锦鹏	
10	D2014008	$9,600.00	李卫平	
11	D2014009	$15,700.00	王可欣	
12	D2014010	$4,800.00	余望平	
13	D2014011	$6,800.00	李卫平	
14	D2014012	$13,000.00	张锦鹏	
15	D2014013	$22,800.00	王可欣	
16	累计	$236,400.00		

八、请在 Excel 中对如下工作表完成操作

	A	B	C	D	E
1	乐购超市10-11月商品销售情况表				
2	商品名称	10月销量	增长比例	11月销量	11月份后库存
3	牙刷	850	-20%		
4	手套	1100	12%		
5	毛衣	550	94%		
6	蚊帐	770	-70%		
7	衬衫	1500	-10%		
8	背心	1700	-30%		
9	毛线帽	2100	20%		
10	热水瓶	1100	5%		
11	棉鞋	1380	50%		

工作表 1

	A	B	C
1			
2	产品名称	10月前库存量	
3	牙刷	5000	
4	手套	3870	
5	毛衣	4673	
6	蚊帐	1387	
7	衬衫	3378	
8	背心	4325	
9	毛线帽	5476	
10	热水瓶	3714	
11	棉鞋	3500	

工作表 2

① 将工作表 Sheet1 标题行（A1:E1）合并，水平居中对齐，字体为黑体，字号为 20 磅。

② 在蚊帐行前插入一行内容为毛裤，10 月销量为 700，增长比例为 90%，10 月前库存为 4500（注：Sheet1 与 Sheet2 都在蚊帐前插入行）。

PART 7

项目七
Excel 数据编辑与运算统计
操作——制作员工工资表

学习目标

在日常的工作和生活中，电子表格中除了采购清单和员工信息表等陈列类数据表格外，还需要制作如工资表、成绩统计表等需要进行大量数据计算的数据表格。

本项目通过"员工工资表"和"员工出勤情况统计表"的制作案例来了解 Excel 2010，学习简单电子表格的制作和处理方法，能够熟练使用 Excel 2010 的公式与函数进行数据的计算和处理，如求指定单元格区域的和，计算指定数据的最大值与最小值，执行条件选择运算等操作。

通过本案例的学习，能够掌握以下计算机等级考试及计算机水平考试知识点。

知识目标

- 工作表的复制、移动、重命名、插入、删除。
- 数据的移动、复制、选择性（转置）粘贴。
- 清除（对象包括全部、内容、格式、批注），数据的有效性。
- 修改/应用样式。
- 公式的使用。
- 常见函数（SUM、MAX、IF、AVERAGE、COUNTIF 等）的使用。

技能目标

- 能使用公式处理常见的数据分析需求。
- 会进行多工作表间操作。
- 能够根据需求选用常见函数处理数据。

7.1 任务要求

李先生在某公司里从事人事管理工作，在每个月末都需要处理大量的员工工资信息。员工工资信息既需要录入大量的员工基本信息及工资相关的原始数据，还需要对这些数据进行统计和计算得出每名员工的实发工资额。

这个月李先生从生产、财务等部门取得员工的职位表以及本月加班和请假记录表，如图 7-1 和图 7-2 所示。

	A	B	C	D	E
1	编号	姓名	部门	职位	岗位工资
2	1	史向超	3G项目部	部长	¥8,000
3	2	程剑	3G项目部	技术总监	¥6,800
4	3	林莉	3G项目部	技术员	¥4,500
5	4	王国阳	财务部	财务总监	¥7,600
6	5	李海	财务部	会计	¥3,750
7	6	马岚	系统集成部	部长	¥8,000
8	7	向勇	系统集成部	高级程序员	¥7,600
9	8	何明平	系统集成部	工程师	¥5,200
10	9	李左	系统集成部	管理员	¥4,000
11	10	孙丽	软件开发部	部长	¥8,000
12	11	由斌	软件开发部	高级程序员	¥7,600
13	12	陈宏月	软件开发部	程序员	¥4,500
14	13	殷澜	软件开发部	程序员	¥4,500
15	14	胡乐	软件测试部	测试工程师	¥5,200
16	15	刘畅	软件测试部	测试工程师	¥5,200
17	16	何子伟	软件测试部	测试工程师	¥5,200
18	17	王海	销售部	部长	¥8,000
19	18	何川	销售部	业务员	¥3,850
20	19	许琼	销售部	业务员	¥3,850
21	20	蓝辉	市场部	部长	¥8,000
22	21	许兰	市场部	业务员	¥3,850
23	22	陆弘天	市场部	业务员	¥3,850
24	23	史钰洋	市场部	业务员	¥3,850
25	24	左青	客户服务部	技术员	¥4,500
26	25	陈洁	客户服务部	技术员	¥4,500

图 7-1 员工职位表

	A	B	C	D	E
1	编号	姓名	部门	加班工时	请假工时
2	1	史向超	3G项目部	30	8
3	2	程剑	3G项目部	15	0
4	3	林莉	3G项目部	40	0
5	4	王国阳	财务部	0	0
6	5	李海	财务部	0	10
7	6	马岚	系统集成部	8	5
8	7	向勇	系统集成部	0	0
9	8	何明平	系统集成部	0	12
10	9	李左	系统集成部	20	0
11	10	孙丽	软件开发部	0	0
12	11	由斌	软件开发部	12	0
13	12	陈宏月	软件开发部	30	0
14	13	殷澜	软件开发部	20	0
15	14	胡乐	软件测试部	0	0
16	15	刘畅	软件测试部	5	8
17	16	何子伟	软件测试部	0	5
18	17	王海	销售部	0	0
19	18	何川	销售部	0	0
20	19	许琼	销售部	8	0
21	20	蓝辉	市场部	0	5
22	21	许兰	市场部	5	0
23	22	陆弘天	市场部	30	0
24	23	史钰洋	市场部	0	0
25	24	左青	客户服务部	0	0
26	25	陈洁	客户服务部	0	5

图 7-2 员工加班情况汇总表

了解到 Excel 具有较为强大的数据处理能力，为了能够准确快捷地计算工资，李先生决定使用 Excel 对公司员工的工资进行管理、统计。

公司员工工资的计算方法为：员工工资中的岗位工资、加班工资、满勤奖之和为应发工资，应发工资减去请假扣款即得到实发工资。其中加班工资和请假扣款按每工时 10 元计算；满勤奖为 200 元，如员工请假工时为 0 则可获得。

根据以上公式计算，可以得到"员工工资表"工作表中的各项数值，最终制作好的员工工资表如图 7-3 所示。

最后，为了给人事组织工作提出参考，根据工资表计算出出勤情况统计表中各项内容，如图 7-4 所示。

编号	姓名	部门	职位	岗位工	岗位工资	加班工时	加班工资	满勤奖金	应发金额	请假工时	请假扣款	实发金额
1	史向超	3G项目部	部长	¥8,000	8000	30	300		8300	8	80	8220
2	程剑	3G项目部	技术总监	¥6,800	6800	15	150	300	7250	0	0	7250
3	林莉	3G项目部	技术员	¥4,500	4500	40	400	300	5200	0	0	5200
4	王国阳	财务部	财务总监	¥7,600	7600	0	0	300	7900	0	0	7900
5	李海	财务部	会计	¥3,750	3750	0	0	0	3750	10	100	3650
6	马岚	系统集成部	部长	¥8,000	8000	8	80	0	8080	5	50	8030
7	向勇	系统集成部	高级程序员	¥7,600	7600	0	0	300	7900	0	0	7900
8	何明平	系统集成部	工程师	¥8,000	8000	0	0	0	8000	12	120	7880
9	李左	系统集成部	管理员	¥4,000	4000	20	200	300	4500	0	0	4500
10	孙丽	软件开发部	部长	¥8,000	8000	0	0	300	8300	0	0	8300
11	由斌	软件开发部	高级程序员	¥7,600	7600	12	120	300	8020	0	0	8020
12	陈宏月	软件开发部	程序员	¥4,500	4500	30	300	300	5100	0	0	5100
13	殷澜	软件开发部	程序员	¥4,500	4500	20	200	300	5000	0	0	5000
14	胡乐	软件测试部	测试工程师	¥5,200	5200	0	0	300	5500	0	0	5500
15	刘轼	软件测试部	测试工程师	¥5,200	5200	5	50	0	5250	8	80	5170
16	何子伟	软件测试部	测试工程师	¥5,200	5200	0	0	0	5200	5	50	5150
17	王海	销售部	部长	¥8,000	8000	0	0	300	8300	0	0	8300
18	何川	销售部	业务员	¥3,850	3850	0	0	300	4150	0	0	4150
19	许琼	销售部	业务员	¥3,850	3850	8	80	300	4230	0	0	4230
20	蓝辉	市场部	部长	¥8,000	8000	0	0	0	8000	5	50	7950
21	许兰	市场部	业务员	¥3,850	3850	5	50	300	4200	0	0	4200
22	陆弘天	市场部	业务员	¥3,850	3850	30	300	300	4450	0	0	4450
23	史钰洋	市场部	业务员	¥3,850	3850	0	0	300	4150	0	0	4150
24	左青	客户服务部	技术员	¥4,500	4500	0	0	300	4800	0	0	4800

图 7-3　员工工资表

	员工出勤情况统计表				
	人数	占员工百分比	总工时数	最长工时	平均工时
加班情况	15	50.0%	263	40	8.8
请假情况	9	30.0%	63	12	2.1
公司工资总额：	¥176,800.00				
员工总数：	30				

员工加班请假情况汇总表 ▏ 员工职位表 ▏ 员工出勤情况 ◀

图 7-4　员工出勤情况统计表

7.2　解决方案

接到工作任务后，李先生进行了分析。在进行工资信息的统计与分析时需要引用基本情况相关工作表中信息，同时需要设置好工作表的样式。至于由加班工时计算出的加班工资等可以使用 Excel 中的公式来实现，而满勤奖是在满足请假工时为 0 即没有请假的前提下才能获得，可以使用 IF 函数进行处理。而至于统计的相关数据如员工总数、总工时等数据则可以使用其他函数如 SUM、MAX、AVERAGE、COUNTIF 等来处理。

为此，设计员工工资任务的解决方案如下。

1. 根据已有的员工职位表和员工加班请假情况汇总表，规划出员工工资表和出勤情况统计表的表结构。

2. 将已有数据复制到员工工资表对应位置并设置表格格式。

3. 利用公式和 IF 函数制作完成员工工资表。

4. 利用 SUM、MAX、AVERAGE、COUNT、COUNTIF 等函数完成出勤情况统计表的制作。

7.3　基本概念

涉及知识点：工作表管理，样式、公式和函数的概念

1. 选择性粘贴

选择性粘贴是 Microsoft Office 的一种粘贴选项，通过使用选择性粘贴，用户能够将剪贴板中的内容粘贴为不同于内容源的格式。选择性粘贴在 Word、Excel、PowerPoint 中具有重要作用，例如，Excel 中可以使用"选择性粘贴"命令有选择地粘贴剪贴板中的数值、格式、公式、批注等内容，使复制和粘贴操作更灵活。

2. 样式

在 Excel 中，样式为字体、字号和缩进等格式设置特性的组合，将这一组合作为集合加以命名和存储。应用样式时，将同时应用该样式中所有的格式设置指令。

3. IF 函数

通过 IF 函数可以实现以下功能：如果指定条件的计算结果为 TRUE，IF 函数将返回某个值；如果该条件的计算结果为 FALSE，则返回另一个值。例如，要输出 A1 单元格内的值和 10 比较的结果，可以使用 IF 函数，即=IF（A1>10, "大于 10", "不大于 10"）。如果 A1 大于 10，将返回"大于10"，如果 A1 小于等于 10，则返回"不大于10"。

4. SUM 函数

SUM 函数用于返回某一单元格区域中所有数字之和。例如，SUM（A1:A5）将对单元格 A1 到 A5（区域）中的所有数字求和。再如，SUM（A1，A3，A5）将对单元格 A1、A3 和 A5 中的数字求和。

5. MAX、AVERAGE 函数

MAX 函数返回一组值中的最大值。例如，MAX（A2:A6，30）将返回 A2:A6 这一组数字和 30 之中的最大值。

AVERAGE 函数返回参数的平均值（算术平均值）。例如，AVERAGE（A2:A6，5）将返回 A2:A6 这一组数字与 5 的平均值。

6. COUNT、COUNTIF 函数

COUNT 函数返回包含数字以及包含参数列表中的数字的单元格的个数。利用函数 COUNT 可以计算单元格区域或数字数组中数字字段的输入项个数。例如，COUNT（A2:A8）将返回 A2:A8 这一组数据中包含数字的单元格的个数。

COUNTIF 函数计算区域中满足给定条件的单元格的个数。其中给定条件为确定哪些单元格将被计算在内的条件，其形式可以为数字、表达式、单元格引用或文本。例如，条件可以表示为 32、"32"、">32"、"apples"或 B4，COUNTIF（B2:B5，">55"）将计算 B2:B5 数据中值大于 55 的单元格个数。

7.4　实现步骤

7.4.1　创建员工工资表和出勤情况统计表

涉及知识点：工作表操作

由于员工工资表大部分字段和已有的员工职位表一致，可以通过复制员工职位表为员工工资表，再修改其表结构的方法来实现。

【任务1】根据已有的员工职位表和员工加班请假情况汇总表，制作员工工资表的表结构。

STEP 1 复制"员工职位表"。

通过双击打开"员工工资.xlsx"工作簿文件，可以看到该工作簿中已经有两个工作表，分别是"员工职位表"和"员工加班请假情况汇总表"。

右击"员工职位表"工作表，在弹出的快捷菜单中单击【移动或复制工作表】选项，如图7-5所示。

	A	B	C	D	E	F
1	编号	姓名	部门	职位	岗位工资	
2	1	史向超	3G项目部	部长	¥8,000	
3	2	程剑	3G项目部	技术总监	¥6,800	
4	3	林莉	3G项目部	技术员	¥4,500	
5	4	王国阳	财务部	财务总监	¥7,600	
6	5	李海	财务部	会计	¥3,750	
7	6	马岚	系统集成部	部长		
8	7	向勇	系统集成部	高级程		
9	8	何明平	系统集成部	工程		
10	9	李左	系统集成部	管理		
11	10	孙丽	软件开发部	部长		
12	11	由斌	软件开发部	高级程		
13	12	陈宏月	软件开发部	程序		
14	13	殷澜	软件开发部	程序		
15	14	胡乐	软件测试部	测试工		
16	15	刘畅	软件测试部	测试工		
17	16	何子伟	软件测试部	测试工		
18	17	王海	销售部	部长		
19	18	何川	销售部	业务		

快捷菜单选项：插入(I)…、删除(D)、重命名(R)、移动或复制(M)…、查看代码(V)、保护工作表(P)…、工作表标签颜色(T)、隐藏(H)、取消隐藏(U)…、选定全部工作表(S)

图 7-5　启动 Microsoft Office Excel 2010

在弹出的【移动或复制工作表】对话框中，选择工作簿为"员工工资.xlsx"工作簿，此选项将复制后的工作表仍存放在"员工工资.xlsx"工作簿中。选择"移至最后"将工作表移至最后。选中【建立副本】备选项，此选项进行复制操作，如不选中该选项则可以进行移动工作表操作。以上选择好后单击【确定】按钮，可以看到已经复制"员工职位表"为"员工职位表（2）"。

右击"员工职位表"工作表，在弹出的快捷菜单中单击【重命名】选项，将"员工职位表（2）"重新命名为"员工工资表"。

> **提示** ● "移动或复制工作表"对话框中的"建立副本"备选项作用是：选中"建立副本"备选项，此选项进行复制操作，如不选中该选项则可以进行移动工作表操作。

STEP 2 制作员工工资表的表结构。

选择 F1：L1 数据区域，依次输入员工工资表标题：加班工时、加班工资、满勤奖金、应发金额、请假工时、请假扣款、实发金额。

任务 1 完成后，"员工工资表"表结构如图 7-6 所示。

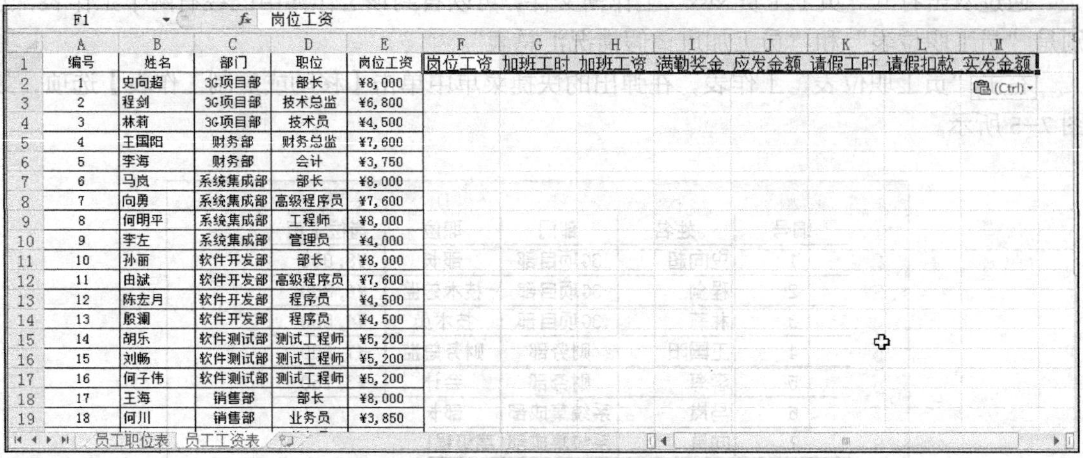

图 7-6 "员工工资表"表结构

【任务 2】 制作员工出勤情况统计表的表结构。

STEP 1 新建工作表。

右击"员工工资表"工作表，在弹出的快捷菜单中单击【插入】选项，在弹出的【插入】对话框中选择【工作表】，单击【确定】按钮完成新工作表的插入，如图 7-7 所示。

图 7-7 【插入】对话框

插入的工作表默认命名为"Sheet1"，参照任务 1 步骤 1 的方法，将该工作表重命名为"员工出勤情况统计表"。

STEP 2 制作"员工出勤情况统计表"表结构。

选择 A1:F1 数据区域，左击工具栏 图标，进行合并及居中，并输入标题文字：员工出勤情况统计表。

选择 B2:F2 数据区域，依次输入列标题文字：人数、占员工百分比、总工时数、最长工时、平均工时。

选择 A3:A4 数据区域，依次输入行标题文字：加班情况、请假情况。

选择 B6:B7 数据区域，依次输入汇总标题文字：公司工资总额、员工总数。

选择 A1:F4 数据区域，设置字体为水平居中、宋体、10 号字。单击【边框】按钮，设置为 "所有边框"，如图 7-8 所示。

类似设置 B6:C7 区域格式，设置完成后的 "员工出勤情况统计表" 表结构如图 7-9 所示。

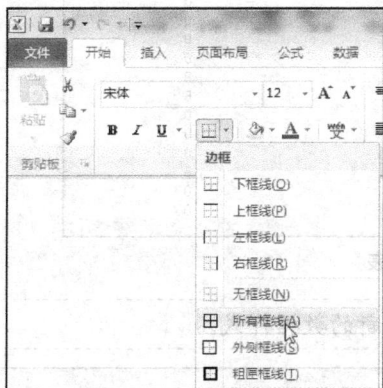

图 7-8　【边框】按钮

图 7-9　"员工出勤情况统计表" 表结构

7.4.2　通过工作表间数据复制完成员工工资表数据录入

涉及知识点：工作表间数据操作

"员工工资表" 中的加班数据均来自 "员工加班请假情况汇总表" 工作表，而且两张表中的人员编号排列一一对应，因此填充这一部分数据可以采用工作表间数据复制操作来完成。

【任务3】使用数据复制操作完成员工工资表基本数据的录入。

复制 "加班工时" 数据。

单击 "员工加班请假情况汇总表" 标签，使之成为当前工作表。

单击 "员工加班请假情况汇总表" 的列标 D，选中 D 列，在右击弹出的快捷菜单中选择【复制】选项，复制加班工时数据。

单击 "员工工资表" 标签，使之成为当前工作表。

单击 "员工工资表" 的列标 F，选中 F 列，在右击弹出的快捷菜单中选择【选择性粘贴】选项，选择【数值】，完成加班工时数据的复制。

> ● 【选择性粘贴】可以实现指定数值或者格式内容的复制，如果要实现内容和格式完全一致，只需使用【粘贴】选项即可。

采用类似方法将 "员工加班请假情况汇总表" 的 E 列复制到 "员工工资表" 的 J 列中，完成请假工时数据的录入。

步骤 1 完成后的 "员工工资表" 表结构如图 7-10 所示。

已有的 "员工工资表" 格式比较混乱，为了下一步更好，可以将原有格式清除。

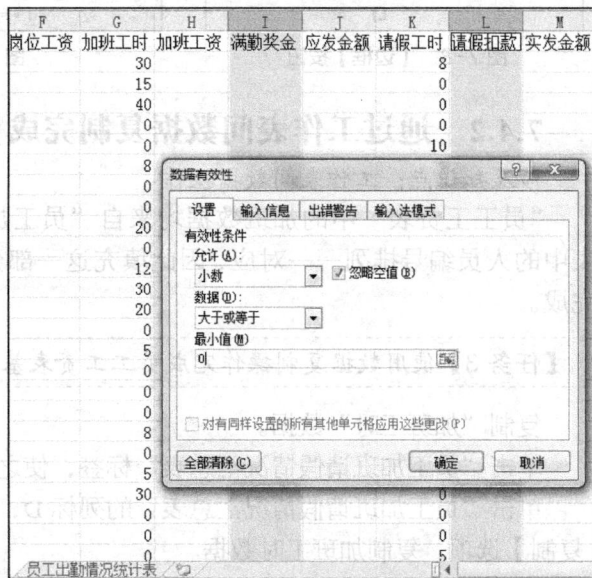

图 7-10　"员工工资表"表结构表

编号	姓名	部门	职位	岗位工资	岗位工资	加班工时	加班工资	满勤奖金	应发金额	请假工时	请假扣款	实发
1	史向超	3G项目部	部长	¥8,000		30				8		
2	程剑	3G项目部	技术总监	¥6,800		15				0		
3	林莉	3G项目部	技术员	¥4,500		40				0		
4	王国阳	财务部	财务总监	¥7,600		0				0		
5	李海	财务部	会计	¥3,750		0				10		
6	马岚	系统集成部	部长	¥8,000		8				5		
7	向勇	系统集成部	高级程序员	¥7,600		0				0		
8	何明平	系统集成部	工程师	¥8,000		0				12		
9	李左	系统集成部	管理员	¥4,000		20				0		
10	孙丽	软件开发部	部长	¥8,000		0				0		
11	由斌	软件开发部	高级程序员	¥7,600		12				0		
12	陈宏月	软件开发部	程序员	¥4,500		30				0		
13	熊澜	软件开发部	程序员	¥4,500		20				0		
14	胡乐	软件测试部	测试工程师	¥5,200		0				0		
15	刘畅	软件测试部	测试工程师	¥5,200		5				8		
16	何子伟	软件测试部	测试工程师	¥5,200		0				5		
17	王海	销售部	部长	¥8,000		0				0		
18	何川	销售部	业务员	¥3,850		0				0		
19	许琼	销售部	业务员	¥3,850		0				0		
20	蓝辉	市场部	部长	¥8,000		0				0		
21	许兰	市场部	业务员	¥3,850		5				0		
22	陆弘天	市场部	业务员	¥3,850		30				0		

员工加班请假情况汇总表　员工职位表　员工工资表　员工出勤情况统计表

【任务 4】 清除原有数据的数据格式，设置数据有效性及新的数据样式。

STEP 1　清除原有数据格式。

单击行标和列标交叉部分的全选按钮，选中整个工作表。

依次选择【开始】|【编辑】|【清除】|【清除格式】，将原有格式清除。

STEP 2　设置数据有效性。

单击列 I，选中 I 列，再按住 Ctrl 键，单击列 L，再松开 Ctrl 键，保持 I 列和 L 列同时被选中。

依次选择【数据】|【数据工具】|【数据有效性】菜单，打开【有效性】对话框，如图 7-11 所示。

在【有效性条件】对话框中设置【允许】选项为"小数"，【数据】选项为"大于或等于"，【最小值】选项为"0"。设置完成后，I 列和 L 列将不允许输入小于零的值。

图 7-11　对 I 列和 L 列设置有效性

[1] 数据有效性

数据有效性是对单元格或单元格区域输入的数据从内容到数量上的限制。对于符合条件的数据，允许输入；对不符合条件的数据，则禁止输入。这样就可以依靠系统检查数据的正确有效性，避免错误的数据录入。

[2] 数据有效性的使用

① 数据有效性功能可以在尚未输入数据时，预先设置，以保证输入数据的正确性。

② 还可以用来检查已输入的数据，起到纠错的功能。

③ 在本例中，工资数据不可能为负，可以通过数据有效性来确保这一点。

STEP 3 自动套用格式。

单击 A1，选中 A1 单元格，按 Shift 键，单击 L31，再松开 Shift 键，选中所有数据作为自动套用格式的对象。

依次选择【开始】|【样式】|【套用表格格式】，在弹出的【自动套用格式】对话框中选择【序列 1】样式，如图 7-12 所示。

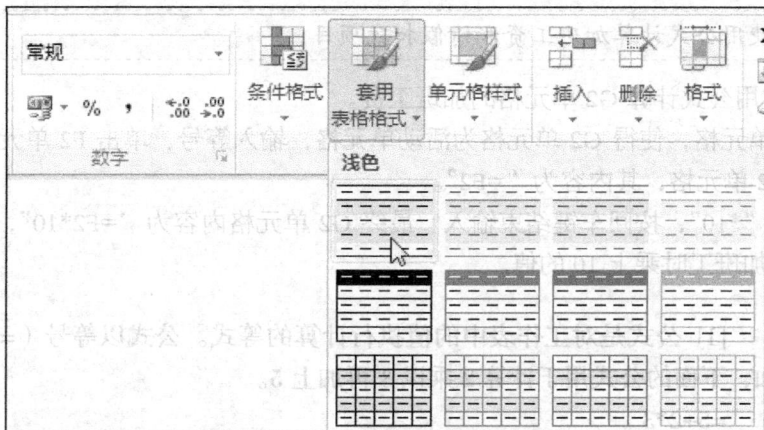

图 7-12 【自动套用格式】对话框

STEP 4 设置标题样式。

单击 A1，选中 A1 单元格，按 Shift 键，单击 L1，再松开 Shift 键，选中标题数据作为样式设置的对象。

依次选择【开始】|【样式】|【套用表格格式】，在弹出的【单元格样式】对话框中选择【样式名】选项为标题 3，如图 7-13 所示。

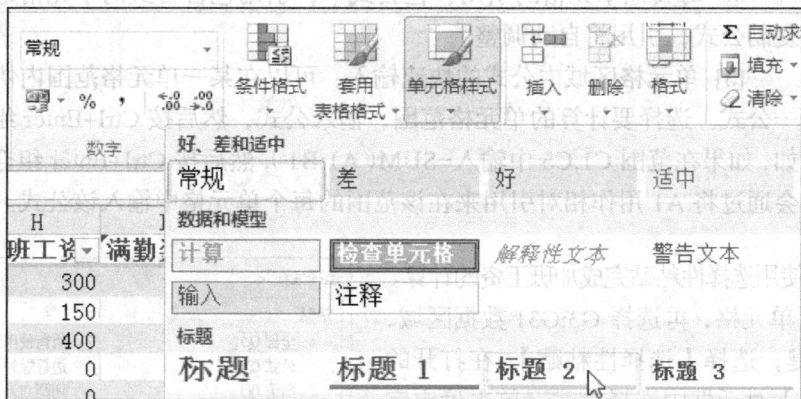

图 7-13 【单元格样式】对话框

说明

创建新样式

① 选定指定单元格，该单元格中含有新样式中要包含的格式组合（给样式命名时可指定格式）。

② 在【开始】选项卡上，单击【样式】|【套用表格格式】|【新建表样式】。

③ 在【新建表快速样式】框中输入新样式的名称。

④ 若要定义样式并同时将它应用于选定的单元格，请单击【确定】按钮。

7.4.3　使用公式和 IF 函数制作员工工资表

涉及知识点：公式的使用、函数的使用

在设计好表结构后，可以使用公式和函数在已有数据的基础上自动生成相关的工资数据。

根据工资计算的方法，加班工资和请假扣款项目的计算比较简单，只需要使用加班工时和请假工时乘上 10 即可，在 Excel 中可通过公式来实现。

【任务 5】使用公式计算加班工资和请假扣款项目。

STEP 1 使用公式计算 G2 单元格的加班工资。

单击 G2 单元格，使得 G2 单元格为活动单元格，输入等号，单击 F2 单元格，此时活动单元格仍为 G2 单元格，其内容为 "=F2"。

接着输入 "*10"，按回车键结束输入，最终 G2 单元格内容为 "=F2*10"，发现 G2 单元格的值等于其加班工时乘上 10 的值。

> **说明**
>
> [1] 公式是对工作表中的值执行计算的等式。公式以等号（=）开始。例如，下面的公式用于计算 2 乘以 3 再加上 5。
>
> =5+2*3
>
> [2] 公式的组成：公式包括运算符、常量及对其他单元格的引用，还可以包含函数。
>
> ① 运算符：一个标记或符号，指定表达式内执行的计算的类型，有数学、比较、逻辑和引用运算符等。
>
> ② 常量：不进行计算的值，因此也不会发生变化。例如，数字 210 以及文本 "每季度收入" 都是常量。表达式以及表达式产生的值都不是常量。
>
> ③ 对其他单元格的引用：在公式中，引用包含公式的单元格地址。如果复制公式，引用将自动调整。
>
> [3] 单元格区域内公式的快速输入：可以在某一单元格范围内快速输入同一公式。选择要计算的单元格范围，输入公式，然后按 Ctrl+Enter 组合键。例如，如果在范围 C1:C5 中输入=SUM(A1:B1)，然后按 Ctrl+Enter 组合键，Excel 会通过将 A1 用作相对引用来在该范围的每个单元格中输入该公式。

STEP 2 使用选择性粘贴完成加班工资的计算。

复制 G2 单元格，再选择 G3:G31 数据区域，单击鼠标右键，选择【选择性粘贴】，在打开的【选择性粘贴】对话框中选择公式，单击确定完成加班工资的计算，如图 7-14 所示。

> **提示**
>
> ● 为了保持表格格式的准确，不能使用快速填充的方式完成其他加班工资的计算。

STEP 3 计算扣款项目。

采用和步骤 1 类似的方法完成请假扣款数据

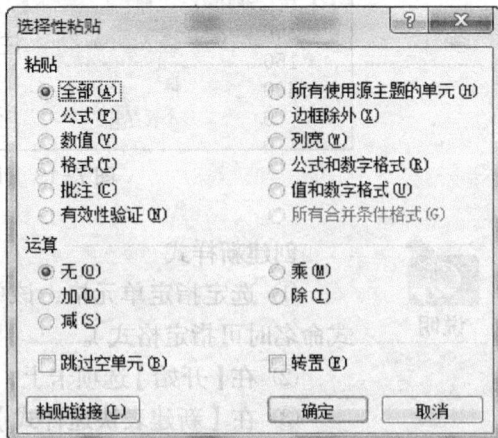

图 7-14　在【选择性粘贴】对话框中进行公式的粘贴

的计算。

满勤奖只发给请假工时为 0 的员工，因此需要在对请假工时进行判断的基础上进行计算，使用 IF 函数可以实现。

【任务6】使用 IF 函数计算满勤奖金额。

STEP 1 插入函数。

单击 H2 单元格，使得 H2 单元格为活动单元格，单击编辑栏左边的【插入函数】按钮 *fx*，打开【插入函数】对话框，选择函数为 IF 函数，单击【确定】按钮，打开【函数参数】对话框，如图 7-15 所示。

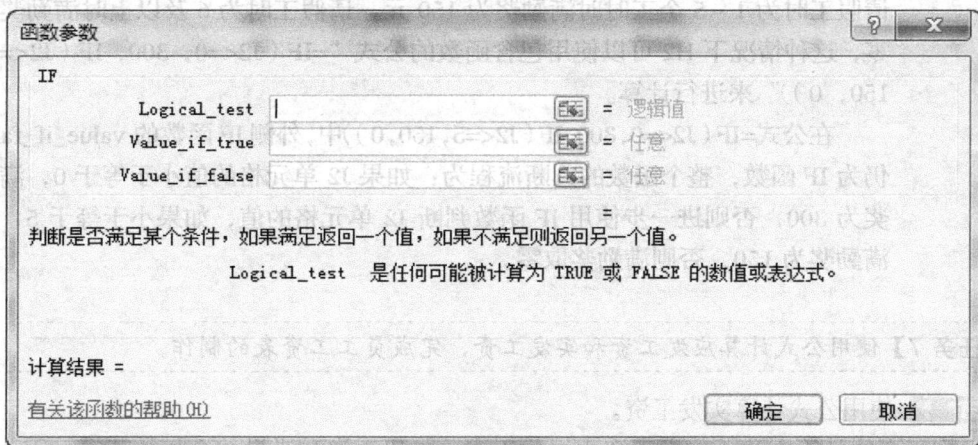

图 7-15 【函数参数】对话框

STEP 2 设置 IF 函数参数。

在【函数参数】对话框中，将插入点定位在第一个参数 Logical_test 处，单击图标 🔧，返回"员工工资表"工作表并打开【函数参数】子对话框，进入选择模式，单击 J2 单元格，在【函数参数】子对话框完成判断条件的输入，如图 7-16 所示。

图 7-16 Logical_test 参数

输入完毕后，按回车键返回【函数参数】对话框，依次在 Value_if_true 和 Value_if_false 参数处直接输入值 300 和 0。单击【确定】按钮完成参数的输入。

> 说明
>
> [1] IF 函数：本例完成后，H2 单元格的内容为"=IF（J2<=0, 300, 0）"，其含义是如果 J2 单元格的值及请假工时不大于 0，满勤奖为 300，反之如果请假工时大于 0，则满勤奖为 0。
>
> [2] IF 函数的语法：IF（logical_test, [value_if_true], [value_if_false]）
>
> ① logical_test：必需。计算结果为 TRUE 或 FALSE 的任何值或表达式。例如，A10=100 就是一个逻辑表达式，如果单元格 A10 中的值等于 100，则表达式的计算结果为 TRUE。否则，表达式的计算结果为 FALSE。此参数可以使

用任何比较计算运算符。

　　　② value_if_true：可选。logical_test 参数的计算结果为 TRUE 时所要返回的值。

　　　③ value_if_false：可选。logical_test 参数的计算结果为 FALSE 时所要返回的值。例如，如果此参数的值为文本字符串 "超出预算"，并且 logical_test 参数的计算结果为 FALSE，则 IF 函数返回文本 "超出预算"。

　　[3] 函数的嵌套：使用函数时，函数的参数也可以是一个函数表达式，成为函数的嵌套。

　　如本例中，满勤奖的金额分为两种，请假工时为 0 时满勤奖金为 300 元，请假工时为 1 ~ 5 个工时时满勤奖为 150 元，请假工时为 6 及以上时满勤奖为零，这种情况下 H2 可以使用包含函数的公式 "=IF（J2<=0，300，IF（J2<=5，150，0））" 来进行计算。

　　在公式=IF（J2<=0,300,IF（J2<=5,150,0））中，外侧 IF 函数的 value_if_false 仍为 IF 函数，整个函数的判断流程为：如果 J2 单元格的值小于等于 0，满勤奖为 300，否则进一步使用 IF 函数判断 J2 单元格的值，如果小于等于 5，则满勤奖为 150，否则满勤奖取零。

【任务 7】 使用公式计算应发工资和实发工资，完成员工工资表的制作。

STEP 1 使用公式计算实发工资。

　　根据工资的计算方法，实发工资由岗位工资、加班工资和满勤奖金相加获得，因此可以使用包含单元格地址和运算符的公式来实现，具体步骤为：

　　单击 I2 单元格，使得 I2 单元格为活动单元格，输入等号，单击 E2 单元格，此时活动单元格仍为 G2 单元格，其内容为 "=E2"。接着输入 "+"，单击 F2 单元格，再输入 "+"，单击 H2 单元格，按回车键结束输入，最终 I2 单元格内容为 "=E2+G2+H2"。

　　发现 I2 单元格的值等于 E2、G2、H2 单元格的值相加，为 8300。

STEP 2 使用选择性粘贴完成实发工资的计算。

　　复制 I2 单元格，再选择 I3:I31 数据区域，单击鼠标右键，选择【选择性粘贴】，在打开的【选择性粘贴】对话框中选择公式，单击【确定】按钮完成实发工资的计算。

STEP 3 使用公式计算应发工资。

　　应发工资可以通过在实发工资金额的基础上扣除请假扣款的方式来进行计算。除了使用鼠标点击的方式来引用单元格地址，也可以直接输入公式的内容，具体步骤为：

　　选中 L2 单元格，输入 "=I2-K2"，按回车键结束输入，即得到其应发工资为 8220 元。再使用选择性粘贴完成其他应发工资的计算。

STEP 4 设置数字格式为货币，完成 "员工工资表" 的制作。

　　按 Ctrl 键，依次单击列标 E、G、H、I、K、L，同时选中这 6 列工资金额相关的列。单击鼠标右键，在弹出的快捷菜单中选择【设置单元格格式】选项，在弹出的【单元格格式】对话框中选择分类为货币，小数位数为 0。

　　任务 7 完成后，得到完整的 "员工工资表"，如图 7-17 所示。

	A	B	C	D	E	F	G	H	I	J	K	L	M
1	编号	姓名	部门	职位	岗位工	岗位工资	加班工时	加班工资	满勤奖金	应发金额	请假工时	请假扣款	实发金额
2	1	史向超	3G项目部	部长	¥8,000	8000	30	300	0	8300	8	80	8220
3	2	程剑	3G项目部	技术总监	¥6,800	6800	15	150	300	7250	0	0	7250
4	3	林莉	3G项目部	技术员	¥4,500	4500	40	400	300	5200	0	0	5200
5	4	王国阳	财务部	财务总监	¥7,600	7600	0	0	300	7900	0	0	7900
6	5	李海	财务部	会计	¥3,750	3750	0	0	0	3750	10	100	3650
7	6	马岚	系统集成部	部长	¥8,000	8000	8	80	0	8080	5	50	8030
8	7	向勇	系统集成部	高级程序员	¥7,600	7600	0	0	300	7900	0	0	7900
9	8	何明平	系统集成部	工程师	¥8,000	8000	0	0	0	8000	12	120	7880
10	9	李左	系统集成部	管理员	¥4,000	4000	20	200	0	4500	0	0	4500
11	10	孙丽	软件开发部	部长	¥8,000	8000	0	0	300	8300	0	0	8300
12	11	由斌	软件开发部	高级程序员	¥7,600	7600	12	120	300	8020	0	0	8020
13	12	陈宏月	软件开发部	程序员	¥4,500	4500	30	300	300	5100	0	0	5100
14	13	殷澜	软件开发部	程序员	¥4,500	4500	20	200	300	5000	0	0	5000
15	14	胡乐	软件测试部	测试工程师	¥5,200	5200	0	0	300	5500	0	0	5500
16	15	刘畅	软件测试部	测试工程师	¥5,200	5200	5	50	0	5250	8	80	5170
17	16	何子伟	软件测试部	测试工程师	¥5,200	5200	0	0	0	5200	5	50	5150
18	17	王海	销售部	部长	¥8,000	8000	0	0	300	8300	0	0	8300
19	18	何川	销售部	业务员	¥3,850	3850	0	0	300	4150	0	0	4150
20	19	许琼	销售部	业务员	¥3,850	3850	8	80	300	4230	0	0	4230
21	20	蓝辉	市场部	部长	¥8,000	8000	0	0	0	8000	5	50	7950
22	21	许兰	市场部	业务员	¥3,850	3850	5	50	300	4200	0	0	4200
23	22	陆弘天	市场部	业务员	¥3,850	3850	30	300	300	4450	0	0	4450
24	23	史钰洋	市场部	业务员	¥3,850	3850	0	0	300	4150	0	0	4150
25	24	左青	客户服务部	技术员	¥4,500	4500	0	0	300	4800	0	0	4800

图 7-17　最终的"员工工资表"

【水平考试常见考点练习】

新建 Excel 表格，将（A3:A10）单元格数字格式设置为文本。然后在 A3 单元格内输入刘明亮的职工号 0000001，再用鼠标拖动的方法依次在（A4:A10）单元格内填充上 0000002～0000008。

7.4.4　使用函数进行出勤情况统计

涉及知识点：函数的使用

和"员工工资表"不同，"员工出勤情况统计表"是以已有数据为基础，进行大量的数据统计和分析工作，因此在完成"员工出勤情况统计表"数据统计时使用的各种不同的函数。

【任务8】使用 MAX 和 AVERAGE 函数统计最长工时和平均工时。

STEP 1　计算最长加班工时。

使用 MAX 函数可以计算一系列数值的最大值，本案例要找到"员工工资表"中的最长加班工时，需要使用到工作表之间数据的引用，具体步骤如下：

单击"员工出勤情况统计表"工作表的 E3 单元格，使得 E3 单元格为活动单元格，单击编辑栏左边的【插入函数】按钮，打开【插入函数】对话框，选择函数为 MAX 函数，单击【确定】按钮，打开【函数参数】对话框，如图 7-18 所示。

单击 Number1 参数右侧的按钮，【函数参数】对话框缩小，进入参数选择状态。单击"员工工资表"工作表标签，选择 F2:F31 数据区域，按回车键结束参数选择，返回如图 7-17 所示的【函数参数】对话框。此时 Number1 参数值为"员工工资表!F2:F31"，表示求最大值的数据区域是"员工工资表"工作表中的 F2:F31 数据区域。

确定函数参数后，单击【确定】按钮结束函数输入，得到最大工时。E3 单元格的公式完整形式为"=MAX（员工工资表!F2:F31）"。

STEP 2　计算最长请假工时。

类似于步骤 1，使用 MAX 函数计算最长请假工时。

选择"员工出勤情况统计表"工作表的 E4 单元格，计算最长请假工时的参数是"员工工资表!J2:J31"，函数输入完毕后，E4 单元格的公式完整形式为"=MAX（员工工资表! J2:J31）"。

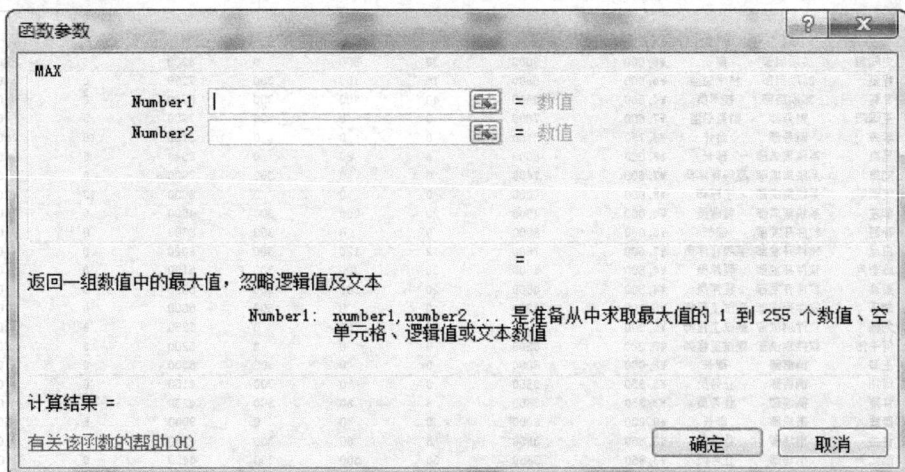

图 7-18　MAX 函数的【函数参数】对话框

STEP 3 计算平均加班工时。

使用 AVERAGE 函数可以计算一系列数值的平均值，本步骤要找到"员工工资表"中的平均加班工时，也需要使用到工作表之间数据的引用，具体步骤如下：

单击"员工出勤情况统计表"工作表的 F3 单元格，使得 F3 单元格为活动单元格，单击编辑栏左边的【插入函数】按钮 *fx*，打开【插入函数】对话框，选择函数为 AVERAGE 函数，单击【确定】按钮，打开【函数参数】对话框，如图 7-19 所示。

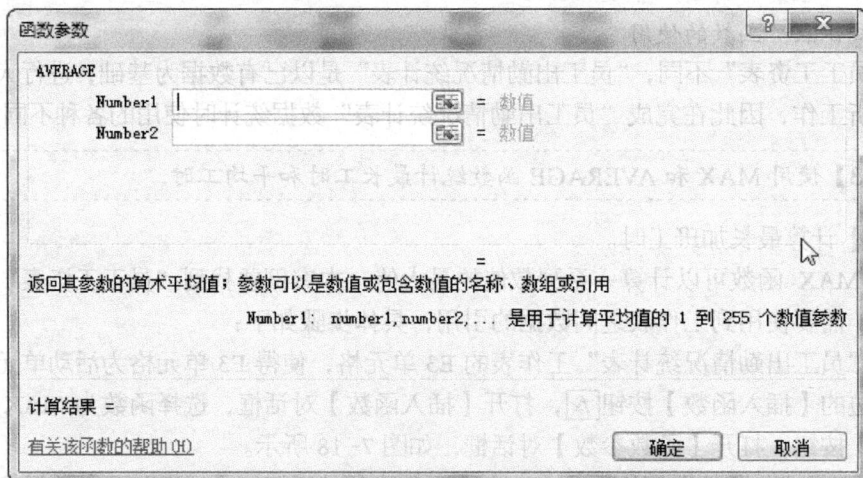

图 7-19　AVERAGE 函数的【函数参数】对话框

可见 AVERAGE 函数的【函数参数】对话框和 MAX 函数的各参数基本相同，使用类似于步骤 1 的方法确定 Number1 参数值为"员工工资表!F2:F31"，表示求平均值的数据区域是"员工工资表"工作表中的 F2:F31 数据区域。

确定函数参数后，单击【确定】按钮结束函数输入，得到平均加班工时。

STEP 4 计算平均请假工时。

类似于步骤 3，使用 AVERAGE 函数计算最长请假工时。

选择"员工出勤情况统计表"工作表的 F4 单元格，计算平均请假工时的参数是"员工工资表!J2:J31"，函数输入完毕后，F4 单元格内的公式完整形式为"=AVERAGE(员工工资表! J2:J31)"。

【任务 9】使用 SUM 函数和 COUNT 函数计算总工时、工资总额、员工总数。

STEP 1 使用 SUM 函数计算加班总工时、请假总工时和工资总额。

可以使用求和函数 SUM 计算加班总工时，步骤如下：

选择"员工出勤情况统计表"工作表的 D3 单元格，计算加班总工时的参数是"员工工资表!F2:F31"，函数输入完毕后，D3 单元格内的公式完整形式为"=SUM（员工工资表!F2:F31）"。

计算请假总工时的步骤为：选择"员工出勤情况统计表"工作表的 D4 单元格，计算请假总工时的参数是"员工工资表! J2:J31"，函数输入完毕后，D4 单元格内的公式完整形式为"=SUM（员工工资表! J2:J31）"。

计算工资总额的步骤为：选择"员工出勤情况统计表"工作表的 C6 单元格，计算工资总额的参数是"员工工资表! L2:L31"，函数输入完毕后，C6 单元格内的公式完整形式为"=SUM（员工工资表!L2:L31）"。

STEP 2 使用 COUNT 函数计算公司员工总数。

可以使用计数函数 COUNT 计算公司员工总数，步骤如下。

选择"员工出勤情况统计表"工作表的 C7 单元格，计算公司员工总数的参数是"员工工资表! A2:A31"，函数输入完毕后，C7 单元格内的公式完整形式为"=COUNT（员工工资表! A2:A31）"。

> 🔒 提示
>
> ● COUNT 函数返回包含数字以及包含参数列表中的数字的单元格的个数。因此本例中使用包含函数的公式"=COUNT（员工工资表! A2:A31）"和公式"=COUNT（员工工资表! A1:A31）"效果是一样的，因为 A1 单元格内容为文字，COUNT 函数计数时不计算在内。

【任务 10】使用 COUNTIF 函数计算请假和加班人数，完成员工出勤情况统计表的制作。

STEP 1 使用 COUNTIF 函数计数加班人数。

加班人数的计算不仅要使用函数的统计功能，还要求判断统计的对象加班工时是否大于 0，使用 COUNTIF 函数可以实现，具体步骤如下：

选择"员工出勤情况统计表"工作表的 D3 单元格，单击编辑栏左边的【插入函数】按钮 f_x，打开【插入函数】对话框，选择函数为 COUNTIF 函数，单击【确定】按钮，打开 COUNTIF 的【函数参数】对话框，如图 7-20 所示。

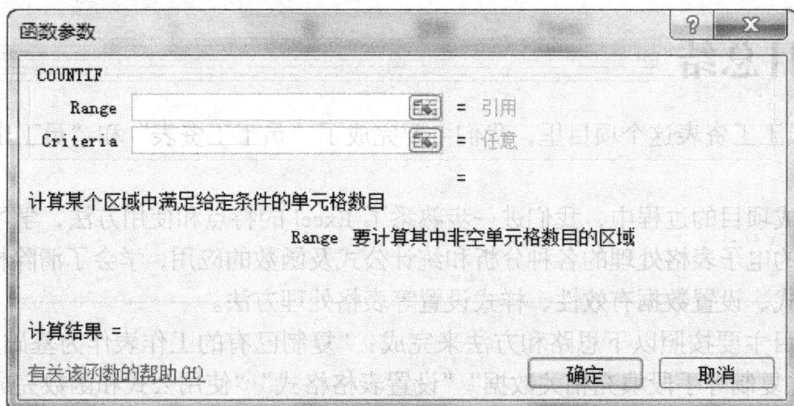

图 7-20 【函数参数】对话框

在【函数参数】对话框中，将插入点定位在第一个参数 Range 处，单击图标，返回“员工出勤情况统计表”工作表并打开【函数参数】子对话框，进入选择模式，单击“员工工资表”工作表标签，选择 F2:F31 数据区域，按回车键结束选择，返回【函数参数】对话框，依次在 Criteria 参数处直接输入统计判断条件“>0”。单击【确定】按钮完成参数的输入。

STEP 2 使用 COUNTIF 函数计算请假人数。

类似于加班人数的统计过程，步骤如下：

选择“员工出勤情况统计表”工作表的 B4 单元格，统计请假人数的 Range 参数是“员工工资表! J2:J31”，Criteria 参数为“>0”。函数输入完毕后，B4 单元格内的公式完整形式为“=COUNTIF（员工工资表! J2:J31，">0"）”。

STEP 3 计算加班和请假人数占总员工数的比例，完成“员工出勤情况统计表”的制作。

选择“员工出勤情况统计表”工作表的 C3 单元格，输入公式“=D3/C7”，使用快速填充将公式填充到 C4 单元格。

设置 C3:C4 单元格区域格式为百分比，小数位数为 1 位，完成“员工出勤情况统计表”的制作。

提示

- **在本例中 C3 和 C4 单元格都需要除以员工总数来得到比例，所以在公式中的单元格地址前加上￥符号后，使用快速填充，￥符号后的字母和数字不会自动变化。**

完成后的“员工出勤情况统计表”如图 7-21 所示。

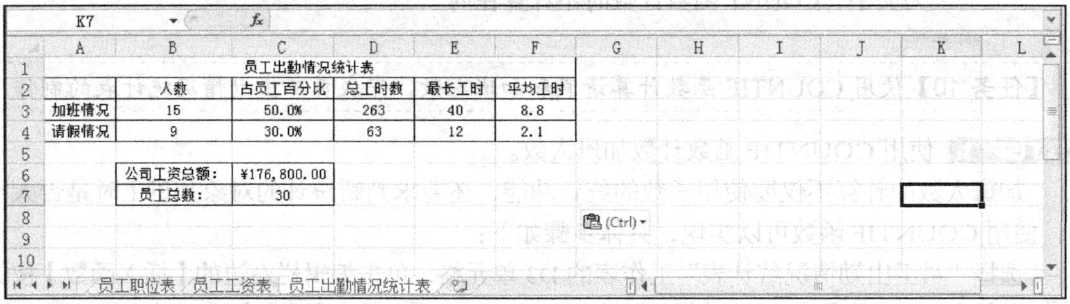

	A	B	C	D	E	F
1			员工出勤情况统计表			
2		人数	占员工百分比	总工时数	最长工时	平均工时
3	加班情况	15	50.0%	263	40	8.8
4	请假情况	9	30.0%	63	12	2.1
5						
6		公司工资总额：	¥176,800.00			
7		员工总数：	30			

图 7-21　完成后的“员工出勤情况统计表”

7.5　项目总结

在制作员工工资表这个项目里，我们主要完成了“员工工资表”和“员工出勤情况统计表”的制作。

- 在完成项目的过程中，我们进一步熟悉了 Excel 的特点和使用方法，学习了含有大量数据的电子表格处理的各种分析和统计公式及函数的应用，学会了清除格式、自动套用格式、设置数据有效性、样式设置等表格处理方法。
- 本项目主要按照以下思路和方法来完成：“复制已有的工作表作为基础创建表结构”“通过复制等手段填充相关数据”“设置表格格式”“使用公式和函数完成数据的统计和分析”，这是本项目的主要内容。

- 在"员工出勤情况统计表"中涉及大量的函数，在项目中通过各种函数的使用熟悉了函数的语法，了解各参数的作用。

完成本项目后，可以利用公式和函数对电子表格进行基本的分析和处理，具备制作各种常见的数据统计和分析类电子表格的能力，下一步我们将学习数据排序、汇总等处理手段以及图表化表示工作表数据的相关项目，进一步提升 Excel 应用水平。

7.6 技能拓展

7.6.1 理论考试练习

一、单项选择题

1. 在 Excel 工作表中，_____是混合地址引用。

    A. C7   B. B3   C. $F8   D. A1

2. 在 Excel 工作表中，已知 C2、C3 单元格的值均为 0，在 C4 单元格中输入"C4=C2+C3"，则 C4 单元格显示的内容为_____。

    A. C4=C2+C3   B. TRUE   C. 1   D. 0

3. 在 Excel 中，正确的说法是_____。

    A. 利用菜单的"删除"命令，可选择删除单元格所在的行或单元格所在的列

    B. 利用菜单的"清除"命令，可以清除单元格中的全部数据和单元格本身

    C. 利用菜单的"清除"命令，只可选择清除单元格的本身

    D. 利用菜单的"删除"命令，只可以删除单元格所在的行

4. 在 Excel 中，在 A1 单元格中输入=4*5，则 A1 单元格将显示_____。

    A. 4*5   B. 20   C. 4   D. 5

5. 在 Excel 单元格中输入"="DATE"&"TIME""所产生的结果是_____。

    A. DATETIME   B. DATE+TIME   C. 逻辑值"真"   D. 逻辑值"假"

6. 在 Excel 中，下列公式格式中错误的是_____。

    A. A5=C1*D1   B. A5=C1/D1

    C. A5=C1 "OR" D1   D. A5=OR（C1，D1）

7. 在 Excel 中，工作表的 D5 单元格中存在公式"=B5+C5"，则执行了在工作表第 2 行插入一新行的操作后，原单元格中的内容为_____。

    A. =B5+C5   B. =B6+C6   C. 出错   D. 空白

8. 在 Excel 中，若在工作簿 Book1 的工作表 Sheet2 的 C1 单元格内输入公式，需要引用 Book2 的 Sheet1 工作表中 A2 单元格的数据，那么正确的引用格式为_____。

    A. Sheet1!A2   B. Book2!Sheet1(A2)

    C. BookSheet1A2   D. [Book2]sheet1!A2

9. 在 Excel 中，当前工作表的 B1:C5 单元格区域已经填入数值型数据，如果要计算这 10 个单元格的平均值并把结果保存在 D1 单元格中，则要在 D1 单元格中输入_____。

    A. =COUNT（B1:C5）   B. =AVERAGE（B1:C5）

    C. =MAX（B1:C5）   D. =SUM（B1:C5）

10. 在 Excel 中，下列有关"自动重算"功能的论述错误的是_____。

    A. 在单元格数据变化时，该功能可以将公式的值重新计算

B. 该功能需要占用一定的执行时间

C. 用户可以关闭该功能

D. 该功能一旦执行，将不能再恢复

11. 在 Excel 中，要对一组数值数据求平均值，可以选用的函数是_____。

A. MAX　　　　B. COUNT　　　　C. AVERAGE　　D. SUM

12. 在 Excel 的单元格地址引用中，_____属于混合引用。

A. A1　　　　B. $B2　　　　C. D2　　　　D. B5

二、多项选择题

1. 在 Excel 单元格中，下列输入公式格式正确的是_____。

A. =SUM（3，4，5）　　　　　　B. =SUM（A1:A6）

C. =SUM（A1; A6）　　　　　　D. =SUM（A1A6）

2. 在 Excel 中，下列叙述中正确的有_____。

A. 移动公式时，公式中单元格引用将保持不变

B. 复制公式时，公式中单元格引用会根据引用类型自动调整

C. 移动公式时，公式中单元格引用将做调整

D. 复制公式时，公式中单元格引用将保持不变

3. Excel 的"编辑"菜单中的"清除"命令不能_____。

A. 删除单元格　B. 删除行　　　C. 删除列　　　D. 删除单元格的格式

4. 在 Excel 工作表中，正确的单元格地址有_____。

A. A$5　　　　B. $A5　　　　C. A5　　　　D. 5A

5. 在 Excel 中，在单元格 D1、D2、D3、D4 中分别输入了 10、星期天、2x、2013-10-02，则下列计算公式可以正确执行的是_____。

A. =D1^3　　　　B. =D2-1　　　　C. =D3+4x-6　　　　D. =D4+3

7.6.2 实践操作练习

一、请在 Excel 中对如下工作表完成操作

	A	B	C	D	E	F	G
1	安徽徽韵文化有限公司2014年10月份员工销售业绩及收入表						
2	工号	姓名	实际销售量	10月份应销售量	基本工资	奖金/扣除	月收入
3	hy001	张小凡	360	300	2100		
4	hy002	李爱萍	330	300	1500		
5	hy003	孔伟芳	380	300	1650		
6	hy004	童佳缘	310	300	1750		
7	hy005	张思民	290	300	1700		
8	hy006	王巍巍	220	300	1650		
9	hy007	谢 刚	330	300	1650		
10	hy008	肖卫平	300	300	1400		

① 使用 IF 函数计算职工的奖金/扣除列（使用 IF 函数的条件是:实际销售量>=10月份应销售量，条件满足的取值 800，条件不满足的取值-300）。

② 计算月收入（月收入=基本工资+奖金/扣除），将（G3:G10）单元格的数字格式设为货币（￥），不保留小数。

③ 将工作表 Sheet1 改名为"职工收入"。

二、请在 Excel 中对如下工作表完成操作

	A	B	C	D
1	专业	班级数	每班人数	专业人数
2	自动化	4	31	
3	电子信息工程	4	35	
4	电子科学与技术	2	42	
5	电气工程	2	44	
6	通信工程	8	30	
7				
8			超过 100 人的专业人数之和：	

① 将工作表 Sheet1 命名为"电气学院专业人数统计表"。

② 在"专业人数统计表"中用公式计算专业人数（专业人数=班级数*每班人数）。

③ 在 D8 单元格内用条件求和函数 SUMIF 计算所有专业人数超过 100 人（包含 100 人）的专业人数之和。

三、请在 Excel 中对如下工作表完成操作

	A	B	C	D	E	F
1	百味食品销售近两年销售情况表					
2	产品名称	2013年销量	增长比例	2014年销量	2014年销售额	
3	巧克力	510	10%			
4	饼 干	310	30%			
5	蛋 糕	120	20%			
6	汽 水	90	-10%			

① 计算 2014 年销量（2014 年销量=2013 年销量*（1+增长比例））。

② 将当前工作表改名为"年销售情况表"。

③ 计算 2014 年销售额，已知 2014 年各产品的平均售价放置在 Sheet2 工作表内（2014年销售额=2014 年销量*2014 年平均售价）。

四、请在 Excel 中对如下工作表完成操作

	A	B	C	D	E	F	G	H	I	J
1	职工号	姓名	基本工资	职务工资	生活补贴	水电费	住房公积金	个人所得税	实发工资	应发工资
2		刘明亮	1280	880	1600	20	600			
3		郑强	1160	780	1600	78	580			
4		李红	1140	760	1600	90	560			
5		刘奇	1080	700	1600	42	520			
6		王小会	1420	940	1600	55	700			
7		陈朋	1240	860	1600	100	580			
8		佘东琴	1200	800	1600	96	560			
9		吴大志	1100	750	1600	45	540			

① 将应发工资所在列（J 列）移动到生活补贴所在列（E 列）之后，并利用求和函数计算应发工资（应发工资等于基本工资、职务工资和生活补贴的三项之和）。

② 利用函数计算个人所得税。判断依据是应发工资大于或等于 3500 的征收超出部分 3% 的税，低于 3500 的不征税（公式中请使用 3%，不要使用 0.03 等其他形式，条件使用：应发工资>=3500）。

③ 利用公式计算实发工资（实发工资=应发工资-水电费-住房公积金-个人所得税）。

五、请在 Excel 中对如下工作表完成操作

① 利用平均函数求每个同学各门课成绩的平均，平均所在列数据格式设为数值型，保留 2 位小数。

	A	B	C	D	E	F	G
1		管理工程学院2014级学生考试成绩表					
2	学号	姓名	英语	大学语文	高等数学	平均	总评等级
3	201401	李小丽	77	96	90		
4	201402	张俊荣	85	67	83		
5	201403	葛伟华	98	69	73		
6	201404	阎晓宏	67	58	88		
7	201405	周继红	89	99	87		
8	201406	汪小峰	55	45	74		

② 利用函数求总评等级（条件为：平均>=60，满足的为"合格"，不满足的为"不合格"）。

六、请在 Excel 中对如下工作表完成操作

	A	B	C	D
1		长安福特汽车有限公司产品成本核算表		
2	单位:万元		经销商补贴	2000
3	品名	单价	数量	总计
4	嘉年华两厢	7.8	2089	
5	嘉年华三厢	8.3	4233	
6	经典福克斯	10.9	3277	
7	新福克斯	11.5	4032	
8	翼搏	11.3	1870	
9	翼虎	17.9	1000	

① 将工作表 Sheet1 改名为"长安福特汽车产品成本核算情况分析"。
② 计算总计（总计=单价*数量+经销商补贴）。

七、请在 Excel 中对如下工作表完成操作

	A	B	C	D
1	服装公司2014年销售订单统计表			
2	订单号	订单金额	销售人员	
3	D2014001	$5,000.00	张锦鹏	
4	D2014002	$14,500.00	李卫平	
5	D2014003	$12,500.00	王可欣	
6	D2014004	$7,500.00	余望平	
7	D2014005	$25,000.00	余望平	
8	D2014006	$4,200.00	李卫平	
9	D2014007	$95,000.00	张锦鹏	
10	D2014008	$9,600.00	李卫平	
11	D2014009	$15,700.00	王可欣	
12	D2014010	$4,800.00	余望平	
13	D2014011	$6,800.00	李卫平	
14	D2014012	$13,000.00	张锦鹏	
15	D2014013	$22,800.00	王可欣	
16	累计	$236,400.00		

① 使用求和函数分别在 D6、D9、D12 和 D15 单元格内计算每位销售人员订单金额的和（例如，D5 内存放李平的所有订单金额和）。
② 请将工作表 Sheet1 的表名修改为"订单统计表"。

八、请在 Excel 中对如下工作表完成操作

① 利用公式计算 11 月销量（11 月销量=10 月销量*（1+增长比例））。
② 利用公式计算 11 月份后库存(11 月份后库存 = 10 月前库存量−10 月销量−11 月销量），10 月份前的库存量在 Sheet2 工作表内（公式中单元格前必须含表名）。
③ 将数据区域 A2:E12 转置粘贴到 A15:K19 区域。

	A	B	C	D	E
1	乐购超市10-11月商品销售情况表				
2	商品名称	10月销量	增长比例	11月销量	11月份后库存
3	牙刷	850	-20%		
4	手套	1100	12%		
5	毛衣	550	94%		
6	蚊帐	770	-70%		
7	衬衫	1500	-10%		
8	背心	1700	-30%		
9	毛线帽	2100	20%		
10	热水瓶	1100	5%		
11	棉鞋	1380	50%		

工作表 1

	A	B	C
1			
2	产品名称	10月前库存量	
3	牙刷	5000	
4	手套	3870	
5	毛衣	4673	
6	蚊帐	1387	
7	衬衫	3378	
8	背心	4325	
9	毛线帽	5476	
10	热水瓶	3714	
11	棉鞋	3500	

工作表 2

PART 8

项目八
Excel 数据管理的应用
——员工工资管理与分析

学习目标

Excel 提供了强大的数据管理功能，可以方便地组织、管理和分析大量的数据信息。在 Excel 中，可以对工作表中的数据进行排序、筛选、分类汇总，还可以为工作表创建图表、建立数据透视表等一些较为复杂的统计分析工作。

本项目通过员工工资管理案例的操作，学习 Excel 中记录单的使用、数据管理的基本方法等。

通过本案例的学习，能够掌握以下计算机水平考试知识点。

知识目标

- 创建多张工作表。
- 数据的排序。
- 筛选分析数据。
- 数据的分类汇总。
- 数据透视表。
- 数据图表制作。

技能目标

- 会使用数据清单的方法创建数据。
- 能通过排序对数据进行分析。
- 能筛选出符合条件的数据。
- 能对数据按某列分组汇总计算。
- 能按不同组织方式分析管理数据。
- 会制作数据图表。

8.1 任务要求

苏珊是某软件公司财务部的助理，她接到的任务是将本月的员工工资情况在例会上做报告，为了提高工作效率和水平，她准备用 Excel 工作表将工资中的主要数据进行统计分析。

经过对工资系统中数据的认真分析，苏珊对员工工资表进行了规划。表中的信息包括编号、姓名、部门、职位、岗位工资、加班工资、应发金额、请假扣款、实发金额等项目。最终生成表格如图 8-1 所示。

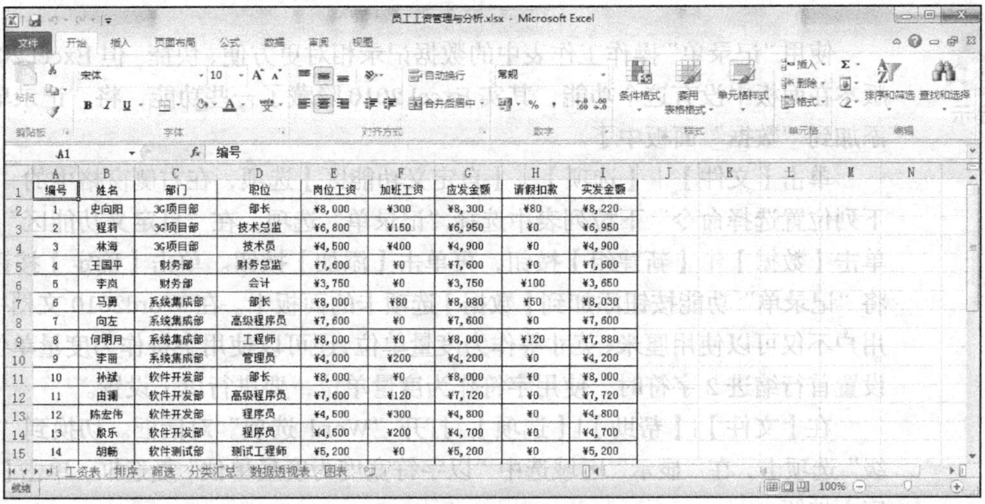

编号	姓名	部门	职位	岗位工资	加班工资	应发金额	请假扣款	实发金额
1	史向阳	3G项目部	部长	¥8,000	¥300	¥8,300	¥80	¥8,220
2	程莉	3G项目部	技术总监	¥6,800	¥150	¥6,950	¥0	¥6,950
3	林海	3G项目部	技术员	¥4,500	¥400	¥4,900	¥0	¥4,900
4	王国平	财务部	财务总监	¥7,600	¥0	¥7,600	¥0	¥7,600
5	李岚	财务部	会计	¥3,750	¥0	¥3,750	¥100	¥3,650
6	马勇	系统集成部	部长	¥8,000	¥80	¥8,080	¥50	¥8,030
7	向左	系统集成部	高级程序员	¥7,600	¥0	¥7,600	¥0	¥7,600
8	何明月	系统集成部	工程师	¥8,000	¥0	¥8,000	¥120	¥7,880
9	李丽	系统集成部	管理员	¥4,000	¥200	¥4,200	¥0	¥4,200
10	孙斌	软件开发部	部长	¥8,000	¥0	¥8,000	¥0	¥8,000
11	由澜	软件开发部	高级程序员	¥7,600	¥120	¥7,720	¥0	¥7,720
12	陈宏伟	软件开发部	程序员	¥4,500	¥300	¥4,800	¥0	¥4,800
13	殷乐	软件开发部	程序员	¥4,500	¥200	¥4,700	¥0	¥4,700
14	胡畅	软件测试部	测试工程师	¥5,200	¥0	¥5,200	¥0	¥5,200

图 8-1 员工工资表

8.2 解决方案

1.创建一个名为“员工工资管理与分析.xlsx”的工作簿，并创建 5 个工作表，分别命名为“工资表”“排序”“筛选”“分类汇总”“图表”等。

2.建立数据清单，并对记录清单进行添加、查找、修改和删除等操作；将“工资表”按“应发金额”字段进行降序排列；在“排序”工作表中，将“实发金额”列按降序排列，如果“实发金额”相同，再按照“部门”字段升序排列。

3.从“筛选”工作表中筛选出“软件开发部”的“实发金额”高于或等于 5000 元的记录；按“部门”字段对工资表进行分类汇总，统计不同部门的实发金额的汇总情况。

4.根据“工资表”中的数据清单，以“部门”为页，“职位”为列字段，“姓名”为行字段，对“实发金额”进行求和，建立数据透视表；在“图表”工作表中，为部门实发工资总额建立一张“三维簇状柱形图”图表。

8.3 基本概念

1. 数据清单

数据清单是包含相关数据的一系列工作表数据行，相当于一张二维表，如员工工资表、

学生成绩表、通讯录等。数据清单中的列称为字段，列标题称为字段名，标识数据项目的分类；行称为记录，存放具体的数据信息。在 Excel 中通过【数据】|【记录单】命令建立数据清单，可以对数据清单进行添加、查找、修改和删除等操作。

数据清单必须包含两个部分，即列标题与数据，正确地建立数据清单，应遵守下列规则。

（1）避免在一张工作表中建立多个数据清单。

（2）列标题名唯一。

（3）使清单独立，在工作表的数据清单与其他数据间至少留出一个空列和一个空行。在执行排序、筛选或插入自动汇总等操作时，这将有利于 Excel 检测和选定数据清单的范围。

> **提示**
>
> 使用"记录单"操作工作表中的数据记录相对更方便、快捷。但 Excel 2010 版本在面板中没有这个功能，其实 Excel 2010 隐藏了一些功能，将"记录单"添加到"数据"面板中了。
>
> 单击【文件】|【选项】|【自定义功能区】选项，在右侧窗格中的"从下列位置选择命令"下拉列表中选择"记录单"选项，在"自定义功能区"中单击【数据】|【新建组】按钮，再单击【添加】按钮。单击【确定】按钮，将"记录单"功能按钮添加到【数据】选项卡的面板中。在 Word2010 文档中，用户不仅可以使用厘米、英寸等作为度量单位，还可以使用字符作为度量单位。设置首行缩进 2 字符时，使用字符作为度量单位，要进行以下设置。
>
> 在【文件】|【帮助】|【选项】，打开"Word 选项"对话框。切换到"高级"选项卡，在"显示"区域选中"以字符宽度为度量单位"复选框，单击【确定】按钮。

2. 数据排序

在 Excel 中，排序是组织数据的基本手段之一。排序是指将表中数据按某列（或某行）递增（或递减）的顺序进行重新排列。排序方式可以分为升序或降序、按行或按列、是否区分大小写、字母排序或笔画排序等方式。

3. 数据筛选

数据筛选是指在数据清单中按照一定的条件，将符合条件的数据显示出来，不符合条件的数据被暂时隐藏起来，并未真正删除，当筛选条件被取消，这些数据又重新出现。数据筛选通常有两种方法：自动筛选和高级筛选。

4. 分类汇总

分类汇总是按数据清单的某列对记录进行分类，将列值相同的连续记录分为一组，并可以对各组数据进行求和、计数、求平均值、求最大值等汇总计算。进行分类汇总的表格必须带有列标题（字段名），并且对需要分类的字段进行排序。

5. 数据透视表

数据透视表是按照不同的组织方式，对大量数据快速汇总和建立交叉列表的一种表格。通过这种表格，用户可以从不同侧面分析和管理数据。

6. 图表制作

利用工作表中的数据制作图表，可以更加清晰、直观和生动地表现数据，方便用户查看数据之间的差异和趋势。Excel 为用户提供了丰富的图表类型，如饼图、柱形图、折线图等。

8.4 实现步骤

8.4.1 创建员工工资管理与分析表

涉及知识点：工作表的插入、重命名

创建名为"员工工资管理与分析. xlsx"的工作簿的操作步骤如下。

【任务 1】创建工作簿，完成工作表的插入。

STEP 1 创建工作簿文件。

单击【开始】|【所有程序】|【Microsoft Office】|【Microsoft Excel 2010】菜单，打开一个新的工作簿，并将其保存为"员工工资管理与分析. xlsx"。

STEP 2 插入新工作表。

选中工作表"Sheet1"标签后右击，在弹出的快捷菜单中，选中【插入】命令，如图 8-2 所示，在"插入"对话框中选中"工作表"，再单击【确定】按钮，插入一张新的工作表，重复该操作，在"Sheet1"前插入 2 个工作表"Sheet4"、"Sheet5"。

STEP 3 重命名工作表。

右击工作表，在弹出的快捷菜单中，选中【重命名】命令，依次将工作表标签重命名为"工资表""排序""筛选""分类汇总""图表"，如图 8-3 所示。

图 8-2　插入工作表

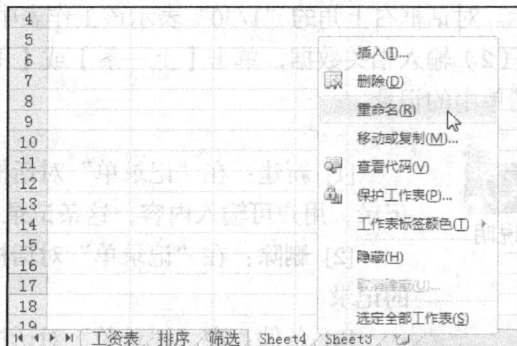

图 8-3　重命名工作表

> 🔒 提示
>
> 同时插入多个新工作表。单击工作表标签，按住 Ctrl 或 Shift 键选择多个连续的工作表，右击，选择【插入】命令，选择"工作表"，在选中的工作表前插入与选中工作表数量相同的工作表。

8.4.2 创建员工工资表数据清单

涉及知识点：记录单方式输入数据

创建好工作簿以后，需要进行相关数据输入。输入数据可以采用两种方式：数据直接输入和记录单输入。

记录单就是将 Excel 中一条记录的数据信息按信息段分成几项，分别存储在同一行的几个单元格中。在实际办公中，使用的数据中每个记录的字段往往很多，如果用滚屏的方法来处理数据很不方便。Excel 为此专门提供了"记录单"功能，它能够显示出数据记录的所有字段，并且提供了增加、修改、删除以及检索记录功能。当数据量很大时，记录单将会显示出很大的优势，利用它可以快捷、精确地输入记录。

【任务 2】利用记录单的功能输入数据并格式化。

STEP 1 输入工作表标题行。

打开"员工工资管理与分析"工作簿，在单元格区域 A1:I1 内，输入工作表标题行，如图 8-4 所示。

	A	B	C	D	E	F	G	H	I
	A1		▼		f_x	编号			
1	编号	姓名	部门	职位	岗位工资	加班工资	应发金额	请假扣款	实发金额
2									

图 8-4 输入标题行

STEP 2 输入相关数据。

在 A2:A3 中分别输入 1，2，用鼠标拖动选中这两个单元格，再将光标移动到选定区域右下角，当光标变成黑色实心十字时，按住左键拖动经过待填充区（A4:A31），自动填充"编号"列。

选中 G2 输入"=E2+F2"，按 Enter 键；选中 I2 输入"=G2−H2"，按 Enter 键；使用自动填充功能分别填充到 G31、I31。

STEP 3 利用"记录单"编辑数据清单。

（1）选中 A2 单元格，单击【数据】|【记录单】按钮，打开"工资表"对话框，如图 8-5 所示。对话框右上角的"1/30"表示该工作表中共有 30 条记录，当前显示的是第 1 条记录。

（2）输入相关数据，单击【上一条】或【下一条】按钮或拖动垂直滚动条输入、浏览数据清单中的记录。

> 说明
>
> [1] 新建：在"记录单"对话框中，单击【新建】按钮，会出现新的空白记录，用户可输入内容，这条记录会追加在原数据清单的末尾。
>
> [2] 删除：在"记录单"对话框中，单击【删除】按钮，可删除当前显示的记录。
>
> [3] 条件：在"记录单"对话框中，单击【条件】按钮，在查询对话框中输入条件，如图 8-6 所示，即可查询符合条件的记录，并可通过【下一条】查看其他满足条件的记录。

图 8-5 工资表记录单   图 8-6 查询对话框

STEP 4 格式化工作表。

（1）选择单元格区域 A1:I31，在【开始】|【字体】面板中，选择字体为"宋体"，字号为"10"，"所有框线" 田，在【对齐方式】面板中单击【居中】按钮 ≡。

（2）选择单元格区域 E2:I31，在【开始】|【数字】面板中，单击【设置单元格格式】按钮，在"数字"选项卡中，单击"货币"，设置"小数位数"为 0。

任务 2 结束后，工作表如图 8-7 所示。

	剪贴板		字体		对齐方式		数字	
E2		▼	fx	8000				
	A	B	C	D	E	F	G	H	I
1	编号	姓名	部门	职位	岗位工资	加班工资	应发金额	请假扣款	实发金额
2	1	史向阳	3G项目部	部长	¥8,000	¥300	¥8,300	¥80	¥8,220
3	2	程莉	3G项目部	技术总监	¥6,800	¥150	¥6,950	¥0	¥6,950
4	3	林海	3G项目部	技术员	¥4,500	¥400	¥4,900	¥0	¥4,900
5	4	王国平	财务部	财务总监	¥7,600	¥0	¥7,600	¥0	¥7,600
6	5	李岚	财务部	会计	¥3,750	¥0	¥3,750	¥100	¥3,650
7	6	马勇	系统集成部	部长	¥8,000	¥80	¥8,080	¥50	¥8,030
8	7	向左	系统集成部	高级程序员	¥7,600	¥0	¥7,600	¥0	¥7,600
9	8	何明月	系统集成部	工程师	¥8,000	¥0	¥8,000	¥120	¥7,880
10	9	李丽	系统集成部	管理员	¥4,000	¥200	¥4,200	¥0	¥4,200

图 8-7 创建完成的工资表结构

8.4.3 利用排序分析数据

涉及知识点：数据的排序

复制数据清单至工作表"排序""筛选""分类汇总"中，以便进行数据的管理操作。

【任务 3】 将"工资表"按"应发金额"字段进行降序排列。

将"工资表"中的数据清单复制到"排序"工作表中，打开"排序"工作表，选中"应发金额"列的任意单元格，单击【开始】|【编辑】|【排序和筛选】按钮的下拉列表中的"降序"选项，如图 8-8 所示。

排序后结果如图 8-9 所示。

【任务 4】 在"排序"工作表中，将"实发金额"列按降序排列，如果"实发金额"相同，再按照"部门"字段升序排列。

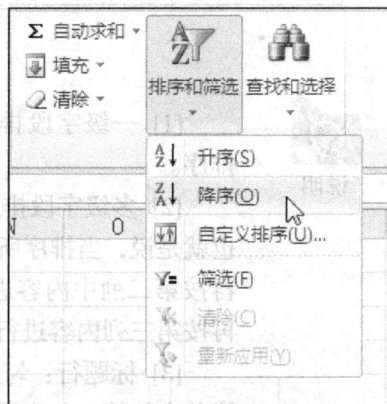

STEP 1 多级字段排序。

图 8-8 "排序"选项

	A	B	C	D	E	F	G	H	I
1	编号	姓名	部门	职位	岗位工资	加班工资	应发金额	请假扣款	实发金额
2	1	史向阳	3G项目部	部长	¥8,000	¥300	¥8,300	¥80	¥8,220
3	6	马勇	系统集成部	部长	¥8,000	¥80	¥8,080	¥50	¥8,030
4	8	何明月	系统集成部	工程师	¥8,000	¥0	¥8,000	¥120	¥7,880
5	10	孙斌	软件开发部	部长	¥8,000	¥0	¥8,000	¥0	¥8,000
6	17	王川	销售部	部长	¥8,000	¥0	¥8,000	¥0	¥8,000
7	20	蓝兰	市场部	部长	¥8,000	¥0	¥8,000	¥50	¥7,950
8	11	由澜	软件开发部	高级程序员	¥7,600	¥120	¥7,720	¥0	¥7,720

图 8-9 "排序"效果图

打开"排序"工作表，选中数据区域的任意单元格，单击【开始】|【编辑】|【排序和筛选】按钮的下拉列表中的"自定义排序"选项，打开"排序"对话框，在对话框中的"主要关键字"下拉列表中选择"实发金额"，在"次序"列表中选择"降序"。单击"添加条件"按钮，在"次要关键字"下拉列表中选择"部门"，选择"升序"方式，如图8-10所示。

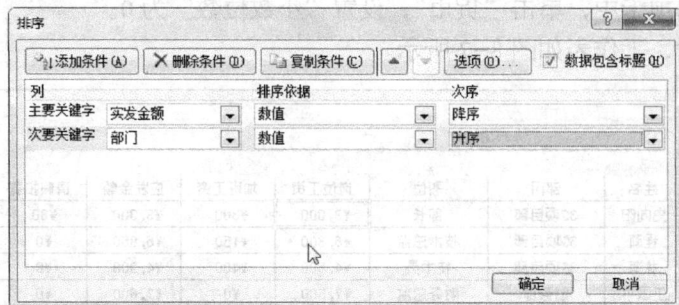

图8-10 设置自定义排序方式

STEP 2 单击【确定】按钮，完成自定义排序操作。

排序后结果如图8-11所示。

编号	姓名	部门	职位	岗位工资	加班工资	应发金额	请假扣款	实发金额
1	史向阳	3G项目部	部长	¥8,000	¥300	¥8,300	¥80	¥8,220
6	马勇	系统集成部	部长	¥8,000	¥80	¥8,080	¥50	¥8,030
10	孙斌	软件开发部	部长	¥8,000	¥0	¥8,000	¥0	¥8,000
17	王川	销售部	部长	¥8,000	¥0	¥8,000	¥0	¥8,000
20	蓝兰	市场部	部长	¥8,000	¥0	¥8,000	¥50	¥7,950
8	何明月	系统集成部	工程师	¥8,000	¥0	¥8,000	¥120	¥7,880
11	由澜	软件开发部	高级程序员	¥7,600	¥120	¥7,720	¥0	¥7,720

图8-11 自定义排序结果

说明

[1] 一级字段排序：也称简单排序，根据某一个字段的内容对数据进行排序。

[2] 多级字段排序：也称复杂排序，根据多列的内容对数据清单进行排序，也就是说，当排序所依据的第一列中内容相同时，再按第二列中内容进行排序，第二列也相同时，再按第三列内容进行排序。最多可设置三列。

[3] 标题行：勾选"数据包含标题"表示数据清单中的第一行字段名不参与排序。

[4] 选项：Excel还提供了一些特殊的排序功能，在"排序"对话框中单击【选项】按钮，打开"排序选项"对话框，分别可以设置是否区分大小写、排序方向（按行或按列排序）、排序方法（按字母或按笔画排序），如图8-12所示。

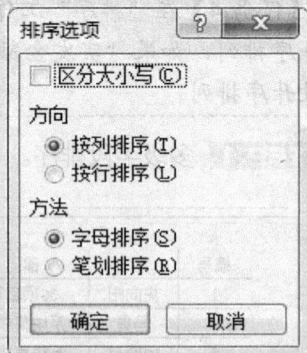

图8-12 "排序选项"对话框

8.4.4 利用筛选功能分析数据

涉及知识点：数据的自动筛选和高级筛选

1. 筛选

筛选可以帮助用户快速搜集有用的信息，用户只要给出条件，Excel 就会按照要求显示在工作表中，而将其他不满足条件的记录隐藏起来。

> **【任务 5】** 从"筛选"工作表中筛选出"软件开发部"的"实发金额"高于或等于 5000 元的记录。

STEP 1 显示"筛选"按钮。

将"工资表"数据清单复制到"筛选"工作表，在"筛选"工作表中，选中数据清单中任一单元格，单击【开始】|【编辑】|【排序和筛选】按钮的下拉列表中的"筛选"选项，此时在数据清单中每个列标题右侧出现"筛选"下拉按钮 ▼|，表示进入了筛选状态，如图 8-13 所示。

	A	B	C	D	E	F	G	H	I
1	编▼	姓名 ▼	部门 ▼	职位 ▼	岗位工资▼	加班工资▼	应发金额 ▼	请假扣▼	实发金额 ▼
2	1	史向阳	3G项目部	部长	¥8,000	¥300	¥8,300	¥80	¥8,220
3	2	程莉	3G项目部	技术总监	¥6,800	¥150	¥6,950	¥0	¥6,950
4	3	林海	3G项目部	技术员	¥4,500	¥400	¥4,900	¥0	¥4,900
5	4	王国平	财务部	财务总监	¥7,600	¥0	¥7,600	¥0	¥7,600

图 8-13 筛选

STEP 2 设置筛选条件。

单击"部门"字段右侧的下拉按钮，在弹出的对话框中选择"软件开发部"，如图 8-14 所示。单击"实发金额"字段右侧的下拉按钮，在弹出的对话框中单击【数字筛选】|【大于或等于】选项，打开"自定义自动筛选方式"对话框，在"实发金额"后面的下拉列表框中输入"5000"，如图 8-15 所示。

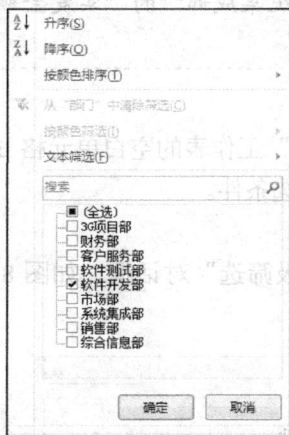

图 8-14 选择"软件开发部"

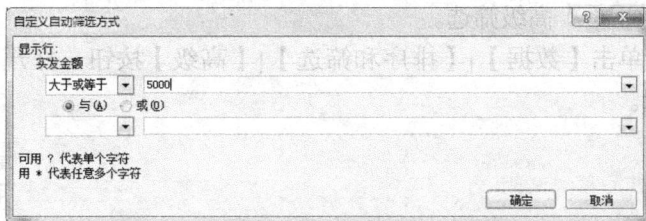

图 8-15 "自定义自动筛选方式"对话框

STEP 3 单击【确定】按钮，完成自动筛选。

显示的结果如图 8-16 所示。

A	B	C	D	E	F	G	H	I
编▼	姓名 ▼	部门 ▼	职位 ▼	岗位工资▼	加班工资▼	应发金额 ▼	请假扣▼	实发金额 ▼
10	孙斌	软件开发部	部长	¥8,000	¥0	¥8,000	¥0	¥8,000
11	由澜	软件开发部	高级程序员	¥7,600	¥120	¥7,720	¥0	¥7,720

图 8-16 自动筛选结果

说明　　　上述操作中利用了数据筛选中的"筛选"功能，常见的筛选有以下 3 种方式。

[1] 单条件筛选：数据清单设置为自动筛选状态后，单击某一字段右侧的下拉按钮，从下拉列表框中选择某一字段值，就会得到筛选结果。

[2] 多条件筛选：如果要使用多个条件筛选，可在前一个筛选的基础上进行下一步的操作。多条件之间满足逻辑"与"的关系，只有多个条件同时满足的记录才会显示出来。例如，任务 5 筛选出的记录。

[3] 自定义筛选：如在某一字段右侧的下拉按钮中选择"自定义"，弹出"自定义自动筛选方式"对话框，该对话框的左下拉列表框中显示关系运算符，如等于、大于和小于等，右下拉列表框中规定字段值，而且两个比较条件还能以"与"或"或"的关系组合起来形成复杂的关系。

提示　　　取消筛选可以单击【开始】|【编辑】|【排序和筛选】|【清除】按钮或单击"筛选"字段旁的下拉按钮，选择"全部"选项，即可显示全部数据。

2.高级筛选

使用高级筛选，可以应用较复杂的条件来筛选数据清单。与自动筛选不同的是使用高级筛选需要在数据清单之外另外建立一个条件区域。条件区域可以建立在数据清单的上方、下方、左侧或右侧，但与数据清单间必须至少要保留一个空行或空列。

【任务 6】从"筛选"工作表中筛选出"软件开发部"和"系统集成部"的"实发金额"高于 5000 元的记录。

STEP 1 建立条件区域。

将"工资表"数据清单复制到"筛选"工作表，单击"筛选"工作表的空白单元格 B33，在相应的空白单元格区域 B33:C35 内，输入如图 8-17 所示的筛选条件。

STEP 2 高级筛选。

单击【数据】|【排序和筛选】|【高级】按钮，打开"高级筛选"对话框，如图 8-18 所示。

32		
33	部门	实发金额
34	软件开发部	>5000
35	系统集成部	>5000

图 8-17　高级筛选条件

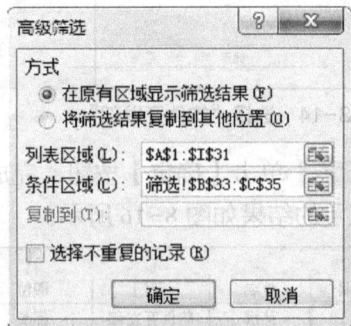

图 8-18　"高级筛选"对话框

在"方式"选项组中选择"在原有区域显示筛选结果（F）"单选项；在"列表区域"框

中单击右侧的【拾取】按钮，选择数据清单所在单元格区域 A1:I31；在"条件区域"框中单击右侧的【拾取】按钮，选择条件所在单元格区域 B33:C35。

STEP 3 单击【确定】按钮，完成筛选操作。

筛选结果如图 8-19 所示。

编号	姓名	部门	职位	岗位工资	加班工资	应发金额	请假扣款	实发金额
6	马勇	系统集成部	部长	¥8,000	¥80	¥8,080	¥50	¥8,030
7	向左	系统集成部	高级程序员	¥7,600	¥0	¥7,600	¥0	¥7,600
8	何明月	系统集成部	工程师	¥8,000	¥0	¥8,000	¥120	¥7,880
10	孙斌	软件开发部	部长	¥8,000	¥0	¥8,000	¥0	¥8,000
11	由澜	软件开发部	高级程序员	¥7,600	¥120	¥7,720	¥0	¥7,720

图 8-19 高级筛选结果

说明

在使用"高级筛选"时，条件区域的定义最为复杂，条件的设置要注意以下原则。

[1] 条件区域选择：条件区域与数据清单之间必须由空行或者空列隔开，可以与数据清单不在一张工作表上，也可以在一张工作表上。

[2] 条件区域的设置：条件区域至少有两行，第一行用来设置字段名，且必须与数据清单中字段名完全一致，最好是通过复制得到，下面的行则放置筛选条件。

[3] 条件放置的原则：条件区域可以定义多个条件，这些条件可以输入到条件区域的同一行上，也可以输入到不同行。两个字段名下面的同一行中的各个条件之间为"与"的关系，也就是条件必须同时成立才符合条件；两个字段名下面的不同行中的各个条件之间为或的关系，也就是条件只要有一个成立就为符合条件。

8.4.5 利用分类汇总功能分析数据

涉及知识点：数据的分类汇总

分类汇总是 Excel 管理和分析数据的一项基本功能，它是按数据清单的某列对记录进行分类，将列值相同的连续记录分为一组，并可以对各组数据进行求和、计数、求平均值、求最大值等汇总计算，使数据记录显得更加清晰、易懂。

提示

在执行分类汇总操作前，应先按分类所依据的列进行排序，以确保列值相同的记录是连续的。

【任务7】 按"部门"字段对工资表进行分类汇总，统计不同部门的实发金额的汇总情况。

STEP 1 按"部门"排序。

将"工资表"数据清单复制到"分类汇总"工作表，并作为当前工作表，以"部门"为主关键字进行升序排列。

STEP 2 实现分类汇总。

选中数据区域中任意一个单元格，单击【数据】|【分级显示】|【分类汇总】按钮，打

开“分类汇总”对话框，在“分类字段”下拉列表中选择“部门”，在“汇总方式”下拉列表中选择“求和”，在“选定汇总项”列表中勾选“实发金额”复选项，如图 8-20 所示。分类汇总后的数据如图 8-21 所示。

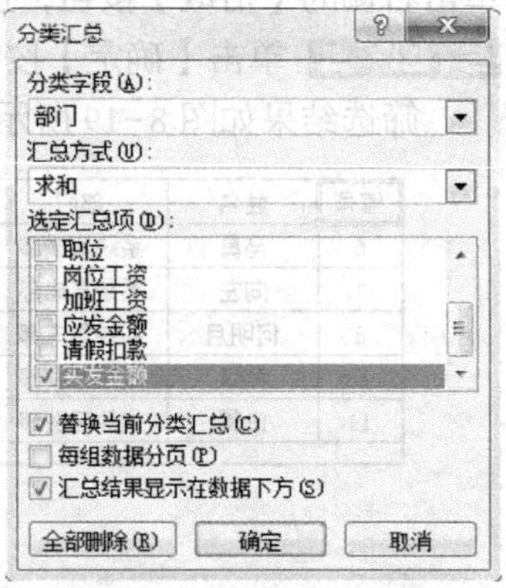

图 8-20 “分类汇总”对话框

> **提示**
>
> 从图 8-21 可以看出，在数据清单的左侧，有“隐藏明细数据符号”(–)的标记，单击“–”，可以隐藏原始数据清单数据而只显示汇总后的数据结果，同时“–”变成“+”，单击“+”即可显示明细数据。
>
> 如果要取消分类汇总效果，需要再次打开“分类汇总”对话框，单击【全部删除】按钮即可。

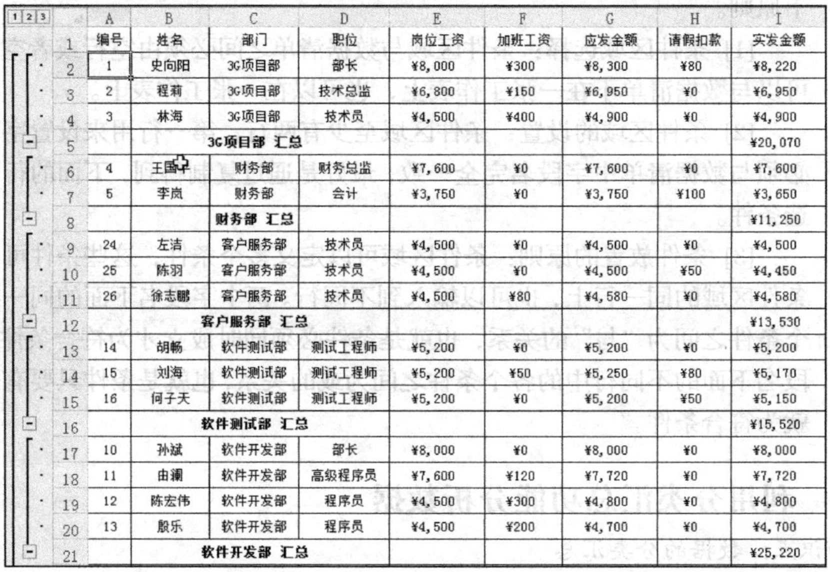

	A	B	C	D	E	F	G	H	I
1	编号	姓名	部门	职位	岗位工资	加班工资	应发金额	请假扣款	实发金额
2	1	史向阳	3G项目部	部长	¥8,000	¥300	¥8,300	¥80	¥8,220
3	2	程莉	3G项目部	技术总监	¥6,800	¥150	¥6,950	¥0	¥6,950
4	3	林海	3G项目部	技术员	¥4,500	¥400	¥4,900	¥0	¥4,900
5			3G项目部 汇总						¥20,070
6	4	王国平	财务部	财务总监	¥7,600	¥0	¥7,600	¥0	¥7,600
7	5	李岚	财务部	会计	¥3,750	¥0	¥3,750	¥100	¥3,650
8			财务部 汇总						¥11,250
9	24	左洁	客户服务部	技术员	¥4,500	¥0	¥4,500	¥0	¥4,500
10	25	陈羽	客户服务部	技术员	¥4,500	¥0	¥4,500	¥50	¥4,450
11	26	徐志鹏	客户服务部	技术员	¥4,500	¥80	¥4,580	¥0	¥4,580
12			客户服务部 汇总						¥13,530
13	14	胡畅	软件测试部	测试工程师	¥5,200	¥0	¥5,200	¥0	¥5,200
14	15	刘海	软件测试部	测试工程师	¥5,200	¥50	¥5,250	¥80	¥5,170
15	16	何子天	软件测试部	测试工程师	¥5,200	¥0	¥5,200	¥50	¥5,150
16			软件测试部 汇总						¥15,520
17	10	孙斌	软件开发部	部长	¥8,000	¥0	¥8,000	¥0	¥8,000
18	11	由澜	软件开发部	高级程序员	¥7,600	¥120	¥7,720	¥0	¥7,720
19	12	陈宏伟	软件开发部	程序员	¥4,500	¥300	¥4,800	¥0	¥4,800
20	13	殷乐	软件开发部	程序员	¥4,500	¥200	¥4,700	¥0	¥4,700
21			软件开发部 汇总						¥25,220

图 8-21 “分类汇总”结果

8.4.6 创建数据透视表

涉及知识点：数据透视表的创建

数据透视表是 Excel 提供的强大的数据分析处理工具，通过向导可以对平面的工作表数据产生立体的分析效果。

> 【任务 8】根据“工资表”中的数据清单，以“部门”为页，“职位”为列字段，“姓名”为行字段，对“实发金额”进行求和，建立数据透视表。

STEP 1 创建数据透视表。

将“工资表”作为当前工作表。选中数据区域中任意单元格，单击【插入】|【数据透视表】按钮，打开“创建数据透视表”对话框，默认系统选项，如图 8-22 所示。此时 Excel 在当前工作表前插入一个新工作表“Sheet1”，并作为当前工作表，显示数据透视表的页面布局。

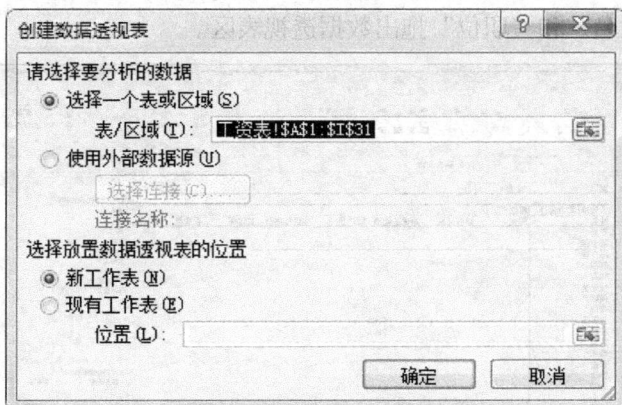

图 8-22　创建数据透视表

STEP 2 页面布局。

单击【确定】按钮，打开数据透视表"选项"面板，在数据透视表页面布局界面中，显示"将报表筛选字段拖至此处""将行字段拖至此处""将列字段拖至此处"和"将值字段拖至此处"，依次对应的是报表筛选字段、列字段、行字段和数据项，如图 8-23 所示。

图 8-23　数据透视表工具

根据任务要求，在"数据透视表字段列表"中将"部门"字段拖至"将报表筛选字段拖至此处"位置，或先选中"部门"字段，右击，选择"添加到报表筛选"。将"姓名"字段拖至"将行字段拖至此处"位置，将"职位"字段拖至"将列字段拖至此处"位置，将"实发金额"字段拖至"将值字段拖至此处"位置，得到数据透视表结果，如图 8-24 所示。

STEP 3 更改数据透视表布局。

数据透视表创建好之后，可以根据需要更改其布局，以满足新的统计分析需要。例如，更改图 8-24 所示的数据透视表的布局，求出各部门的平均实发金额，具体的更改过程如下。

在如图 8-24 所示的数据透视表右侧"在以下区域间拖动字段"中，将"部门"拖至"行标签"区域，将"姓名"和"职位"拖出数据透视表区。

图 8-24　数据透视表结果

在"数值"区域，单击下拉按钮中的"值字段设置"，打开"值字段设置"对话框，如图 8-25 所示，选择"值汇总方式"为"平均值"，再单击【确定】按钮，更改后的数据透视表如图 8-26 所示。

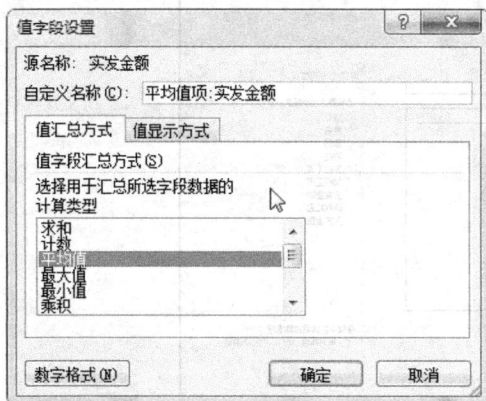

图 8-25　"数据透视表字段"对话框

图 8-26　更改后的数据透视表结果

STEP 4 保存数据透视表。

将表"Sheet1"重命名为"数据透视表"，单击该工作表名将其拖动至"分类汇总"表后的位置。

8.4.7　制作数据图表

涉及知识点：图表的创建、编辑和美化

图表可以更加清晰、直观地表现数据，用户可以根据工作表数据创建各种美观实用的图表。

【任务 9】在工作簿"员工工资管理与分析.xlsx"的"图表"工作表中，为部门实发工资总额建立一张"三维簇状柱形图"图表。

STEP 1 建立数据。

打开"图表"工作表，在 A1、B1 单元格中分别输入"部门""实发总额"；在 A2:A10 单元格中输入公司所有部门名称；在B2单元格中输入"="，然后单击"分类汇总"工资表，选中I5单元格，按回车键确定，即引用了"分类汇总"表中的部门实发金额的汇总数据，依次将B3:B10按此方法分别输入，如图8-27所示。

	A	B
1	部门	实发总金额
2	3G项目部	¥20,070
3	财务部	¥11,250
4	客户服务部	¥13,530
5	软件测试部	¥15,520
6	软件开发部	¥25,220
7	市场部	¥19,850
8	系统集成部	¥27,710
9	销售部	¥15,780
10	综合信息部	¥21,570

图8-27 建立的数据清单

图8-28 选择图表类型

STEP 2 创建图表。

（1）选中A1:B10单元格区域，单击【插入】|【图表】|【柱形图】按钮，在下拉列表中选择图表类型"三维簇状柱形图"，如图8-28所示。

（2）选择图表类型初步完成图表创建，如图8-29所示。

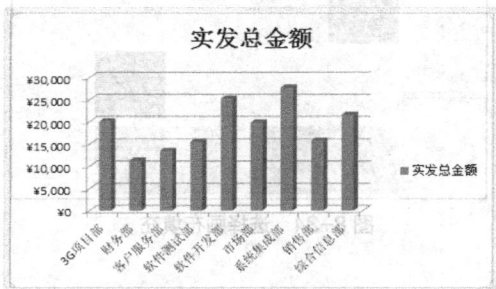

图8-29 图表创建

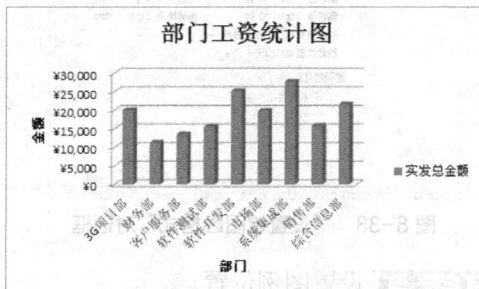

图8-30 编辑图表

（3）单击图表，选项区中同时增加了"设计""布局""格式"图表工具选项卡，根据不同面板中提供的功能按钮对图表进行编辑。更改图表布局，单击【设计】|【图表布局】，选择"布局9"；选中图表标题，单击修改标题为"部门工资统计图"；将X轴坐标轴标题改为"部门"，Z轴坐标轴标题改为"金额"，如图8-30所示。

【任务10】在"图表"工作表中，对图表进行如下修改：将图表类型改为"带数据标记的折线图"，将绘图区格式填充效果设为"画布"，将图例位置设置在底部。

STEP 1 编辑图表类型。

打开"图表"工作表，单击图表使之处于激活状态，单击【设计】|【类型】|【更改图表类型】按钮，在打开的"更改图表类型"对话框中选择"折线图"下的"带数据标记的折线图"，如图8-31所示，单击【确定】按钮，完成设置，如图8-32所示。

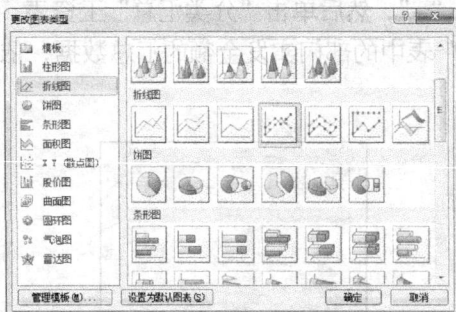

图 8-31　更改图表类型

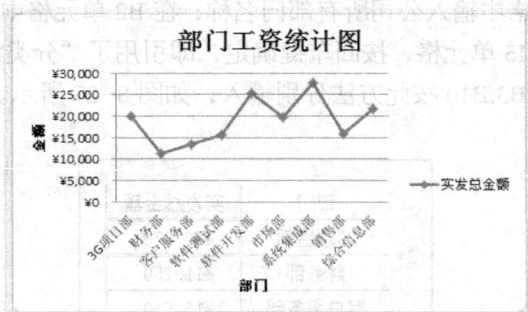

图 8-32　更改图表类型后的效果图

STEP 2 绘图区填充效果。

双击绘图区，打开"设置绘图区格式"对话框，单击【填充】选项，如图 8-33 所示，选择"图片或纹理填充"，单击"纹理"右侧的下拉按钮，选择"画布"填充，如图 8-34 所示。单击"关闭"按钮。

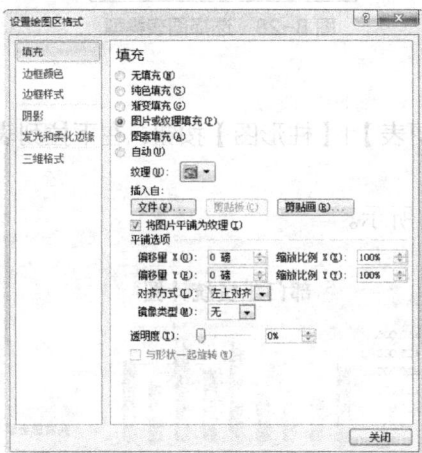

图 8-33　"设置绘图区格式"对话框

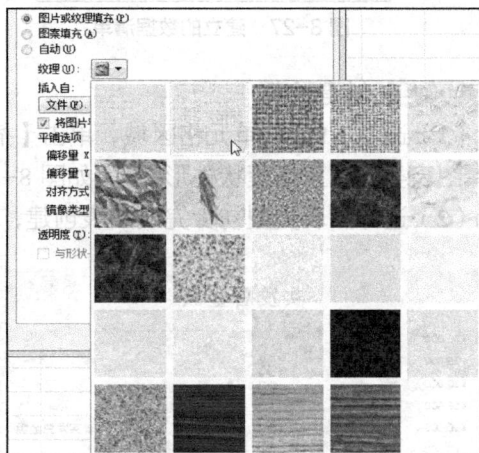

图 8-34　选择画布填充

STEP 3 设置图例位置。

单击【布局】|【标签】|【图例】按钮，选择"在底部显示图例"，完成图表编辑，如图 8-35 所示。

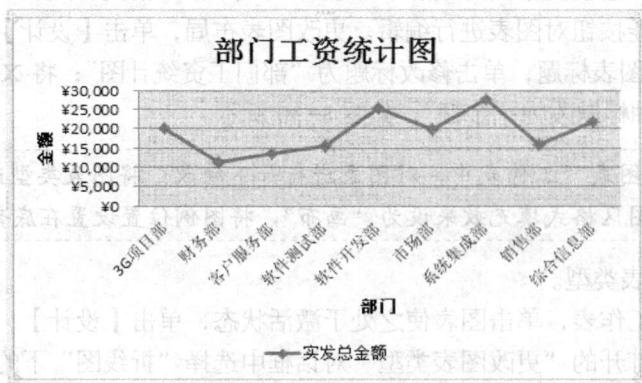

图 8-35　编辑后的图表效果

> **说明**
>
> [1] 图表的缩放：拖动选定框的控制点可缩放图表。
>
> [2] 图表的删除：选定图表，按 Delete 键可删除图表。

8.5　项目总结

通过"员工工资管理与分析"案例的实践，可以充分了解到 Excel 在管理大量数据中的应用。

- 利用"记录单"功能对大批量数据进行类似数据库操作的创建记录、添加记录、浏览记录、删除记录和查找记录等。
- 利用"排序"功能可以对数据清单中的数据按不同的关键字排序。
- 使用"分类汇总"功能可以对工作表中的数据按照指定的类别将相关信息进行汇总和统计。
- 使用"筛选"功能可以将重要的数据显示出来。
- 使用"数据透视表"可以创建立体式的数据分析结果。
- 使用图表的方式显示工作表中的数据，可以方便用户直观地查看数据之间的差异和趋势。

8.6　技能拓展

8.6.1　理论考试练习

单项选择题

1. 在 Excel 中，数据清单中的列标记被认为是数据库的_____。

　　A. 字数　　　　　　B. 字段名　　　　　　C. 数据类型　　　　D. 记录

2. 已知在一个 Excel 工作表中，"职务"列的 4 个单元格中的数据分别为"厅长""处长""科长"和"主任"，按字母升序排序的结果为_____。

　　A. 厅长、处长、主任、科长　　　　　　B. 科长、主任、处长、厅长

　　C. 处长、科长、厅长、主任　　　　　　D. 主任、处长、科长、厅长

3. 某 Excel 数据表记录了学生的 5 门课成绩，现要找出 5 门课都不及格的同学的数据，使用_____命令最为方便。

　　A. 查找　　　　　　B. 排序　　　　　　C. 筛选　　　　　　D. 定位

4. 在 Excel 中可以创建各类图表，其中能够显示随时间或类别而变化的趋势线为_____。

　　A. 条形图　　　　　B. 折线图　　　　　C. 饼图　　　　　　D. 面积图

5. 在 Excel 中，下列有关"自动重算"功能的论述错误的是_____。

　　A. 在单元格数据变化时，该功能可以将公式的值重新计算

　　B. 该功能需要占用一定的执行时间

　　C. 用户可以关闭该功能

　　D. 该功能一旦执行，将不能再恢复

8.6.2 实践操作练习

一、Excel 表格内容如下

	A	B	C	D	E	F	G	H	I
1	2008年东方百货全国连锁集团1-6月销售业绩表								
2							单位: 万元		
3	地点 月份	1	2	3	4	5	6	7	平均
4	上海	¥1,125.30	¥1,056.60	¥996.50	¥852.70	¥1,256.80	¥1,010.30	¥1,458.30	¥1,108.07
5	北京	¥1,025.60	¥958.30	¥785.30	¥953.30	¥1,526.70	¥1,056.90	¥1,125.40	¥1,061.64
6	广州	¥1,058.30	¥1,025.60	¥1,156.80	¥1,239.80	¥1,852.60	¥1,145.30	¥1,102.50	¥1,225.84
7	沈阳	¥752.30	¥856.30	¥799.30	¥685.90	¥985.20	¥758.30	¥658.80	¥785.16
8	西安	¥652.30	¥752.90	¥586.90	¥452.90	¥952.60	¥777.60	¥1,025.90	¥743.01
9	重庆	¥752.60	¥526.90	¥852.60	¥685.30	¥854.30	¥685.30	¥700.30	¥732.04
10	合计	¥5,366.40	¥5,176.60	¥5,177.40	¥4,936.90	¥7,428.20	¥5,433.70	¥6,071.20	¥5,655.77

操作要求:

① 请设置标题行 A1:I1 合并及水平居中对齐的效果。

② 请将 G2 单元格的内容移至 I2 单元格,并设置 I2 单元格内容旋转 45 度。

③ 设置 A3:H10 区域的数据按合计行递减排序。

④ 图表中只显示了上海和西安两个城市的业绩,请添加重庆的业绩数据。

⑤ 将图表中图例的位置改为在底部显示。

二、现有 Excel 表格如下

	A	B	C
1	学号	性别	成绩
2	00001	女	51
3	00002	女	82
4	00003	男	88
5	00004	女	38
6	00005	女	87
7	00006	男	51
8	00007	女	82
9	00008	女	77
10	00009	男	43
11	00010	女	52
12	00011	男	52
13	00012	男	71

操作要求:

① 请根据每个学生的成绩填充相应的等级,要求成绩在 60 分以下填充"不合格",成绩在 60 分到 85 分之间(不包括 85 分)填充"合格",85 分以上填充"优秀"。

② 将表中的数据按性别递增排序(汉字排序方式为字母排序)。

③ 将性别列中所有的"男"字的字体设为蓝色,所有的"女"字的底纹设为红色。

④ 设置工作表的名称为"某班学生成绩数据表"。

⑤ 选择所有男生信息(包括学号、成绩)制作簇状柱形图,图表的标题为"男生成绩分布图",图例的位置为底部。

三、Excel 表格内容如下

	A	B	C	D	E	F	G
1	天洋公司2009年8月份员工出勤天数统计						
2	编号	姓名	部门	出勤天数	加班天数	请假天数	月收入
3	CH01	方平	公关部	20	6	3	
4	CH02	王浩然	公关部	22	4	2	
5	CH03	王扬	设计部	10	8	6	
6	CH04	陈涛	后勤部	15	7	8	
7	CH05	刘宁	设计部	18	3	5	
8	CH06	姜尚	后勤部	25	2	3	
9	CH07	董丽	设计部	16	9	4	
10	CH08	江磊	销售部	15	6	2	

操作要求:

① 将工作表名 Sheet1 改为"天洋公司员工工资表"。

② 月收入计算,职工正常上班 40 元/天,加班 80 元/天,请假不算收入。

③ 将部门相同的同志放在一起,即按部门字母升序,部门相同的按出勤天数升序排列。

④ 设置月收入一列(G3:G10)的格式为数值格式,两位小数。

⑤ 选择姓名和月收入两列,制作饼图,图例在右上角。

四、Excel 表格内容如下

	A	B	C	D	E	F
1	工号	姓名	性别	连锁店	销售额	月份
2	5	张婷	女	三孝口餐厅	570	5
3	5	张婷	女	三孝口餐厅	590	3
4	5	张婷	女	三孝口餐厅	670	1
5	5	张婷	女	三孝口餐厅	730	2
6	5	张婷	女	三孝口餐厅	780	4
7	3	董明远	男	四牌楼餐厅	800	1
8	3	董明远	男	四牌楼餐厅	840	4
9	3	董明远	男	四牌楼餐厅	870	5
10	3	董明远	男	四牌楼餐厅	880	3
11	3	董明远	男	四牌楼餐厅	888	2
12	1	柳严	男	曙光餐厅	810	4

操作要求:

① 将工作表 Sheet1 的名称修改为"合肥乐百乐销售表"。

② 请按连锁店名升序排列,对于连锁店名相同的,按姓名升序排列,姓名相同的,按月份升序排列(汉字排序请按字母顺序)。

③ 将整个表格中的"亚"字替换为"意"字。

④ 在 G76 单元格内统计女销售员占总人数的百分比(方法不限),结果使用百分比格式,两位小数。

⑤ 选择"张婷"的月份和销售额两列制作图表,图表类型为"折线图",图表的标题为"张婷销售图表"。

五、Excel 表格内容如下

	A	B	C	D	E	F	G
1	宏图公司2010年图书销售情况统计表						
2	书店名称	教育类	小说类	法律类	电子类	水利类	总计
3	大石桥书店	300	900	1650	1800	1200	
4	金水区书苑	400	750	1500	1000	800	
5	陇海路书社	500	800	1450	1500	900	
6	伏牛路书城	700	600	1300	1700	650	
7	大前门书店	400	400	800	2100	1000	

操作要求：

① 将工作表 Sheet1 的名称修改为"图书销售表"。

② 将标题行 A1:G1 设置为合并，水平居中对齐。

③ 计算产品的总计（使用求和函数）。

④ 将所有数据按总计降序排列。

⑤ 将数据区域 A2:G7 转置到 A10:F16 区域。

⑥ 选择 A2:G7 中的"书店名称"和"总计"两列制作簇状柱形图，图例在底部。

六、Excel 数据清单内容如下

	A	B	C	D	E	F	G	H
1	学号	姓名	学习小组	计算机基础	计算机组装	大学英语	高等数学	总分
2	0801001	黄伟	A组	90.8	68.6	76	78	313.4
3	0801002	张小彦	A组	93.2	49.6	60.6	72	275.4
4	0801003	李伯瑞	A组	89.2	72.8	72.8	54	288.8
5	0801004	朱彤雨	A组	87.6	74.8	62.8	78	303.2
6	0801005	张冰壁	A组	85.6	83.2	63.8	82	314.6
7	0801006	罗月月	A组	78.8	70.8	59.4	78	287
8	0801007	沈济	B组	87.8	45.6	53.8	52	239.2
9	0801008	段丽娜	B组	82	66.6	72.8	72	293.4
10	0801009	曹丽红	B组	88.4	54	37	44	223.4
11	0801010	闫立鹏	B组	92.8	66.4	77.8	68	305

操作要求：

① 将"C 语言"列按降序排列，如果"C 语言"分数相同，再按照"计算机网络"列降序排列。

② 筛选出"总分>300"的"张"姓学生的数据记录。

③ 筛选出总分大于 300 分的 A 组学生记录，在单元格 A33:B34 内录入筛选条件，筛选结果从单元格 A36 开始显示，原数据清单仍显示。

④ 按学习小组统计计算机基础、计算机组装、大学英语、高等数学和总分的平均值。

按学习小组和姓名统计总分（利用"数据透视表"）；将总分前五名的学生成绩按照单科分、总分制作柱形图，创建图表。

PART 9

项目九
PowerPoint 制作演示文稿
——制作职业生涯规划 PPT

学习目标

在各种会议报告、产品演示、教师授课等活动中，常常需要将所要表达的信息制作成演示文稿，通过投影仪或者计算机屏幕播放。Microsoft Office 系列软件中的 PowerPoint 拥有强大的演示文稿制作功能，使用它能够很方便地创建和编辑演示文稿，可以设置演示文稿的放映特效和动画效果，从而在多媒体教学、远程会议或网上等场合中向观众播放演示文稿，还可以将演示文稿打印、打包，应用到更广泛的领域中。PowerPoint 是目前最受用户青睐的一款演示文稿制作软件。

本项目通过大学生职业生涯规划 PPT 的制作案例来了解 PowerPoint 2010，学习使用 PowerPoint 2010 制作和放映演示文稿的基本方法。

通过本案例的学习，能够掌握以下计算机水平考试知识点。

知识目标

- 了解演示文稿的概念，PowerPoint 的功能、运行环境。
- 创建演示文稿文件。
- 使用演示文稿视图。
- 设置幻灯片的版式。
- 选用演示文稿主题与设置幻灯片背景。
- 插入和格式化文本、图片、艺术字、形状、表格、超链接、多媒体对象等。
- 设计幻灯片动画。
- 设置放映方式和切换效果。
- 打包和打印演示文稿。

技能目标

- 会演示文稿的基本操作。
- 会制作超链接。
- 会幻灯片的基本操作。

- 能够制作各式幻灯片。
- 会设计幻灯片动画效果。
- 会设置幻灯片切换效果。
- 会设置幻灯片放映方式。
- 会打包和打印演示文稿。

9.1　任务要求

在老师的指导和帮助下，小明撰写了自己的大学生职业生涯规划设计书。职业生涯规划能够让同学们对职业目标和实施策略了然于心，激发同学们不断为实现各阶段目标和终极目标而进取。为了向同学们分享大学生职业生涯规划设计的经验，小明打算在课堂上向大家展示下如何进行职业生涯规划和设计。PowerPoint 适用于材料展示、个人或公司介绍、课堂教学、产品发布、会议报告等。所以小明决定使用 PowerPoint 2010 来制作《职业生涯规划 PPT》演示文稿，并且在课堂中向同学们放映展示。

《职业生涯规划 PPT》展示了标题、目录、关于我的简介、职业认知、职业定位等内容，各张幻灯片中有不同的图片、图形、表格、艺术字等；在第二张幻灯片中，单击各行文字，会链接到网站或其他相关幻灯片上；在放映幻灯片时还伴有背景音乐、动画特效、幻灯片切换效果。

《大学生职业生涯规划 PPT》演示文稿完成效果如图 9-1 所示。

图 9-1　职业生涯规划 PPT

9.2　解决方案

《职业生涯规划 PPT》演示文稿制作的解决方案如下。

1. 幻灯片版式设置

将第一张幻灯片版式设置为"标题幻灯片",第二、第四张幻灯片版式设置为"标题和内容",第三、第五张幻灯片版式设置为"仅标题",第六张幻灯片版式设置为"空白"。

2. 制作6张幻灯片

① 在第一张幻灯片中输入主标题和副标题文字,设置标题文字为黑体、48磅、加粗;插入"图片01.jpg",设置图片高度10cm,宽度为16cm;插入背景音乐"高山流水.mp3",设置背景音乐播放格式为"自动"开始播放,背景音乐图标在放映时隐藏,循环播放音频,直到停止。

② 在第二张幻灯片中输入标题"目录"文字,设置字体为宋体、54磅、加粗;在文本占位符中输入"关于我(个人网站首页:点击进入)""职业认知""职业定位",设置字体为华文新魏、40磅、加粗;设置"点击进入"文字的超文本链接,链接的地址为"http://www.zygh.cn",设置"关于我"超文本链接到第三张幻灯片,设置"职业认知"超文本链接到第四张幻灯片,设置"职业定位"超文本链接到第五张幻灯片。

③ 在第三张幻灯片中输入标题"关于我"文字,绘制"五边形"形状,在形状上编辑文字"简介";插入"图片02.jpg",在图片上插入一个文本框,输入个人简介文字。

④ 在第四张幻灯片中输入标题"职业认知",在文本占位符中输入相关文字。

⑤ 在第五张幻灯片中输入标题"职业定位",插入4行2列的表格,设置表格的内外边框均为1.5磅实线,单元格中内容垂直居中对齐,在表格中输入相关文字内容。

⑥ 在第六张幻灯片中插入艺术字"谢谢观赏",设置艺术字样式为"暖色粗糙棱台",高度为5cm,宽度为16cm。

3. 设计幻灯片动画

在第一张幻灯片中,设置标题"飞入"的动画效果,设置副标题"波浪形"的动画效果,并设置副标题动画效果在上一动画开始后,持续2秒,延迟5秒。

4. 设置幻灯片切换效果

设置演示文稿放映时幻灯片切换效果,所有幻灯片切换效果为"百叶窗",并伴随有"风铃"声。

5. 设置幻灯片放映方式

设置演示文稿放映时从第1张到第5张,使用排练计时,每张幻灯片放映15秒后自动切换到下一张幻灯片播放。

9.3 基本概念

为保证项目能够顺利完成,请在实际操作前先行预习以下基本概念。

9.3.1 PowerPoint 2010界面窗体组成及功能

PowerPoint 2010主界面窗体组成如图9-2所示。

1. 标题栏

显示正在编辑的演示文稿的文件名以及所使用的软件名,在其右侧是常见的"最小化、最大化/还原、关闭"按钮。

2. 快速访问工具栏

常用命令位于此处,如"保存"和"撤销"。您也可以添加自己的常用命令。

快速访问工具栏　　　　　　　　　标题栏　　　　功能区

编辑窗口

大纲区

状态栏　　　　　　　　　　　　　　　显示按钮

图 9-2　PowerPoint 2010 主界面窗体

3.功能区

工作时需要用到的命令位于此处。它与其他软件中的"菜单"或"工具栏"相同。

4.编辑窗口

显示正在编辑的演示文稿,编辑幻灯片的工作区,制作出的一张张图文并茂的幻灯片,就在这里向你展示。

5.显示按钮

使您可以根据自己的要求更改正在编辑的演示文稿的显示模式。

6.状态栏

显示正在编辑的演示文稿的相关信息。

7.大纲区

演示文稿的制作最终会形成幻灯片的流程和模式,仅在大纲区就能够实现整个演示文稿的大纲文字和结构效果。

9.3.2　PowerPoint 演示文稿和幻灯片

1.演示文稿

在 PowerPoint 2010 中,将制作和编辑的文档保存后会生成一个文件,文件扩展名为.pptx,这个文件就叫作演示文稿。

2.幻灯片

演示文稿中的每一页就是一张幻灯片,每张幻灯片都是演示文稿中既相互独立又相互联系的内容。一个演示文稿是由一张或多张幻灯片组成的。

9.3.3 演示文稿视图和母版视图

1. 演示文稿视图

在演示文稿视图组中有 4 个视图按钮，从左到右依次是普通视图、幻灯片浏览视图、备注页和阅读视图。为了满足不同情况的需要，PowerPoint 2010 提供了这 4 种视图模式，在不同的模式下，可以按不同的形式表现演示文稿的内容。

（1）普通视图

普通视图是最常用的一种视图，其中包含大纲、幻灯片和幻灯片备注 3 种不同类型的窗格。在工作区中只显示一张当前的幻灯片，适合对演示文稿中的每一张幻灯片进行详细的设计和编辑。

（2）幻灯片浏览视图

按幻灯片序号顺序显示全部幻灯片的缩图，适合从整体看到幻灯片连续变化的过程，方便调整幻灯片次序或复制、删除幻灯片。通过幻灯片浏览视图，可以很容易看到各幻灯片之间搭配是否协调，可以确认要展出的幻灯片放在一起看上去是否好看。

（3）备注页

可以让演示者在自己的显示屏幕上显示更多的备注内容，可以很好地提示并辅助演示者完成演讲。

（4）阅读视图

当演示文稿幻灯片较多时，通过滚动条下拉显示比较费力，而且也不便于阅读，使用阅读视图，可以解决不便阅读的问题。

2. 母版视图

母版是一张控制全局的幻灯片，它用于设置演示文稿中每张幻灯片的预设格式。

（1）幻灯片母版

幻灯片视图是幻灯片层次结构中的顶层幻灯片，用于存储有关演示文稿的主题和幻灯片版式的信息，包括背景、颜色、字体、效果、占位符大小和位置。修改和使用幻灯片母版的主要优点是您可以对演示文稿中的每张幻灯片（包括以后添加到演示文稿中的幻灯片）进行统一的样式更改。使用幻灯片母版时，无需在多张幻灯片上输入相同的信息，因此节省了时间。如果演示文稿非常长，其中包含大量幻灯片，则使用幻灯片母版特别方便。

（2）讲义母版

讲义母版是在母版中显示讲义的位置，其页面四周包括页眉区、页脚区、日期区和数字区，中间显示讲义的页面布局。讲义相当于教师的备课本，如果一张幻灯片打印在一张纸上面，太浪费纸了，而使用讲义母版，可以设置将多张（1 或 2 或 3 或 4 或 6 或 9 张）幻灯片进行排版，然后打印在一张纸上。讲义母版用于多张幻灯片打印在一张纸上时排版使用。

（3）备注母版

如果演讲者把所有内容以及要讲的话都放到幻灯片上，演讲就会变成照本宣科，演讲也变得乏味。因此制作演示文稿时，把需要展示给观众的内容做在幻灯片里，不需要展示给观众的内容（如话外音、专家与领导指示、与同事同行的交流启发）写在备注里。如果需要把备注打印出来，打印时，在"打印内容"的下拉菜单里设置。

9.3.4 幻灯片版式和设计

1.主题

主题是主题颜色、主题字体和主题效果三者的组合，主题可以作为一套独立的选择方案应用于文件中，主题颜色、字体和效果可同时应用，使演示文稿具有统一的风格。

2.幻灯片版式

在 PowerPoint 2010 中，幻灯片采用的一种常规排版的格式，幻灯片上标题和副标题文本、列表、图片、表格、图表、自选图形和视频等元素的排列方式，通过幻灯片版式的应用，可以对文字、图片等进行更加合理、简洁的布局。

3.占位符

一种带有虚线或阴影线边缘的框，绝大部分幻灯片版式中都有这种框，在这些框内可以放置标题及正文文字，或者是图表、表格和图片等对象。

9.4 实现步骤

9.4.1 新建并保存"职业生涯规划 PPT"文件

涉及知识点：新建、打开、保存演示文稿文件

为完成本案例的需求，首先使用 PowerPoint 2010 完成新建演示文稿的任务，并将其命名为"职业生涯规划 PPT"。

【任务 1】新建演示文稿，命名演示文稿文件并将其保存在"d:\职业生涯规划"文件夹目录下。

STEP 1 运行 PowerPoint 新建或打开演示文稿。

在桌面上单击【开始】|【程序】|【Microsoft Office 】|【Microsoft Office PowerPoint 2010】命令，也可以双击桌面 PowerPoint 2010 的快捷图标来启动 PowerPoint，打开 PowerPoint 的主窗体界面，如图 9-2 所示，运行 PowerPoint 后，会自动生成一个名为"演示文稿 1.pptx"的演示文稿。也可以单击【文件】|【新建】按钮，新建演示文稿。还可以在 PowerPoint 中，单击【文件】|【打开】按钮，打开已经创建好的演示文稿文件。

STEP 2 保存演示文稿。

单击【文件】|【另存为】命令，在弹出的"另存为"对话框中，输入文件名"职业生涯规划 PPT"，选择保存位置为"D:\职业生涯规划"，单击【保存】按钮，则"职业生涯规划 PPT"演示文稿文件新建完成。

> **提示**
>
> 保存 PowerPoint 2010 演示文稿时，默认的文件格式是.pptx，在"保存类型"下拉框中，我们还可以在"保存类型"中选择其他的保存格式，如.ppt、.pdf、pot、html 等文件格式，满足用户的一些特殊需要。

9.4.2 新建幻灯片

涉及知识点：插入、删除、复制、移动幻灯片

"职业生涯规划 PPT"演示文稿由 6 张幻灯片组成，新建演示文稿文件后，演示文稿中默认有一张幻灯片，因此需要在演示文稿中再新建 5 张幻灯片。

【任务2】在演示文稿中新建 5 张幻灯片。

STEP 1 新建第二张幻灯片。

在 PowerPoint 的大纲区，单击鼠标右键，在快捷菜单中单击"新建幻灯片"命令，如图 9-3 所示，在演示文稿中新建第二张幻灯片。

STEP 2 新建其余 4 张幻灯片。

按上述方法操作，在演示文稿中再新建 4 张幻灯片，PowerPoint 的大纲区可以看到 6 张幻灯片的缩略图。

图 9-3 "新建幻灯片"快捷菜单

说明

幻灯片是演示文稿的基本组成单位，在实际制作演示文稿过程中，除了新建幻灯片之外，对幻灯片的常用操作还包括：幻灯片的复制、移动和删除。

[1] 复制幻灯片：当需要大量相同幻灯片时，可以复制幻灯片。复制幻灯片的操作方法如下。

① 在大纲区选择需要复制的幻灯片。

② 单击鼠标右键，在弹出的快捷菜单中选择"复制"。

③ 单击需要粘贴的目标位置，单击鼠标右键，在弹出的快捷菜单中选择"粘贴"。

[2] 移动幻灯片：有时幻灯片的播放顺序不合要求，就需要移动幻灯片的位置，调整幻灯片的顺序。移动幻灯片操作方法有两种，操作方法分别如下。

① 拖动的方法。选择需要移动的幻灯片，用鼠标左键将它拖动到新的位置，在拖动过程中，有一条黑色横线随之移动，黑色横线的位置决定了幻灯片移动到的位置，当松开左键时，幻灯片就被移动到了黑色横线所在的位置。

② 剪切的方法。选择需要移动的幻灯片，单击鼠标右键，然后选择"剪切"命令，被选幻灯片消失，单击想要移动到的新位置，会有一条黑色横线闪动指示该位置，然后选择"粘贴选项"命令，幻灯片就移动到了该位置。

事实上，有关幻灯片的操作在"幻灯片浏览视图"下进行将更加方便和直观，大家可以自己尝试。

[3] 删除幻灯片：若某张或某些幻灯片不再有用，就需要删除幻灯片。删除幻灯片有 2 种操作方法。

① 在大纲区选择需要删除的幻灯片（按 Ctrl 键，可以同时选择多个幻灯片，下同），然后按键盘上的"Delete"键，被选幻灯片被删除，其余幻灯片将顺序上移。

② 在大纲区选择欲删除的幻灯片，单击鼠标右键，然后选择"删除幻灯片"命令，被选幻灯片被删除，其余幻灯片将顺序上移。

9.4.3 幻灯片设计

涉及知识点：设置幻灯片版式、主题、背景样式

在演示文稿中插入新幻灯片后，首先要对幻灯片进行设计。可以利用版式、主题、颜色、

字体、效果、背景样式等功能，统一幻灯片的配色方案、排版样式、背景颜色和效果等，达到快速修饰演示文稿的目的。

【任务3】设置第三、第五张幻灯片版式为"仅标题"，设置第六张幻灯片版式为"空白"。

STEP 1 设置第三、第五张幻灯片为"仅标题"版式。

　　根据在幻灯片插入内容的需要，可以设置幻灯片的版式。选择第三张幻灯片，在"开始"选项卡中，单击"幻灯片"组中的【版式】按钮，在打开的下拉列表中选择"仅标题"版式，如图9-4所示，设置第三张幻灯片为"仅标题"版式。按上述方法，设置第五张幻灯片版式。

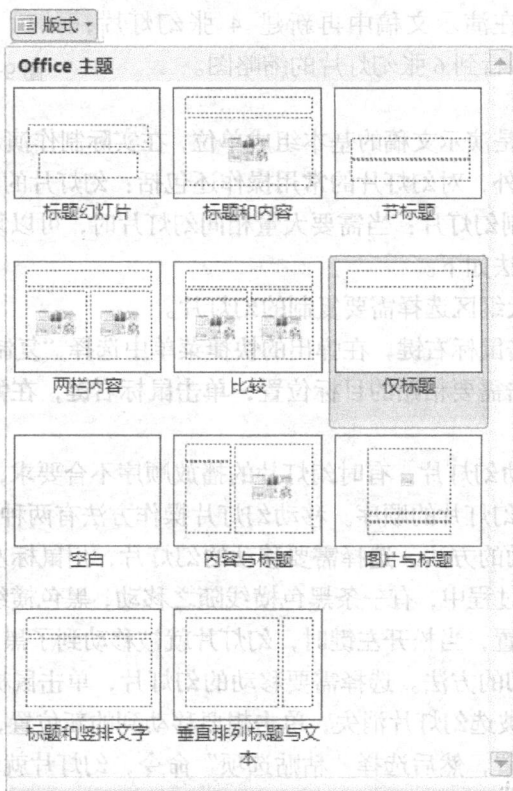

图9-4　"版式"下拉列表

STEP 2 设置第六张幻灯片"空白"版式。

　　按照上述方法操作，选择第六张幻灯片，将幻灯片设置为"空白"版式。

> **说明**
>
> 　　[1] 新建演示文稿中包含一张自动生成的幻灯片，这张幻灯片的版式为"标题幻灯片"；在PowerPoint的大纲区，单击鼠标右键，在快捷菜单中单击"新建幻灯片"命令，新建幻灯片的版式默认为"标题和内容"，根据演示文稿设计的需要，第一、第二、第四张幻灯片的版式不需要再设置。
>
> 　　[2] 还可以在新建幻灯片时直接设定版式，方法是：在"开始"选项卡中，单击"幻灯片"组中的【新建幻灯片】按钮，在下拉框中选择某项幻灯片版式，就会在演示文稿中插入一张该版式的幻灯片。按上述方法操作，可以在新建幻灯片时即设置好幻灯片版式。

【任务4】设置演示文稿的主题为"波形"，设置幻灯片的背景样式为预设颜色"雨后初晴"。

STEP 1 设置幻灯片主题。

在"设计"选项卡中，单击"主题"组中的"波形"选项，如图 9-5 所示，则所有演示文稿应用了"波形"主题。可以单击选项右侧的下拉按钮，查看更多主题。

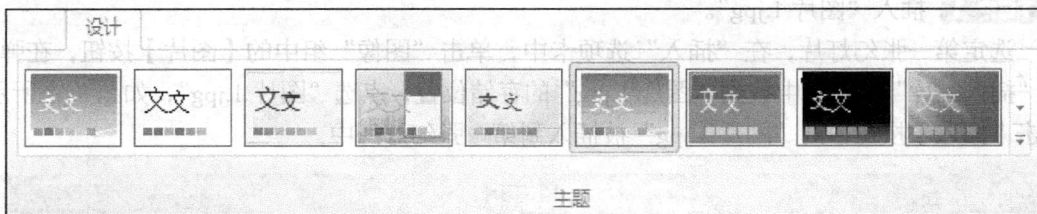

图9-5　选择"波形"主题

STEP 2 设置背景样式。

在"设计"选项卡中，单击"背景"组中的【背景样式】按钮，在打开的下拉列表中选择"设置背景格式"，弹出"设置背景格式"对话框，如图 9-6 所示。在"填充"选项卡中，单击【渐变填充】|【预设颜色】|【雨后初晴】，然后单击【全部应用】按钮，所有幻灯片均采用这种背景样式。

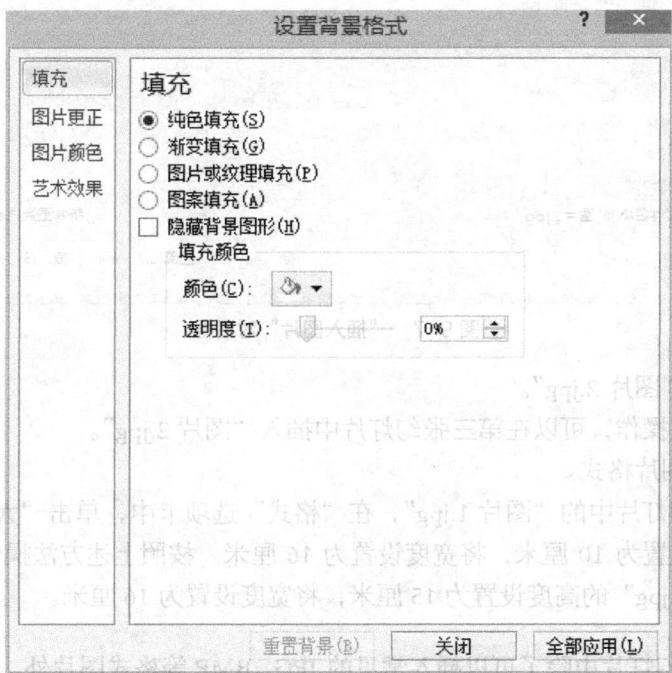

图9-6　"设置背景格式"对话框

9.4.4　插入和格式化对象

涉及知识点：插入和设置图片、文本、超级链接、形状、表格、艺术字、背景音乐对象的格式

1.插入和设置图片格式

制作演示文稿时，可以在幻灯片中插入图片，通过图文并茂的展示，使幻灯片的演示更

加直观生动，方便观众理解。

STEP 1 插入"图片1.jpg"。

选定第一张幻灯片，在"插入"选项卡中，单击"图像"组中的【图片】按钮，在弹出的"插入图片"对话框中找到"图片1.jpg"的存储位置，点选"图片1.jpg"，如图9-7所示，单击【插入】按钮，则"图片1.jpg"被插入到第一张幻灯片中。

图9-7　"插入图片"对话框

STEP 2 插入"图片2.jpg"。

按照上述方法操作，可以在第三张幻灯片中插入"图片2.jpg"。

STEP 3 设置图片格式。

选择第一张幻灯片中的"图片1.jpg"，在"格式"选项卡中，单击"大小"组中"高度"输入框，将高度设置为10厘米，将宽度设置为16厘米。按照上述方法操作，可以将第三张幻灯片中"图片2.jpg"的高度设置为15厘米，将宽度设置为16厘米。

> 幻灯片中除了可以插入常见的JPG、BMP等格式图片外，还可以插入GIF格式的动画图片。
> ● BMP格式图片是一种与硬件设备无关的图像文件格式，使用非常广，它采用位映射存储格式，除了图像深度可选以外，不采用其他任何压缩。
> ● JPG格式图片是一种静态图像压缩格式，多数用于存储数码相片和风景图片。
> ● GIF格式图片是一种高压缩比的彩色图像文件格式，有一系列GIF图片，能够形成动画。

2.插入和设置文本格式

幻灯片中经常需要输入文本，可以在文本占位符中直接输入文本，也可以根据需要在幻灯片中插入文本框，在文本框中可以输入文本。文本框有两种形式：水平文本框和垂直文本框。

> 【任务6】在第一张幻灯片占位符中输入标题和副标题文字，设置标题文字为黑体、48磅、加粗；在第二张幻灯片标题占位符中输入"目录"文字，设置字体为宋体、54磅、加粗，在内容占位符中输入文本，设置文本为华为新魏、40磅、下画线，并设置项目符号为"带填充效果的钻石形项目符号"；在第三张幻灯片的图片上插入一个文本框，输入个人简介文字；在第四张幻灯片标题和内容占位符中输入相应文本，并插入一个文本框，在文本框中输入"职业分析"相关文本内容，设置文本格式为宋体、28磅。

STEP 1 在第一张幻灯片中插入文本。

选定第一张幻灯片，单击标题占位符，输入标题文本"大学生职业生涯规划"，可以根据需要，格式化占位符中的标题文本，设置文本的字体为黑体，字号为48磅，加粗，将标题占位符拖动到幻灯片中的合适位置。按照上述方法操作，可以在副标题占位符中输入文本"创造一片天空，让我自由飞翔"，格式化文本，调整位置。至此，第一张幻灯片制作完成。

STEP 2 在第二张幻灯片中插入文本。

选择第二张幻灯片，在"标题"占位符中输入文字"目录"，在"内容"占位符中输入三段文字"关于我""职业认知"和"职业定位"，设置文本为华为新魏、40磅、下画线。

STEP 3 设置项目符号。

将"关于我""职业认知"和"职业定位"这三段文字全部选中，单击鼠标右键，在快捷菜单中单击【项目符号】|【带填充效果的钻石形项目符号】。

STEP 4 在第三张幻灯片中插入文本框。

选中第三张幻灯片，在"插入"选项卡中，单击"文本"组中的【文本框】按钮，在弹出的下拉框中选择"横排文本框"命令，如图9-8所示，在"图片02.jpg"上出现一个文本框区域，输入个人简介文字，并设置文本格式为黑体、16磅、加粗。

STEP 5 在第四张幻灯片中插入文本和文本框。

按照上述方法操作，在第四张幻灯片标题占位符中输入"职

图9-8 "文本框"下拉列表

业认知"，设置文本格式为黑体、48磅、加粗；在内容占位符中输入"行业分析"相关文本内容，设置文本格式为宋体、28磅。按照步骤4的操作方法，插入一个横排文本框，在文本框中输入"职业分析"相关文本内容，并设置文本格式为宋体、28磅。

3.插入超链接

PowerPoint 2010提供了功能强大的超链接功能，使用它可以在幻灯片内链接各种文本、图像、多媒体等对象，也可以在幻灯片与幻灯片之间进行链接，还可以在幻灯片与其他外部文件、程序或网络之间自由地链接。

> 【任务7】在第二张幻灯片中插入超链接，将文本"点击进入"链接到个人网站首页，链接的地址为"http://www.zygh.cn"；设置"关于我"超链接到第三张幻灯片；设置"职业认知"超链接到第四张幻灯片；设置"职业定位"超链接到第五张幻灯片。

STEP 1 设置"点击进入"超链接。

在第二张幻灯片中选中文本"点击进入",单击鼠标右键,在弹出的快捷菜单中单击"超链接"命令,弹出"插入超链接"对话框,如图 9-9 所示。在"插入超链接"对话框中,可以设置超文本链接到"原有文件或网页""本文档中的位置""新建文档"或"电子邮件地址",该任务要超链接到个人网站首页,所以采用链接到"原有文件或网页"。在地址栏输入个人网站首页网址"http://www.zygh.cn",单击【确定】按钮,此时文本"www.zygh.cn"变为蓝色,并添加了下画线。

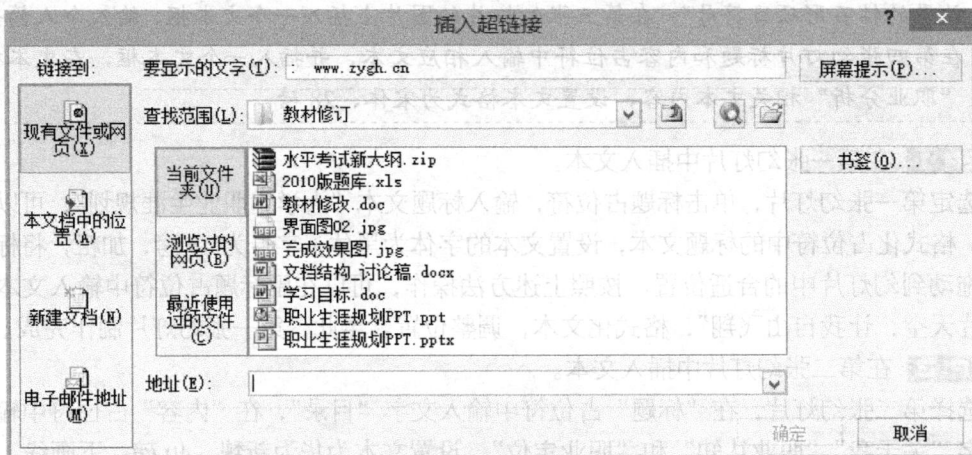

图 9-9 "插入超链接"对话框

STEP 2 设置"关于我"超链接。

在第二张幻灯片中选中文本"关于我",单击鼠标右键,在弹出的快捷菜单中单击"超链接"命令,弹出"插入超链接"对话框,如图 9-9 所示,单击【链接到】|【本文档中的位置】按钮,在"请选择文档中的位置"框中选择【幻灯片标题】|【关于我】,单击【确定】按钮。

STEP 3 设置"职业认知"超链接。

在第二张幻灯片中选中文本"职业认知",单击右键,在弹出的快捷菜单中单击"超链接"命令,弹出"插入超链接"对话框,如图 9-9 所示,单击【链接到】|【本文档中的位置】按钮,在"请选择文档中的位置"框中选择【幻灯片标题】|【职业认知】,单击【确定】按钮。

STEP 4 设置"职业定位"超链接。

在第二张幻灯片中选中文本"职业定位",单击鼠标右键,在弹出的快捷菜单中单击"超链接"命令,弹出"插入超链接"对话框,如图 9-9 所示,单击【链接到】|【本文档中的位置】按钮,在"请选择文档中的位置"框中选择【幻灯片标题】|【职业定位】,单击【确定】按钮。

4.插入和格式化形状

PowerPoint 2010 提供了功能齐全的插图功能,配有形状、图形、图表的幻灯片不仅能使演示文稿的内容更易理解,还可以使内容在演示文稿中得到最佳体现,从而创建出一流的演示文稿。

【任务 8】 在第三张幻灯片中绘制"五边形"形状，并设置"五边形"的填充色为蓝色，大小为高 4cm，宽 8cm，位置为水平 0.5cm，垂直 8cm，在"五边形"上编辑文字"简介"，将文本和五边形组合。

STEP 1 绘制"五边形"形状。

在"开始"选项卡中，单击"绘图"组中的"插入现成形状"的下拉按钮，在下拉列表中选择【箭头汇总】|【五边形】，如图 9-10 所示，在幻灯片中拖动光标，绘制一个"五边形"形状。

STEP 2 设置"五边形"形状填充色、大小和位置。

选择五边形，单击鼠标右键，在快捷菜单中选择"设置形状格式"命令，弹出"设置形状格式"对话框，如图 9-11 所示，在"填充"选项卡中选择【纯色填充】|【填充颜色】|【蓝色】；单击"大小"标签，在"大小"选项卡中设置高为 4cm，宽为 8cm；单击"位置"标签，在"位置"选项卡中设置水平为 0.5cm，垂直 8cm；此外，还可以根据需要设置形状的线条颜色、线型、阴影、三维格式等属性。

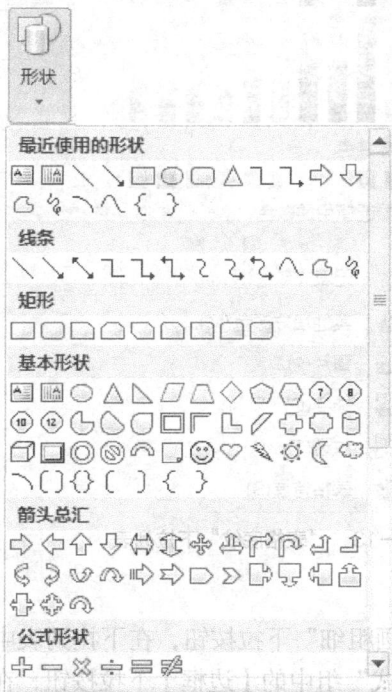

图 9-10 "形状"下拉列表

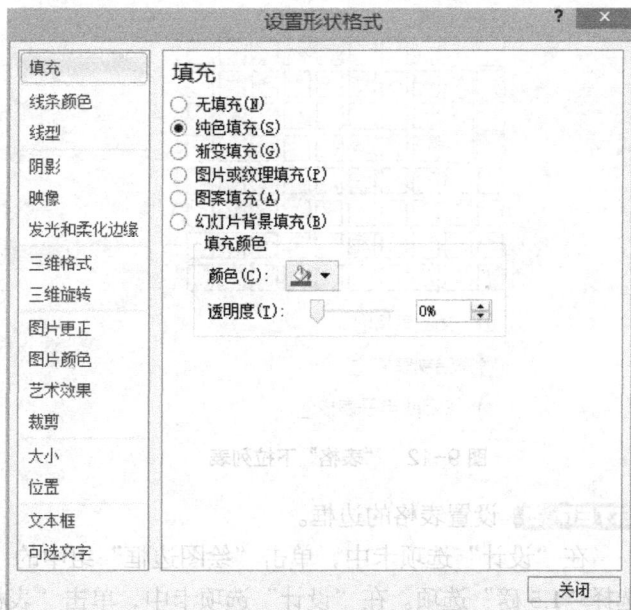

图 9-11 "设置形状格式"对话框

STEP 3 编辑文字。

选定"五边形"形状，单击鼠标右键，在弹出的快捷菜单中单击"编辑文字"命令，输入"简介"文字。

STEP 4 组合形状。

按住 Ctrl 键的同时选中第三张幻灯片中的"五边形"和"简介"文字，单击鼠标右键弹出快捷菜单，单击【组合】|【组合】命令，将这两个对象组合成一个形状。

5.插入和设置表格格式

PowerPoint 2010 提供了插入表格功能，通过在幻灯片中插入一些表格，可以方便我们的陈述，使读者浏览幻灯片时有清晰的思路。

【任务9】 在第五张幻灯片中插入一个4行2列的表格并格式化，设置表格的底纹为"无填充颜色"，设置表格内外边框均为1.5磅实线，单元格中内容垂直居中对齐，在表格中输入相关文字内容。

STEP 1 插入表格。

选定第五张幻灯片，在"插入"选项卡中，单击"表格"组中的【表格】按钮，在打开的下拉列表中选择4行2列的单元格，如图9-12所示，在幻灯片中出现一个4行2列的表格。

STEP 2 设置表格的底纹。

在幻灯片中选中整个表格，在"设计"选项卡中，单击"表格样式"组中的【底纹】按钮，在下拉列表中选择"无填充颜色"命令，如图9-13所示。

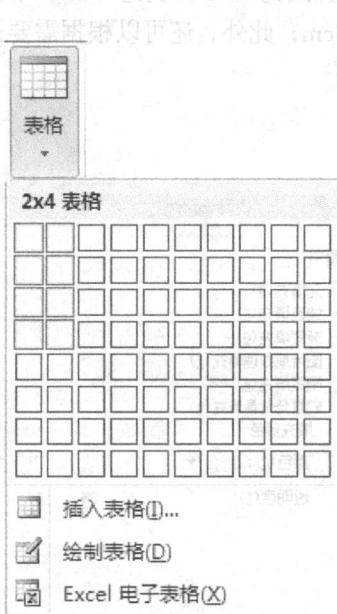

图9-12 "表格"下拉列表　　　图9-13 "表格底纹"下拉列表

STEP 3 设置表格的边框。

在"设计"选项卡中，单击"绘图边框"组中的"笔画粗细"下拉按钮，在下拉列表中选择"1.5磅"选项。在"设计"选项卡中，单击"表格样式"组中的【边框】下拉按钮，在下拉列表中选择"所有框线"选项。

STEP 4 设置表格的对齐方式。

在"布局"选项卡中，单击"对齐方式"组中的【垂直居中】按钮。在表格的单元格中输入相应文字内容。

6. 插入和设置艺术字样式

PowerPoint 提供了插入艺术字功能，通过艺术字可以增加演示文稿的艺术欣赏性，使这篇演示文稿的文章美观，别具一格。

【任务10】 在第六张幻灯片中插入艺术字"谢谢观赏"，并设置艺术字为"暖色粗糙棱台"样式，艺术字的高度为5cm，宽度为16cm。

STEP 1 插入艺术字。

选定第五张幻灯片，在"插入"选项卡中，单击"文本"组中的"艺术字"的按钮，在下拉列表中选择"暖色粗糙棱台"命令，如图 9-14 所示，在文本编辑框中删除提示文字，输入"谢谢观赏"文字。

STEP 2 设置艺术字样式。

选定幻灯片中的艺术字，在"格式"选项卡中，单击"艺术字样式"组中的"文本效果"下拉按钮，在下拉列表中选择【转化】|【停止】命令，在弹出的"编辑'艺术字'文字"对话框中，输入文字，根据需要设置字体、加粗、加粗和倾斜，单击【确定】。

STEP 3 设置艺术字高度和宽度。

选定幻灯片中的艺术字，在"格式"选项卡中，单击"大小"组中的"高度"和"宽度"选项，分别设置为"5cm"和"16cm"。

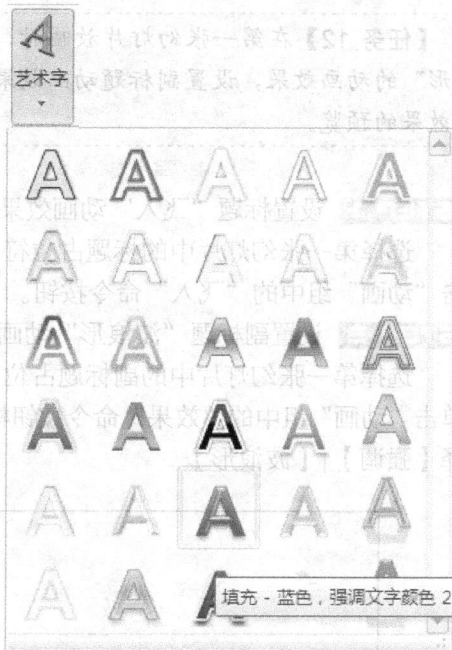

图 9-14 "艺术字"下拉列表

7. 插入和设置背景音乐播放效果

【任务 11】在第一张幻灯片中，插入背景音乐"高山流水.mp3"，设置背景音乐在幻灯片放映时循环播放，直到停止，并且放映时隐藏播放器图标。

STEP 1 插入背景音乐。

在"插入"选项卡中，单击"媒体"组中的"音频"下拉按钮，在下拉框中单击"文件中的音频"，弹出"插入音频"对话框，选中要插入的音频文件"高山流水.mp3"，单击【插入】按钮。

STEP 2 设置播放效果。

在"播放"选项卡中，单击"音频选项"组中的"循环播放，直到停止"和"放映时隐藏"的复选框，如图 9-15 所示。

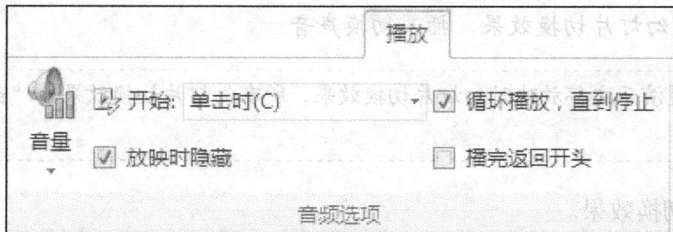

图 9-15 设置音频播放效果

9.4.5 设置动画效果

涉及知识点：动画效果设置、计时、预览

制作好的演示文稿可以用于放映，通过设计幻灯片中对象的各种动画效果，将比较抽象的问题用具体的动画过程演示出来，并且可以极大地增强演示文稿的表现力。

【任务 12】在第一张幻灯片放映时，设置标题"飞入"的动画效果，设置副标题"波浪形"的动画效果，设置副标题动画效果在上一动画开始后，持续 2 秒，延迟 5 秒，并进行效果的预览。

STEP 1 设置标题"飞入"动画效果。

选择第一张幻灯片中的标题占位符，选定幻灯片中的艺术字，在"动画"选项卡中，单击"动画"组中的"飞入"命令按钮。

STEP 2 设置副标题"波浪形"动画效果。

选择第一张幻灯片中的副标题占位符，选定幻灯片中的艺术字，在"动画"选项卡中，单击"动画"组中的"效果"命令按钮框右侧的下拉按钮，如图 9-16 所示，在下拉列表中选择【强调】|【波浪形】。

图 9-16 "动画"组中效果命令按钮框

STEP 3 设置副标题持续时间和延迟。

在幻灯片中选中副标题占位符，在"动画"选项卡中，单击"计时"组中"开始"的下拉按钮，在下拉列表中单击"上一动画之后"命令，单击"持续时间"设置框，设为"02.00"，在"延迟"设置框中，设为"05.00"，如图 9-17 所示。

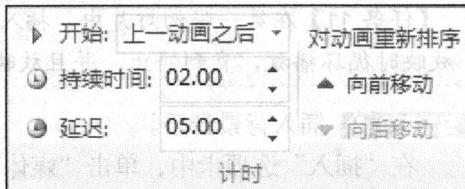

图 9-17 设置"开始"和"延迟"时间

STEP 4 效果的预览。

在"动画"选项卡中，单击"预览"组中的【预览】按钮，可以预览动画效果是否符合要求，如果不符合要求，可以重新设计。

9.4.6 设置幻灯片切换效果

涉及知识点：幻灯片切换效果，插入切换声音

【任务 13】设置演示文稿放映时幻灯片切换效果，所有幻灯片切换效果为"百叶窗"，并伴随有"风铃"声。

STEP 1 设置切换效果。

选择第一张幻灯片，在"切换"选项卡中，单击"切换到此幻灯片"组中的效果选项右侧的下拉按钮，如图 9-18 所示，在下拉列表中选择【华丽型】|【百叶窗】。

STEP 2 设置切换声音。

在"切换"选项卡中，单击"计时"组中的"声音"下拉按钮，在下拉列表中选择"风铃"命令。

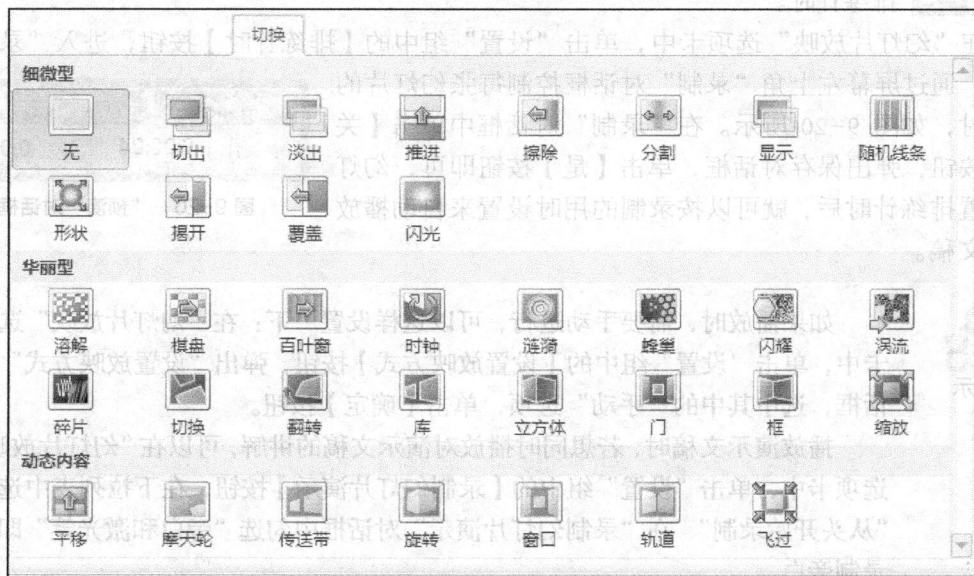

图 9-18 "切换"下拉列表

9.4.7 设置幻灯片放映方式

涉及知识点：设置幻灯片放映、自定义幻灯片放映、排练计时、录制幻灯片演示

> **【任务 14】**设置演示文稿放映时从第 1 张到第 5 张，使用排练计时，每张幻灯片放映 15
> 秒后自动切换到下一张幻灯片播放。

STEP 1 设置放映方式。

在"幻灯片放映"选项卡中，单击"设置"组中的【设置放映方式】按钮，弹出"设置
放映方式"对话框，在对话框中设置放映幻灯片从第一张到第五张，如图 9-19 所示。

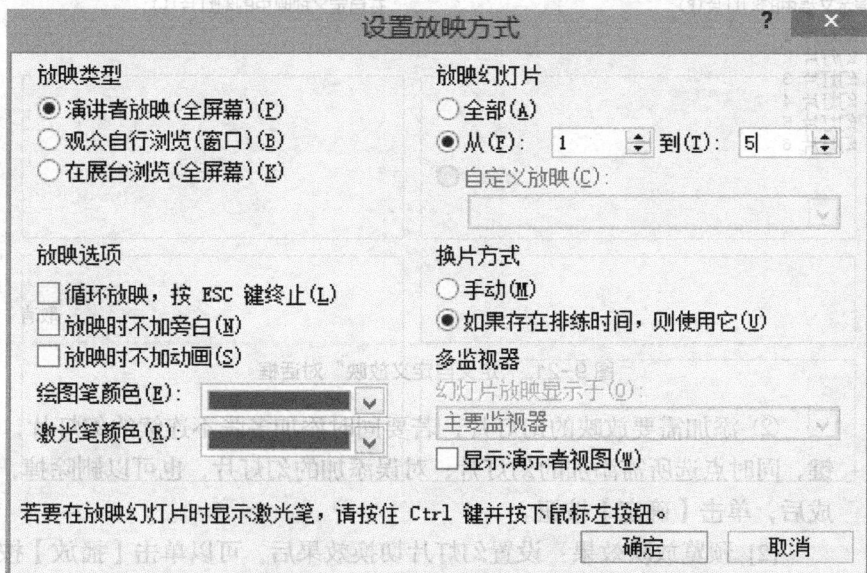

图 9-19 "设置放映方式"对话框

STEP 2 排练计时。

在"幻灯片放映"选项卡中，单击"设置"组中的【排练计时】按钮，进入"录制"
状态。通过屏幕左上角"录制"对话框控制每张幻灯片的
放映时，如图 9-20 所示。在"录制"对话框中单击【关
闭】按钮，弹出保存对话框，单击【是】按钮即可，幻灯
片设置排练计时后，就可以按录制的用时设置来自动播放
演示文稿。

图 9-20 "预演"对话框

如果播放时，需要手动进行，可以这样设置一下：在"幻灯片放映"选项
卡中，单击"设置"组中的【设置放映方式】按钮，弹出"设置放映方式"对
话框，选中其中的"手动"选项，单击【确定】按钮。

播放演示文稿时，若想同时播放对演示文稿的讲解，可以在"幻灯片放映"
选项卡中，单击"设置"组中的【录制幻灯片演示】按钮，在下拉列表中选择
"从头开始录制"，在"录制幻灯片演示"对话框中勾选"旁白和激光笔"即可
录制旁白。

[1] 自定义放映：用户可以根据已经做好的演示文稿的实际播放需要，自
己定义放映演示文稿中的部分幻灯片以及定义放映的顺序等，自定义放映的设
置方法如下。

① 在"幻灯片放映"选项卡中，单击"开始放映幻灯片"组中的【自定
义幻灯片放映】按钮，弹出"自定义放映"对话框，单击【新建】按钮，即可
定义自定义放映，如图 9-21 所示。

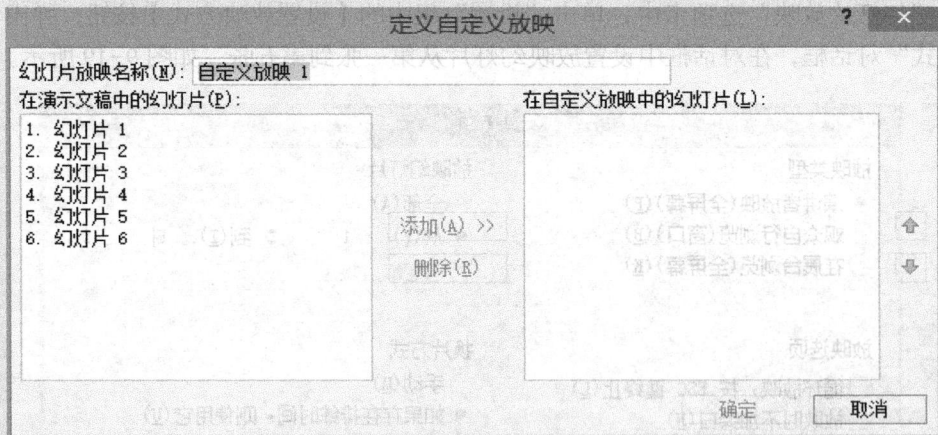

图 9-21 "定义自定义放映"对话框

② 添加需要放映的幻灯片，若要同时添加多张不连续的幻灯片，按 Ctrl
键，同时点选所需添加的幻灯片；对误添加的幻灯片，也可以删除掉，添加完
成后，单击【确定】按钮。

[2] 预览放映效果：设置幻灯片切换效果后，可以单击【播放】按钮，预
览该幻灯片在放映时的切换效果是否满足需要。

[3] 应用于母版：幻灯片切换效果设置好之后，单击"应用于母版"按钮，可以把这种幻灯片切换效果保存到母版中。

[4] 换片方式：默认的换片方式是"单击鼠标时"，在"每隔"选项前的复选框内勾选，可以同时采用定时自动切换幻灯片，二者可以同时控制幻灯片的切换，也可任选其一。

9.4.8　演示文稿的打印和打包

涉及知识点：打印、打包演示文稿

制作好的演示文稿，可以通过打印机输出，首先要进行页面设置，预览实际打印效果，若符合要求，则打印，否则重新设置。

【任务 15】将"职业生涯规划 PPT"演示文稿打印。

STEP 1 页面设置。

在"设计"选项卡中，单击"页面设置"组中的【页面设置】按钮，打开"页面设置"对话框，如图 9-22 所示，可以根据需要设置幻灯片大小（宽度和高度）、幻灯片编号起始值、幻灯片方向等。

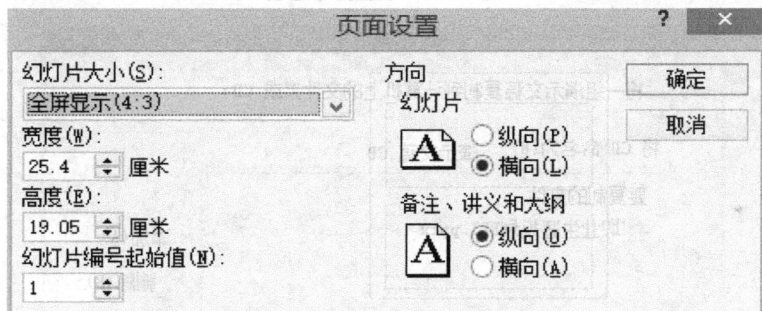

图 9-22　"页面设置"对话框

STEP 2 打印幻灯片。

选择【文件】|【打印】命令，在窗口右侧可以设置"打印"选项，如打印份数、打印范围、打印内容、打印颜色等。设置打印份数为 1 份，打印全部幻灯片，如图 9-23 所示。

STEP 3 设置选项。

选择【文件】|【保存并发送】|【将演示文稿打包成 CD】命令，在窗口右侧可以单击【打包成 CD】按钮，弹出"打包成 CD"对话框，可以在对话框中设置打包的包含文件、安全性和隐私保护等，如图 9-24 所示。

STEP 4 复制到 CD。

单击【复制到 CD】按钮，通过刻录机将打包文件刻录到 CD 光盘上。

演示文稿打包至 CD 后，将打包后的光盘放入到其他计算机上的光驱中即可自动播放；当光盘无法自动播放时，在"我的计算机"窗口中的光驱图标上右键单击，在弹出的快捷菜单中选择"自动播放"即可。

234

图 9-23　设置打印选项

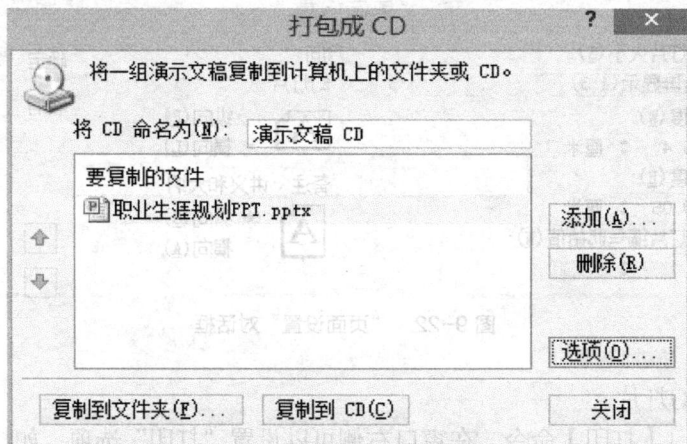

图 9-24　"选项"对话框

9.5　项目总结

在创建演示文稿这个项目里，我们主要完成了对"职业规划设计 PPT"这个文档的创建过程。

（1）在完成项目的过程中，我们对 PowerPoint 2010 的特点和使用方法有了初步的了解，学习了使用 PowerPoint 2010 制作演示文稿的基础知识，会对幻灯片进行设计，对插入的对象进行简单的格式设置。

（2）按照"设计幻灯片"—"插入和格式化对象"—"设计幻灯片动画"的过程，进行职业生涯规划 PPT 演示文稿的制作，这是本项目的主要内容。

（3）制作好演示文稿的内容后，对幻灯片的放映格式进行设置，包括幻灯片切换、幻灯片放映方式、排练计时等工作。

（4）最后将演示文稿进行打包。

完成本项目后，可以创建简单的演示文稿，具备制作课堂教学课件、公司简介、产品发布宣传、项目报告、会议报告等 PPT 文档的能力。

9.6 技能拓展

9.6.1 理论考试练习

一、单项选择题

1. PowerPoint 2010 可将编辑文档保存为多种格式文件，但不包括_____格式。

    A. pot   B. pptx   C. psd   D. html

2. 在 PowerPoint 2010 的"切换"菜单中，正确的描述是_____。

    A. 可以设置幻灯片切换时的视觉效果和听觉效果

    B. 只能设置幻灯片切换时的听觉效果

    C. 只能设置幻灯片切换时的视觉效果

    D. 只能设置幻灯片切换时的定时效果

3. 在 PowerPoint 2010 中，幻灯片中插入的音频的播放方式是_____。

    A. 只能设定为自动播放

    B. 只能设定为手动播放

    C. 可以设为自动播放，也可以设为手动播放

    D. 取决于放映者的放映操作流程

4. PowerPoint 中插入超链接，可以链接到不同对象，以下说法不正确的是_____。

    A. 可以链接到外部文档

    B. 可以链接到互联网上

    C. 可以在链接点所在文档内部的不同位置进行链接

    D. 一个链接点可以链接两个以上的目标

5. 在 PowerPoint 2010 中，可以最方便地移动幻灯片的视图是_____。

    A. 幻灯片   B. 幻灯片浏览   C. 幻灯片放映   D. 备注页

6. 在 PowerPoint 2010 中，使所有幻灯片具有统一外观的方法中不包括_____。

    A. 使用设计模板   B. 应用母版

    C. 幻灯片设计   D. 使用复制粘贴

7. PowerPoint 2010 中，在演示文稿的放映过程中，代表超级链接的文本会_____，并且显示成系统配色方案指定的颜色。

    A. 变为楷体字   B. 添加双引号   C. 添加下画线   D. 变为黑体字

8. 在 PowerPoint 幻灯片的"超链接"对话框中，设置的超级链接对象不允许是_____。

    A. 下一张幻灯片   B. 一个应用程序

    C. 其他的演示文稿   D. 幻灯片中的某一对象

9. 可以对幻灯片进行移动、删除、添加、设置幻灯片切换动画效果等操作，但不能直接

编辑幻灯片中具体内容的视图是_____。

    A. 普通视图　　　　　　　　　　　B. 幻灯片放映视图

    C. 幻灯片浏览视图　　　　　　　　D. 以上都不是

10. 如果要求幻灯片能在无人操作的条件下自动播放，应该事先对 PowerPoint 演示文稿进行_____操作。

    A. 存盘　　　　B. 打包　　　　　C. 排练计时　　　　D. 播放

11. 在 PowerPoint 中进行了错误操作，可以通过下列哪个命令恢复_____。

    A. 打开　　　　B. 撤销　　　　　C. 保存　　　　　D. 关闭

12. 在幻灯片播放时，如果要结束放映，可以按键盘上的_____键。

    A. Esc　　　　B. Enter　　　　C. Space　　　　D. Ctrl

13. PowerPoint 2010 提供了不同视图以方便用户进行操作，分别是普通视图、幻灯片浏览、备注页和_____。

    A. 幻灯片放映视图　　　　　　　　B. 阅读视图

    C. 文字视图　　　　　　　　　　　D. 一般视图

14. 如果想为幻灯片中的某个图片设计"劈裂"进入动画效果，可以在"设计"选项卡中，单击"_____"组中的"劈裂"选项。

    A. 动作设置　　　　　　　　　　　B. 自定义动画

    C. 幻灯片切换　　　　　　　　　　D. 动作按钮

15. 采用窗口方式放映演示文稿的放映类型是_____。

    A. 在展台浏览　　　　　　　　　　B. 演讲者放映

    C. 观众自行浏览　　　　　　　　　D. 循环浏览

16. 在演示文稿中要添加一张新的幻灯片，应该在_____选项卡中，单击"幻灯片"组中的"新建幻灯片"按钮。

    A. 文件　　　　B. 开始　　　　　C. 插入　　　　　D. 视图

17. 在 PowerPoint 2010 中，在幻灯片制作过程中，如果对幻灯片的排列方式不满意，可以在"开始"选项卡中，单击_____组中的"版式"按钮进行设置。

    A. 格式　　　　B. 工具　　　　　C. 文件　　　　　D. 幻灯片

二、多项选择题

1. 退出 PowerPoint 时，下列方法中正确的是_____。

    A. 双击 PowerPoint 标题栏左端的控制菜单图标

    B. 按 Esc 键

    C. 单击 PowerPoint 标题栏右端的【关闭】按钮

    D. 当 PowerPoint 为当前活动窗口时，按 Alt+F4 组合键

2. 在 PowerPoint 幻灯片浏览视图下，移动幻灯片的方法有_____。

    A. 按 Shift 键拖动幻灯片到目标位置

    B. 选择幻灯片，单击鼠标右键，单击"剪切"命令，选择目标位置，再单击鼠标右键，在快捷菜单中选择"粘贴选项"命令

    C. 按 Ctrl 键拖动幻灯片到目标位置

    D. 拖动幻灯片到目标位置

3. 在幻灯片中输入文本，其方法有_____。

A. 在文本占位符中输入

B. 插入文本框，在文本框中输入文本

C. 插入艺术字

D. 插入表格，在表格中输入文本

4. 下列关于 PowerPoint 的叙述，错误的是_____。

A. 幻灯片一旦制作完毕，就不能调整次序

B. 不可以将 Word 文稿制作为演示文稿

C. 无法在浏览器中浏览 PowerPoint 文件

D. 可以将打包的文件在没有安装 PowerPoint 的计算机上播放

5. 在 PowerPoint 中，如需要把多个图形一次性移动到其他位置，其方法可以是_____。

A. 依次单击各图形，然后再拖动图形到目标位置

B. 按 Ctrl 键依次单击各图形，然后再拖动图形到目标位置

C. 按 Shift 键依次单击各图形，然后再拖动图形到目标位置

D. 按 Shift 键依次单击各图形，并单击鼠标右键选择"组合"命令，然后再拖动图形到目标位置

9.6.2 实践操作练习

请使用 PowerPoint 2010 完成以下操作。

1. 将整个 PowerPoint 文档应用设计模板"暗香扑面"。

2. 在第一张幻灯片中添加文本"淘宝双十一"，并设置其字体字号为华文行楷、36 磅，文本颜色设置为蓝色（可以使用颜色对话框中的自定义标签，设置 RGB 颜色模式：红色 0，绿色 0，蓝色 255），如图 9-25 所示。

图 9-25 第一张幻灯片

3. 设置第二张幻灯片中图片的进入动画效果为"缩放"，如图 9-26 所示。

4. 去除第二张幻灯片中文本框格式中的"形状中的文字自动换行"。

5. 设置所有幻灯片切换效果为"溶解"。

6. 设置最后一张幻灯片中图片的超链接网址为 www.baidu.com，如图 9-27 所示。

图 9-26　第二张幻灯片

图 9-27　第三张幻灯片

PART 10

项目十
网络基础及信息安全

学习目标

在信息化社会中，人们对开发和使用信息资源的需求越来越大，希望快速、简捷地传输和处理信息。计算机网络技术是现代通信技术与计算机技术的有机结合，使用它可以方便地实现计算机之间快速传送数据并达到资源共享的目的。如何通过计算机网络进行信息的获取、发布及交流呢？Internet 技术为人们提供了计算机网络的实际应用，掌握 Internet 应用技术成为了现代社会中每个人应具备的基本能力之一。在计算机网络技术快速发展和普及的过程中，信息（数据）的安全性问题日益突出，在面对可能出现的人为和非人为的破坏因素时，如何有效地保障信息（数据）的安全呢？对计算机病毒进行检测和防治，实施完善的信息安全防范措施，可以最大程度地保证信息（数据）的安全。

本项目通过介绍计算机网络基础知识、Internet 基本知识和信息安全技术知识，使读者掌握计算机网络的定义、组成及分类，掌握浏览器及电子邮件的使用，理解信息安全的重要性和掌握基本的信息安全防范措施。

通过本案例的学习，能够掌握以下计算机水平考试知识点。

知识目标

- 计算机网络的发展、定义、功能。
- 计算机网络的硬件构成。
- 资源子网与通信子网的构成。
- 计算机网络的拓扑结构、计算机网络的分类。
- 局域网的组成与应用。
- 因特网的定义。
- TCP/IP、超文本及传输协议、IP 地址及域名。
- Internet 接入方式。
- IE 的使用、电子邮件、文件传输和搜索引擎的使用。
- 网页的构成与常用制作网页工具的基础知识。
- 信息安全的基本概念。

- 信息安全隐患的种类。
- 信息安全的措施。
- Internet 的安全、黑客、防火墙。
- 计算机病毒的概念、种类、危害、防治。

技能目标

- 能将计算机连接到 Internet。
- 会应用浏览器上网浏览网页。
- 会接收和发送电子邮件。
- 会应用 Internet 提供的服务解决日常问题。
- 能使用常用杀毒软件进行计算机病毒防治。
- 能使用计算机系统工具处理系统的信息安全问题。

10.1 网络基础

10.1.1 任务要求

某网络公司为了业务发展，招聘了几名大学毕业生，小王是被招聘的人员之一。公司为将这几名招聘人员安排在一个办公室，并为每人配备一台计算机，以方便办公，让小王负责为办公室组建一个局域网，这样可以访问公司内部网站，浏览公司文件和通知等。

10.1.2 解决方案

接到任务后，小王对组建局域网的工作进行分析，要想顺利完成这次任务，首先要了解计算机网络的基础知识，然后要了解局域网的构建以及所需的硬件设备，最后还要了解计算机网络的数据通信基础知识。

10.1.3 基本概念

为了保证项目能够顺利完成，请在实际操作前先行预习以下基本概念。

10.1.3.1 计算机网络相关概念

1. 节点

节点（node）是指连接在网络中的任何一个设备，如计算机、打印机等。

2. 路由

路由（route）是指从一个接口上收到数据包，根据数据包的目的地址进行定向并转发到另一个接口的过程。

3. 网关

网关（Gateway）又称网间连接器、协议转换器。网关实现了不同的网络体系结构和环境之间的通信，数据被网关重新转换后，可以从一个网络环境进入另一个不同的网络环境，使得不同的网络环境能够相互理解、相互交流双方的数据。网关是实现网络互连的关键设备，既可用于广域网互连，也可以用于局域网互连。

4. 服务器

服务器（Server）是指安装了服务器软件，负责提供共享资源（硬件、数据及程序）或者管理网络的计算机。

5. 客户机

客户机（Client）是指连接到网络的个人计算机，是服务器资源的消费者。

6. 网络设备

网络设备是指能够控制网络中数据传输的设备，用于数据广播、信号增强或者为数据到达目的地而确定路径的设备，如路由器、交换机及集线器等。

7. 网络操作系统

网络操作系统（NOS）用于协调和控制网络上计算机的活动，这些活动包括电子通信以及信息和资源的共享等。

10.1.3.2 Internet 提供服务的基本概念

1. WWW

万维网（World Wide Web，WWW），常简称为 Web，是 Internet 上最方便和最受欢迎的信息浏览方式。WWW 可以让 Web 客户端（常用浏览器）访问 Web 服务器上的页面，是一个由许多互相链接的超文本组成的系统，通过互联网访问。在这个系统中，每个有用的事物，称为一样"资源"，并且由一个全局"统一资源标识符"（URI）标识。这些资源通过超文本传输协议（Hypertext Transfer Protocol，HTTP）传送给用户，而后者通过单击链接来获得资源。

2. 电子邮件

电子邮件（E-mail），是一种用电子手段提供信息交换的通信方式，是互联网应用最广的服务。通过网络的电子邮件系统，用户可以以非常低廉的价格（不管发送到哪里，都只需负担网费）、非常快速的方式（几秒钟之内可以发送到世界上任何指定的目的地），与世界上任何一个角落的网络用户联系。

电子邮件可以是文字、图像、声音等多种形式。同时，用户可以得到大量免费的新闻、专题邮件，并实现轻松的信息搜索。电子邮件的存在极大地方便了人与人之间的沟通与交流，促进了社会的发展。

3. 文件传输

文件传输（FTP）可以在两台远程计算机之间传输文件。网络上存在大量的共享文件，获得这些文件的主要方式是 FTP。

4. 搜索引擎

搜索引擎是一个对 Internet 上的信息资源进行搜集整理，然后提供给用户查询的系统，是一个为用户提供信息"检索"服务的网站，是我们目前得知新网站的最主要途径。

5. 网上聊天

可以进入提供聊天室的服务器，与世界各地的人通过键盘、声音、图像等多种方式进行实时交谈。利用 QQ、MS Messager 等即时通信软件可实现网络交流的愿望。

6. 浏览器

用户浏览网页时使用的客户端软件，目前最流行的 WWW 浏览器有微软的 IE 和 NetScape 公司的 Navigator 等。

10.1.3.3　信息安全的相关概念

1. 信息安全

信息安全是指信息网络的硬件、软件及其系统中的数据受到保护，不受偶然的或者恶意的原因而遭到破坏、更改、泄露，系统连续可靠正常地运行，信息服务不中断。

2. 杀毒软件

杀毒软件也称反病毒软件或防毒软件，是用于消除计算机病毒、特洛伊木马和恶意软件等计算机威胁的一类软件。杀毒软件通常集成监控识别、病毒扫描和清除以及自动升级等功能，有的杀毒软件还带有数据恢复等功能，是计算机防御系统（包含杀毒软件、防火墙、特洛伊木马和其他恶意软件的查杀程序、入侵预防系统等）的重要组成部分。

3. 防火墙

防火墙也称防护墙，它是一种位于内部网络与外部网络之间的网络安全系统，一项信息安全的防护系统，依照特定的规则，允许或是限制传输的数据通过。

4. 计算机病毒

计算机病毒是编制者在计算机程序中插入的破坏计算机功能或者数据的代码，能影响计算机使用，能自我复制的一组计算机指令或者程序代码。

5. 加密

加密是指把数据和信息转换为不可辨识的密文，使不应了解该信息和数据的人不能够识别。

6. 解密

要想知道密文内容，将其转换为明文，这就是解密。

10.1.4　实现步骤

涉及知识点：网络的定义、功能、分类、硬件构成、拓扑结构，资源子网和通信子网的构成，局域网的定义和组成，数据通信基础知识

【任务 1】理解计算机网络的定义。

从直观上看，计算机网络是由若干台连接在一起的计算机和相关连接设备组成的，因此可以将计算机网络定义为利用通信线路和设备，把分布在不同地理位置上的多台计算机连接起来，再通过相应的网络软件，以实现计算机相互通信和资源共享的系统。

从上述定义可以看出，组建计算机网络需要具备以下 3 方面条件。

（1）两台或两台以上的计算机相互连接起来才能构成网络，达到资源共享的目的。

（2）计算机之间需要有一条通道互相通信，这条通道由硬件实现，就是通常所说的传输介质，这种传输介质可以是双绞线、同轴电缆或光纤等有线介质，也可以是激光等无线介质。

（3）计算机之间要交换信息，需要有某些约定和规则，就是协议。

一个网络可以仅由微型计算机组成，也可以由微型计算机、大型计算机和其他设备（如打印机）组成。

【任务 2】了解计算机网络的功能。

计算机网络的功能相当丰富，但归纳起来，可以将其分为资源共享、数据通信、分布处理以及提高系统可靠性 4 个方面。

1. 资源共享

网络的基本功能就是资源共享。可以共享的资源包括各种硬件、软件以及数据等，共享资源为用户获取信息提供了方便。

2. 数据通信

数据通信是指网络上两个节点相互之间的数据传输，是实现其他各项网络功能的基础与保障。

3. 分布处理

分布处理一直是网络领域内研究的热点之一。从直观上理解，分布处理是指通过网络将需要处理的任务分发给网络中当前空闲的所有计算机来完成，这样的处理方式既能均衡计算机之间的负载，又能提高处理任务的实时性与可靠性，还充分利用了网络中的资源，增强了本地计算机的处理能力。

4. 提高系统可靠性

网络中的每台计算机都可以通过网络相互备份，一旦某台计算机出现故障，就可以由其他计算机替它完成任务，这样可以避免因为单机故障引起整个系统瘫痪，从而提高了系统的可靠性。

【任务 3】了解计算机网络的分类。

1. 根据地理位置分布分类

根据分类的标准不同，计算机网络有多种分类方法。通常我们根据网络在地理上的分布范围，将网络分为局域网、城域网与广域网 3 种类型。

（1）局域网

局域网（Local Area Network，LAN）一般都是某一个机构的专用网络，LAN 中的计算机和外部设备通常位于一个相对封闭的物理区域，如房间内、建筑物内或校园等。LAN 具有高可靠性、易扩缩、易于管理及安全等多种特性，与其他类型的网络相比，局域网的基本特征包括以下几点。

- 范围相对较小，即使传输范围达到了公里，仍然还是较小的。
- 基于广播的传输技术，大部分局域网都是采用以太网技术，以太网技术的基本思想就是广播式传输。
- 拓扑结构相对简单，一般采用星型或者总线型拓扑。

（2）城域网

城域网（Metropolitan Area Network，MAN）采用类似于 LAN 的技术，但规模比 LAN 大，一般覆盖一个城市或地区。由于局域网技术的迅速发展，城域网技术正在逐步退出市场。

（3）广域网

广域网（Wide Area Network，WAN）的覆盖范围一般都较大，可以覆盖一个国家甚至全球，规模庞大而复杂。广域网的通信子网主要使用分组交换技术。广域网的通信子网可以利用公用分组交换网、卫星通信网和无线分组交换网，将分布在不同地区的局域网或计算机系统互连起来，达到资源共享的目的。它的传输媒介一般由专门负责公共数据通信的电信公司提供，Internet 是目前已经建成的最大的广域网。

2. 根据交换方式分类

除按分布范围分类外，还可以按网络的交换方式分为：电路交换、报文交换、分组交换。

（1）电路交换方式

电路交换方式类似于传统的电话交换方式，用户在开始通信前，必须申请建立一条从发送端到接收端的物理信道，并且在双方通信期间始终占用该通道。

（2）报文交换方式

该方式的数据单元是要发送的一个完整报文，其长度并无限制。报文交换采用存储-转发原理，这点有点像古代的邮政通信，邮件由途中的驿站逐个存储转发一样。报文中含有目的地址，每个中间节点要为途经的报文选择适当的路径，使其能最终到达目的端。

（3）分组交换方式

该方式也称包交换方式，1969 年首次在 ARPANET 上使用，现在人们都公认 ARPANET 是分组交换网之父，并将分组交换网的出现作为计算机网络新时代的开始。采用分组交换方式通信前，发送端将数据划分为一个个等长的单位（分组），这些分组由各中间节点采用存储-转发方式进行传输，最终达到目的端。由于分组长度有限制，可以在中间节点机的内存中进行存储处理，其转发速度大大提高。

【任务4】了解计算机网络的硬件构成。

1. 网络的主体设备

计算机网络中的主体设备称为主机（Host），一般可以分为中心站（又称为服务器）和工作站（客户机）两类。

服务器是为网络提供共享资源的基本设备，在其上运行网络操作系统，是网络控制的核心。其工作速度、磁盘及内存容量的指标要求都较高，携带的外部设备多且较高级。

工作站是网络用户入网操作的节点，有自己的操作系统。用户可以通过运行工作站上的网络软件共享网络上的公共资源，也可以不进入网络单独工作。用户工作站的客户机一般配置要求不是很高，大多采用个人微机并携带相应的外部设备。

2. 网络的连接设备

（1）网卡

网卡又叫网络适配器（NIC）或网络接口卡，是计算机网络中最重要的连接设备之一，一般插在机器内部的总线槽上。网线则接在网卡上。它是使计算机联网的重要设备，负责将用户要传递的数据转换为网络上其他设备能够识别的格式，通过网络介质传输。它是计算机网络中最基本的元素，在计算机局域网络中，如果有一台计算机没有网卡，那么这台计算机将不能和其他计算机通信，也就是说，这台计算机和网络是孤立的。网卡的基本功能为：从并行到串行的数据转换，包的装配和拆装，网络存取控制，数据缓存和网络信号。网卡的主要技术参数为带宽、总线方式、电气接口方式等。

网卡具备两大技术：网卡驱动程序和 I/O 技术。驱动程序使网卡和网络操作系统兼容，实现 PC 机与网络的通信。I/O 技术可以通过数据总线实现 PC 和网卡之间的通信。根据网络技术的不同，网卡的分类也有所不同，如大家所熟知的 ATM 网卡、令牌环网卡和以太网网卡等。据统计，目前约有 80% 的局域网采用以太网技术。就兼容网卡而言，目前，网卡一般分为普通工作站网卡和服务器专用网卡。根据网卡总线类型的不同，主要分为 ISA 网卡、EISA 网卡和 PCI 网卡 3 大类，其中 ISA 网卡和 PCI 网卡较常使用。

（2）集线器

集线器是计算机网络中连接多台计算机或其他设备的连接设备，主要提供信号放大和中转的功能。

（3）中继器

中继器的作用是放大电信号，增加信号的有效传输距离。从本质上看，可以认为是一个放大器，承担信号的放大和传送任务。

（4）网桥

网桥是网络中的一种重要设备，它通过连接相互独立的网段从而扩大网络的最大传输距离。

（5）路由器

路由器（Router）是连接因特网中各局域网、广域网的设备，它会根据信道的情况自动选择和设定路由，以最佳路径，按前后顺序发送信号的设备。路由器是互联网的主要节点设备，是网络的枢纽、"交通警察"。

3. 传输介质

从直观上看，网络都是通过某种传输介质连接起来的。常用的传输介质既包括光缆、双绞线等有线介质，也包括无线电波、微波等无线介质。

（1）光纤

光纤是传输光信号的通信线路。光缆是由一定数量的光纤按照一定方式组成的缆芯，外面包有保护层与护套。光缆比铜轴电缆具有更大的传输容量，传输距离长，体积小，重量轻且不受电磁干扰，是长途通信以及互联网主干线数据传输的主要介质。

（2）双绞线

双绞线是局域网中应用最为广泛的传输介质。不管是办公室或者教室内部的小型网络，还是校园网、企业网，都离不开双绞线。

双绞线由两根具有绝缘保护层的铜导线组成。把两根绝缘的铜导线按一定密度相互绞在一起，可降低信号干扰的程度，每一根导线在传输中辐射的电波会被另一根线上发出的电波抵消。如果把一对或者多对双绞线放在一个绝缘套管中便成了双绞线套管。

与其他传输介质相比，双绞线在传输距离、信道宽带和数据传输速度等方面均受到一定限制，但优点是价格较为低廉。在双绞线中传输，信号的衰减比较大，适用于较短距离的信息传输。

（3）同轴电缆

同轴电缆本来是用于传输电视信号的介质，后来被广泛用于早期的局域网中。在同轴电缆的不同层面上都可用相同的中心构成传输信道，最外层的信道一般作为地线。通过放大器的放大功能，同轴电缆可以将信号传输到很远的地方。

（4）无线介质

除了上面提到的双绞线及光缆等有线介质外，微波、无线电波等无线介质也是常见的网络传输介质。与有线介质相比，无线介质有其独特的优势，特别是在一些无法铺设有线电缆的地方或者一些需要临时接入网络的地方。

【任务5】 了解资源子网和通信子网的构成。

计算机网络首先是一个通信网络，各计算机之间通过通信媒体、通信设备进行数字通信，在此基础上各计算机可以通过网络软件共享其他计算机上的硬件资源、软件资源和数据资源。从计算机网络各组成部件的功能来看，各部件主要完成两种功能，即网络通信和资源共享。

1. 资源子网

把网络中实现资源共享功能的设备及其软件的集合称为资源子网。

在局域网中，资源子网主要由网络的服务器、工作站、共享的打印机和其他设备及相关软件所组成。资源子网的主体为网络资源设备，包括：

- 用户计算机（也称工作站）
- 网络存储系统
- 网络打印机
- 独立运行的网络数据设备
- 网络终端
- 服务器
- 网络上运行的各种软件资源
- 数据资源等

2. 通信子网

通信子网指网络中实现网络通信功能的设备及其软件的集合，通信设备、网络通信协议、通信控制软件等属于通信子网，是网络的内层，负责信息的传输，主要为用户提供数据的传输、转接、加工、变换等。通信子网设计方式一般有两种：点到点通道和广播通道。通信子网的组成主要包括：中继器、集线器、网桥、路由器和网关等设备。

【任务6】理解计算机网络的拓扑结构。

网络中的每个设备都是一个节点，根据各种网络设备所在的具体位置，将它们在网络中的排列或者连接方式构成的几何形状抽象出来就是网络拓扑。目前主要的网络拓扑有星型、总线型、环型和层次型等。

1. 星型拓扑

星型拓扑结构的网络由一个中央节点连接所有的服务器、客户机以及外部设备，如图10-1所示。传统上，中央节点通常是一个称为集线器的网络设备，这里的集线器的作用类似于总线结构中的总线，用于向所有的设备进行数据广播。

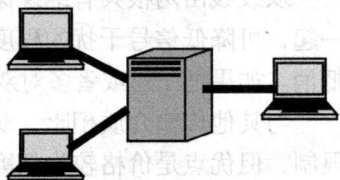

图10-1 星型拓扑

星型拓扑的优点主要体现在两个方面。

（1）网络易于扩展，只要添加到中央节点的线缆就可以方便地增加新的节点。

（2）单个外围节点故障只影响一个设备，不会影响到全网。

星型拓扑的缺点也主要体现在两个方面。

（1）网络性能和安全过多地依赖于中央节点，中央节点是网络的瓶颈，一旦出现故障则全网瘫痪，所以中央节点对可靠性和冗余度要求很高。

（2）每个站点直接和中央节点相连，这种拓扑结构需要大量电缆，增加了安装成本。

随着网络覆盖范围的扩大，单一的星型结构已经不能够完全满足实际需要，目前比较常用的是多层的星型拓扑结构。

2. 总线型拓扑

总线型拓扑结构中，所有的站点都通过相应的硬件接口直接连接到同一条主干链路（总线）上。每一个站点发送的信号均沿着总线向两个方向传播，能够被其他所有站点接收，传送的信号最后终止于链路两端的"终端连接器"，如图10-2所示。

总线型网络的特点是结构比较简单，构建网络的成本较低，但是，当接入网络的计算机超过几十台后，可能会同时发出大量广播信号，网络的性能会严重下降。主干链路非常重要，如果主干链路出现故障，整个网络就会瘫痪。

图 10-2　总线型拓扑

3. 环型拓扑

在环型拓扑结构中，所有的结点连接成一个环，每个结点都有两个相邻设备。数据沿着环路单向地从一个结点传送到另一个结点，路径固定，因而没有路径选择问题，如图 10-3 所示。在这种拓扑结构中，电缆的消耗较少，但是任何结点的故障都会影响整个网络。由于可靠性差，这种结构已很少使用。

在构建网络时，拓扑结构的选择取决于多种因素，与机构的组织结构、建筑物的布局以及传输介质的性能都有紧密的关系，还要考虑网络的灵活性、可扩展性以及可靠性等因素。

4. 层次型拓扑

层次型网络又称为混合型网络，层次型网络像星型网络一样，由一系列计算机连接到中央主机所组成。然而，这些计算机可能是另外更小的计算机或外部设备的主机，如图 10-4 所示。

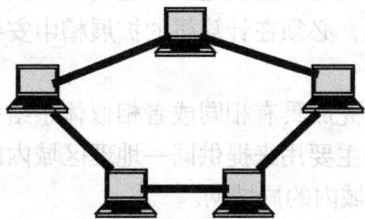

图 10-3　环型拓扑

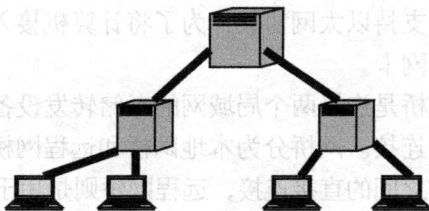

图 10-4　层次型拓扑

【任务 7】了解局域网的定义以及组建局域网所需的设备。

目前，大多数用户直接面对的网络都是局域网（LAN），不管是在家庭中，还是在办公室中，用户计算机一般都是先接入到一个局域网中，成为这个网络中的一个节点，再通过局域网共享一个 Internet 连接。

1. 局域网定义

要完整地给出局域网的定义，必须使用两种方式：一种是技术性定义，另一种是功能性定义。就 LAN 的技术性定义而言，它定义为由特定类型的传输介质（如电缆、光缆）、网络设备、网络服务器及用户工作站组成，并受网络操作系统监控的网络系统。功能性定义强调的是外界行为和服务，技术性定义强调的则是构成 LAN 所需的物质基础和构成的方法。

目前，全世界范围内大约有 85%以上的局域网采用以太网，随着网络技术的进步，无线局域网的应用范围也越来越广泛。

2. 以太网

以太网（Ethernet）指的是由 Xerox 公司创建并由 Xerox、Intel 和 DEC 公司联合开发的基带局域网规范，是当今现有局域网采用的最通用的通信协议标准。以太网络使用 CSMA/CD（载波监听多路访问及冲突检测）技术，并以 10Mbit/s 的速率运行在多种类型的电缆上。

（1）以太网的主要类型

在网络发展的不同时期，先后有过多种不同类型的以太网。早期使用的是基于同轴电缆的总线型网络，现在使用的则是基于光缆或者双绞线的星型结构网络，其组网标准及数据传输速率均有一定差异，据此，我们将以太网分为 4 个标准，如图 10-5 所示。

以太网标准	速率	电缆	IEEE 标准代号
标准以太网	10Mbit/s	Cat3 或者 Cat5	IEEE802.3
快速以太网	100Mbit/s	Cat5 或者光纤	IEEE802.3u
吉比特以太网	1000Mbit/s	Cat5 或者光纤	IEEE802.3z
10 吉比特以太网	10Gbit/s	光纤	IEEE802.3ae

图 10-5 以太网标准

（2）以太网设备

以太网的基本设备包括计算机、以太网网卡、网桥、以太网交换机、以太网传输介质以及各种外围设备等。外围设备是指那些根据共享需要而连接到网络上的设备，这些设备不是必需的。

以太网网卡的作用是提供与外部电缆连接的接口，向电缆上发送由二进制位组成的比特流，并支持以太网协议，为了将计算机接入到以太网中，必须在计算机的扩展槽中安装一块以太网网卡。

网桥是连接两个局域网的存储转发设备，用它可以完成具有相同或者相似体系结构网络系统的连接。网桥分为本地网桥和远程网桥，本地网桥主要用来提供同一地理区域内的多个局域网之间的直接连接，远程网桥则是用于连接不同区域内的局域网。

以太网交换机实际上是一种多端口网桥，以太网交换机具备自动寻址能力和交换作用，根据所传递信息包的目的地址，将每一个信息包通过其拥有的一条高带宽的背部总线和内部交换矩阵，独立地从源端口送至目的端口，避免了和其他端口发生碰撞。

以太网的传输介质有多种，包括同轴电缆、双绞线、光纤等，其中双绞线多用于从主机到交换机的连接，而光纤主要用于交换机间的级联和交换机到路由器件的点到点链路上，同轴电缆作为早期的主要传输介质已经逐渐趋于淘汰。

3. 无线局域网

无线局域网是通过无线电波传输数据的，类似于无线电话，它最大的优势在于不需要进行网络布线，从而使得网络的接入更加简单、方便，随着网络技术的发展，早期无线局域网所存在的传输速率慢、抗干扰性差、不安全等问题，得到了逐步解决。

（1）无线局域网标准

无线局域网标准主要有 3 种，分别为 IEEE802.b/a/g，它们被称为无线保真（Wireless Fidelity，Wi-Fi），它们的具体参数如表 10-1 所示。

表 10-1 无线局域网的技术标准

标准代号	频率	速率	覆盖范围
IEEE802.11b	2.4GHz	11Mbit/s	30～45m
IEEE802.11a	5GHz	54Mbit/s	8～24m
IEEE802.11g	2.4GHz	54Mbit/s	30～45m

（2）无线局域网设备

无线局域网的基本设备包括无线 AP（无线接入点）、无线网卡。

无线 AP 类似于以太网中的路由器，它负责将无线电信号广播到任何安装了无线网卡的设备中，而那些安装有无线网卡的计算机则通过无线 AP 接入到网络中，此外，无线 AP 一般还具有连到以太网交换机或者路由器的接口，通过该接口，无线接入点能够成为局域网中一个节点。

无线网卡就是使计算机可以无线上网的一个装置，但是有了无线网卡也还需要一个可以连接的无线网络，如果在家里或者所在地有无线路由器或者无线 AP 的覆盖，就可以通过无线网卡以无线的方式连接无线网络上网。无线网卡除了具有一般网卡的功能外，还含有能够传输无线信号的信号发射器、信号接收器以及天线。

【任务 8】了解计算机网络的数据通信基础知识。

1. 网络协议概述

网络中有许多计算机，它们的体系结构不完全相同，运行的软件也是各种各样的，相互之间未必兼容，此外，信道中还存在噪声，数据在传输过程中可能被破坏，要保证接收方接收的信息正确性，在网络中传输信息时，必须通过公共的协议规定的编码与解码标准保证通信双方相互理解，由此网络协议产生了。

网络协议（Network Protocol）是网络中的通信双方用来交互与协商的规则和约定的集合。网络协议规定了通信双方相互交换的数据或控制信息的格式，对特定请求应给出的响应和要完成的动作以及它们的时间关系。不同体系结构的网络之间以及同一网络中的不同类型客户机之间要实现通信，必须要求通信双方形成统一的约束规则。网络中的信息传输要遵守这些规则，这样才能保证网络中的通信工作有序化、规范化，才能保证网络中的通信正确传输。在 Internet 中使用的 TCP/IP 是目前主要的网络协议，该协议主要功能如下。

（1）将信息分包

在 Internet 中，文件、电子邮件等信息被发送到网络上后，并不是作为一个整体传输到目的地，而是被分割成许多称为"包"的小的数据块，或者称为数据包，每个数据包都独立地在通信链路中传输，到达目的地后，再组合还原成原始信息。

（2）在包中加入地址信息

网络上的所有设备都有地址，地址是网络上每个结点的唯一标志。在不同的协议标准中，地址有不同的格式。

每个数据包一般都包含发送方地址、接收方地址以及其他一些保证正确传输的信息。在数据包中加入地址信息后，当它在网络中传输时，网络中的转发设备会检查其目的地址，并将其发送到目的地。

2. OSI 参考模型

协议是通信各方都必须遵守的，因此，协议必须由具有一定的公信力及权威性的机构或者组织来制定，国际标准化组织（International Standard Organization，ISO）制定的 OSI 参考模型是基本的网络协议模型，尽管此模型从来没有能够实现，但 OSI 参考模型还是被当作标准的网络协议模型来引用，如图 10-6 所示。

OSI 参考模型由 7 层组成，自下而上分为物理层、数据链路层、网络层、传输层、会话层、表示层和应用层，其中各层的主要功能如下。

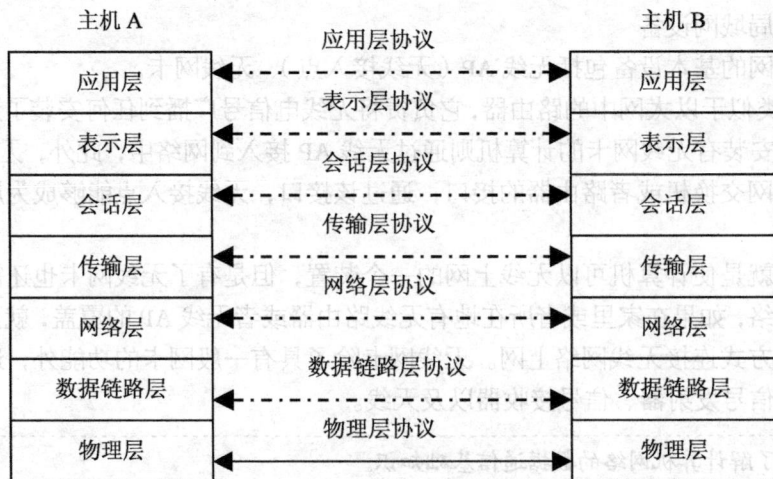

图 10-6　OSI 参考模型图

- 物理层：保证在通信信道上正确传输原始比特流信号。
- 数据链路层：通过校验、确认和反馈等手段将物理连接改造成无差错的数据链路。
- 网络层：负责控制通信子网的运行，主要解决如何将数据单元从源端发送到目标端的问题。
- 传输层：为上层用户提供端到端的透明优化的数据传输服务。
- 会话层：会话层不参与具体的传输，它提供包括访问验证和会话管理在内的建立和维护应用之间通信的机制。
- 表示层：提供格式化的表示和转换数据服务。
- 应用层：负责为用户提供各种直接的应用服务。

3. 网络的性能指标

网络性能指标是网络服务质量的量化表示，常用的指标包括带宽、误码率以及延迟等。

（1）带宽

带宽是通信信道的数据传输能力，度量单位是比特/秒（bit/s），又称为比特率或者信道的传输速率，其含义是指每秒钟所传输的二进制代码的有效位数。

（2）误码率

误码率指传输中出错的码元数占所传输的总码元数的比例，也称为出错率。局域网的误码率一般在 10-5 或者更低。

（3）信道的传播延迟

信号从源端到达目的端需要一定的时间，这个时间叫作传播延迟（也叫时延），这个时间与源端到目的端的距离有关，也与具体的通信信道中的信号传播速度有关。

10.2　Internet 应用

10.2.1　任务要求

公司领导安排小李负责搜集信息、调查市场情况等工作。要完成好这些工作，需要将计算机接入 Internet，掌握 Internet 的基本应用以及 IE 浏览器的使用方法，以便上网浏览和收集相关的信息，将搜集到的信息整理好，向领导汇报，方便领导做出合理的决策。

10.2.2　解决方案

小李接到这项任务后，对任务进行了分析，要想完成这些工作，必须了解 Internet 的基本知识，掌握将计算机接入 Internet 的基本方法，掌握 IE 浏览器的使用方法，特别要会使用搜索引擎在网上搜索信息，并下载特定格式的文件。

10.2.3　实现步骤

涉及知识点：Internet 的起源、发展、协议、接入方式、基本应用，IE 使用方法，网页的构成和常用制作工具

【任务 9】了解 Internet 的起源与发展情况。

因特网（Internet），又叫国际互联网。Internet 最初始于美国国防部高级研究计划署（ARPA）。ARPA 于 1969 年设计开发的 ARPANet，它连接了四所大学的四台大型计算机。ARPANet 的最初目标是为了便于这些学校之间相互共享资源，从而更好地开展研究工作，其应用主要包括收发电子邮件、传输文件以及通过网络上的超级计算机进行科学计算等，而所有这些应用都是通过命令行用户界面实现的。

到了 20 世纪 80 年代，TCP/IP 的问世使得各种异构的网络及计算机都可以通过它连接为一个整体，因此，也使得采用 TCP/IP 的 ARPANet 演变为 Internet。20 世纪 90 年代，个人计算机及图形用户界面操作系统的出现使接入与访问 Internet 更加方便。WWW 以及浏览器技术的问世，极大地丰富了 Internet 上的共享资源，进一步简化了访问 Internet 的手段，对 Internet 的发展产生了巨大的促进作用。它是由那些使用公用语言互相通信的计算机连接而成的全球网络。Internet 已经覆盖到了全球的每一个国家和地区，其实际应用渗透到了人类生活和工作的每一个领域。

Internet 是一个覆盖全球范围的广域网络，在这个网络中又包含了难以计数的大小和结构各不相同的计算机网络。Internet 并不是一个具体的网络，而是全球最大的、开放的、由众多网络互联而成的网络集合。它允许许多各种各样的计算机通过电话拨号方式、局域网方式或者无线方式等方式接入，但这些计算机都必须使用 TCP/IP，所有接入到 Internet 的计算机网络也成为它的一部分。这些网络在 TCP/IP 的支持下，实现了相互之间的通信和资源共享，使 Internet 成为全球范围内的信息交流的平台与工具。

【任务 10】理解 Internet 协议内容。

Internet 之所以能将众多不同结构的网络互联起来，并且能很好地实现彼此间的通信，与它所采用的 TCP/IP 是密不可分的。实际上，TCP/IP 不仅指 TCP 及 IP 两个协议，而是一个协议簇，包括 TCP、IP 以及各种相关协议。当然，TCP 与 IP 是其中最重要的两个协议。

1. TCP/IP

TCP/IP 也是分层的协议，但它只有 4 层，分别是应用层、传输层、网络层以及网络接口层，它与 OSI 参考模型的对应关系如表 10-2 所示。

TCP/IP 并不对应于具体的网络，它既可以在 Internet 上使用，也可以用于局域网或者一般的广域网。只要有互联的要求，就可以使用 TCP/IP。所以，从某种程度上讲，TCP/IP 协议已经成为事实上的网络互联标准。

表 10-2 TCP/IP 与 OSI 参考模型的对应关系

TCP/IP	OSI
应用层 HTTP、FTP 等	应用层
	表示层
	会话层
TCP 层	传输层
IP 层	网络层
网络接口层	数据链路层
以太网等	物理层

2. IP 地址

IP 地址是 IP 定义的一种网络地址格式。目前 IP 的版本号是 4（简称为 IPv4），它的下一个版本就是 IPv6。通过 IP 地址能够识别 Internet 上的计算机或者其他网络设备，所以 IP 地址又被称为因特网地址。每一台计算机接入到 Internet 中，都需要有 IP 地址，网络上其他的计算机与这台计算机通信时，都是通过 IP 地址进行的。IPv4 中规定的 IP 地址的二进制位数是 32 位，即有 $2^{32}-1$ 个地址。

IP 地址由网络标志和计算机标志两部分组成。网络标志也称为网络号或网络地址，是全球唯一的；计算机标志也称为计算机号或计算机地址，在某一特定的网络中也必须是唯一的。目前所说的 IP 地址一般是指 IPv4 地址，由 4 个字节，即 32 位二进制码组成。为了书写及阅读方便，将每个字节作为一段并以十进制数来表示，每段之间用"."分割，该方法叫作点分十进制。

根据网络号所占用的位数，可以将 IP 地址分为 5 类，分别是 A、B、C、D、E 类，分配给一般用户使用的是前 3 类，IP 地址分类及其范围如表 10-3 所示。

表 10-3 IP 地址及其范围

类型	第一字节数字范围	应用环境
A 类	1 ~ 127	大型网络
B 类	128 ~ 191	中等规模网络
C 类	192 ~ 223	局域网
D 类	224 ~ 239	多址广播地址
E 类	240 ~ 254	实验性地址

3. 域名

虽然 IP 地址可以唯一地标识 Internet 中的每一台计算机，但 IP 地址是一种纯数字的地址，很难记忆，人们难以使用 IP 地址直观地认识和区别互联网上的计算机。为此，Internet 上的许多计算机，特别是服务器类计算机，都有一个简单且容易记忆的名字，这个名字由数字和字母组成，在网络中该名字与特定的 IP 地址一一对应，这个与网络上的 IP 地址相对应的名字就被称为域名。例如，百度网站的域名为"www.baidu.com"，其中，"www"表示网络名，"baidu"是这个域名的主体，"com"是该域名的后缀。

域名的结构由若干个分量组成，各分量之间用点隔开，每一级的域名都由英文字母和数字组成，级别最低的域名写在最左边，最高的顶级域名写在最右边，完整的域名最长不超过255个字符。

国家或地区代码又称为顶级域名，由 ISO 3166 规定，常见的部分国家代码如表 10-4 所示。

表 10-4　部分国家代码

国家	中国	英国	法国	德国	日本	加拿大	意大利
国家代码	cn	gb	fr	de	jp	ca	it

类型名又称为二级域名，表示计算机所在单位的类型，我国的二级域名分为类型域名和行政区域域名两种，常见的类型域名如表 10-5 所示。

表 10-5　常见类型域名

机构域名	适用对象	机构域名	适用对象
Edu	教育部门	Com	商业部门
Gov	政府部门	Net	网络机构
mil	军事部门	int	国际机构

有了域名后，Internet 上的计算机的名字可以表示为"计算机名.域名"，其中的计算机名是在注册时由用户决定的。

域名仅仅是为了方便记忆，每个域名都对应一个唯一的 IP 地址。在 Internet 上，网络设备还要依赖 IP 地址识别并寻找指定的计算机。这种域名与 IP 地址的对应关系通常由"域名系统（DNS）"管理与维护。

【任务 11】掌握 Internet 的主要接入方式。

Internet 接入是通过特定的信息采集与共享的传输通道，利用传输技术完成用户与 IP 广域网的高带宽、高速度的物理连接。目前，常用的 Internet 接入主要有如下 5 种方式。

1. 通过电话拨号上网

拨号上网是目前最普通家庭用户的上网方式。拨号上网是指通过电话线将计算机连接到 Internet，所需要的设备比较简单，一台计算机、一部电话、一个调制解调器（Modem，俗称猫）就可以了。

调制解调器是一种设备，能将数字信号与模拟信号进行相互转换的设备。它能把计算机的数字信号翻译成可沿普通电话线传送的模拟信号，而这些信号又可被线路另一端的另一个调制解调器接收，并译成计算机可懂的语言。

2. 通过 ISDN 上网

ISDN 又称为"一线通"，是电信运营商在拨号上网方式之后推出的另一种适合家庭用户的使用电话上网方式。采用这种方式上网，一条电话线可以同时进行打电话、上网和收发传真等操作，而且速度比用拨号上网速度还稍微快些。

3. 通过 ADSL 接入

非对称数字用户环路技术（Asymmetric Digital Subscriber Loop，ADSL），就是利用现有的电

話線，为用户提供最高数据传输速度。它采用频分复用技术把普通的电话线分成了电话、上行和下行三个相对独立的信道，从而避免了相互之间的干扰，即使边打电话边上网，也不会发生上网速率和通话质量下降的情况。它的传输速度最高可达下载 8Mbit/s，上传 1Mbit/s 的速度。

4. 通过宽带 cable 上网

这是另一种家庭网络接入 Internet 的方式，主要利用家庭中另一种现成的有线电视网络信号铜芯电缆传输数字信号。

5. 通过光纤专线上网

光纤专线上网是多种专线上网技术的代表，这也是未来最有发展前途的宽带网络传输技术，光纤更多的是把局域网直接接入到 Internet 中。

在接入之前，用户要先准备好计算机，还要选择一个合适的 Internet 服务提供商（ISP）。

【任务 12】掌握 Internet 的基本应用。

Internet 早期的应用主要包括电子邮件、远程登录以及文件传输等，但随着硬件技术、用户界面、WWW 的迅速发展，以及网络信息需求的不断增加，Internet 的应用范围迅速扩大，特别是 Web 技术、多媒体数据传输、电子商务以及娱乐方面的应用发展更加迅速。

1. 电子邮件——E-mail

电子邮件的工作过程与传统的邮件类似，当然这一切都是在网络上实现的，是在一定的协议规范下实现的。电子邮件的基本工作过程如图 10-7 所示。

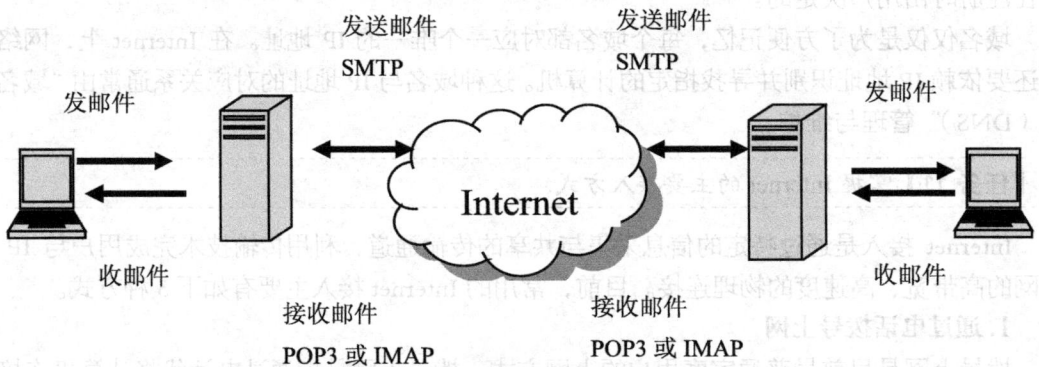

图 10-7　电子邮件的基本工作过程

一个完整的电子邮件系统包括传送、操作电子邮件的设备和软件，对邮件进行分类、存储、发送及接收的电子邮件服务器，以及收发电子邮件的个人计算机，其基本工作过程如图 10-7 所示。

在电子邮件的工作过程中，使用三个主要的协议：SMTP、POP3、IMAP。其中 SMTP 负责发送电子邮件，而 POP3 及 IMAP 则负责接收邮件。电子邮件地址的格式由三部分组成，如 "Username@163.com"，第一部分 "Username" 代表用户邮箱的账号，对于同一个邮件接收服务器来说，这个账号必须是唯一的。第二部分"@"是分隔符。第三部分"163.com"是用户信箱的邮件接收服务器域名，用以标志其所在的位置。

收发电子邮件需要有工具软件，目前常用的工具软件包括浏览器及专门的客户端软件，如腾讯免费邮箱、网易免费邮箱、"Outlook Express" 软件、"Foxmail" 软件等。

2. 远程登录——Telnet

简单地说，远程登录就是把本地计算机连接到网络上另一台远程计算机上，就像那台计算机的本地用户一样共享其硬件、软件、数据，甚至全部资源，或者使用该机提供的各种Internet信息服务。Telnet 用于因特网主机的远程登录。

远程登录（Telecommunication network protocol，Telnet）使用 TCP/IP 协议簇中 Telnet 远程终端协议，采用客户机/服务器模式，是用来进行远程访问的重要工具之一。

Telnet 由 TCP/IP 支持，并由 TCP/IP 完成其网络层功能，所有连在 Internet 上的 TCP/IP 用户无论位于何处，都可以使用 Telnet 实现全网内的远程登录。

使用 Telnet 协议进行远程登录时需要满足以下条件：在本地计算机上必须装有包含 Telnet 协议的客户程序，必须知道远程计算机的 IP 地址或域名，必须知道登录标识与口令。一般操作系统内只有 Telnet 客户程序供用户使用。

3. FTP 文件传输

文件传输协议（File Transfer Protocol，FTP）也是基于客户机/服务器模式，它通过客户端和服务器的 FTP 应用程序，在 Internet 上实现远程文件传送，可以不受操作系统的限制，进行文件传输。是从 Internet 上下载文件使用的主要协议，因此，在实际应用中，在各种操作系统中都开发了应用于本系统的、遵守 FTP 协议的 FTP 应用程序。应用 FTP 文件传输时要注意以下几点。

（1）获取 FTP 权限

要使用 FTP 进行文件传送，首选必须在 FTP 服务器上使用正确的账号和密码登录，以获得相应的权限。常用的权限有列表、读取、写入、修改、删除等，这些权限由管理者在为用户建立账号时设置，一个用户可以拥有一项或多项权限，如拥有读取、列表权限的用户就可以下载文件和显示文件目录，拥有写入权限的用户可以上传文件。

（2）注册用户

用户登录 FTP 服务器时使用的账号和密码，必须由服务器的系统管理员为用户建立，同时为该用户设置使用权限，这样用户使用该账号和密码登录到服务器后，才可以在管理员所分配的权限范围内操作。注册和登录的过程就是用户通过提供账号和密码与 FTP 服务器建立连接的过程。使用 FTP 应用软件进行注册和登录时，通常要指定登录的 FTP 服务器地址、账号名、密码这三个主要信息。

FTP 服务器通常开设一个匿名账号，任何用户都可以通过匿名账号登录。匿名账号的账号名称统一规定为"anonymous"，密码可以自行设定，也可以为空。使用匿名身份登录的用户一般只能从服务器上"下载"软件。

（3）安装 FTP 客户端软件

FTP 文件传输需要在计算机上安装 FTP 软件，常用的具有图形界面的 FTP 软件有 CuteFTP、WS-FTP 等。此外，还有一些非专用 FTP 软件也可以用来完成 FTP 操作，例如，Web 浏览器、网络蚂蚁等。

（4）在 IE 浏览器中使用 FTP

通过浏览器访问 FTP 服务器，实现文件传输。启动 Internet Explorer，在地址栏中输入包含 FTP 协议在内的服务器地址和账号，弹出登录对话框，输入用户名和密码。连接到服务器后的操作方法与资源管理器类似。

4. Web 技术

Web 技术问世于 20 世纪 90 年代，是在早前提出的 HTML、HTTP 以及 URL 规范基础之上逐步发展起来的。此后，浏览器的问世，促进了 Web 的普及，使得 Web 成为 Internet 上使用最为广泛的一种资源。对于普通的用户而言，容易混淆 Internet 和 Web，二者是截然不同的。Internet 是一个物理连接的计算机网络，用来传送各种各样的数据的；而 Web 是 Internet 上的有效资源，其中包含的信息也是 Internet 传送的对象之一。从用户的角度看，一个完整的 Web 系统是由 Web 浏览器和 Web 服务器组成的，在其背后，还涉及一系列的技术和规范，相关介绍如下。

（1）Web 服务器

Web 服务器就是一台运行 Web 服务器软件的计算机，其中存储了一定数量的 HTML 文档，它能够接收浏览器发送的 HTML 访问请求并通过 HTTP 发送响应结果。因此在配置 Web 服务器时应该包含 HTTP 技术，在服务器运行期间，该软件也应该始终运行。

一般来说，Web 服务器应该可以同时处理多个 HTTP 访问请求。当然，具体的数量取决于 CPU 的处理能力、内存容量以及所有的操作系统。

Web 服务器与网站并不完全相同。可以通过对 Web 服务器软件的配置，将一台服务器对应于多个不同的 IP 地址及域名。在这种情况下，一台服务器中可以包含多个不同的网站。

（2）Web 浏览器

Web 浏览器是计算机上用于浏览和访问 Web 服务器上资源，并让用户与这些资源互动的一种软件。计算机上常见的 Web 浏览器包括：Internet Explorer、Firefox、Opera 和 Safari，浏览器是最经常使用到的客户端程序。

（3）WWW

万维网（World Wide Web，WWW）也可以简称为 Web。Web 站点是 WWW 的基本组成元素，每一个 Web 站点由若干个 HTML 文档构成，这些 HTML 文档显示在用户的浏览器窗口中就是网页，用户看到的网站的第一个网页就是网站主页（Home Page）。所以，也可以将 WWW 理解为所有 Internet 上 Web 站点及其网页的集合，这些站点及网页之间通过超级链接互相连接。

（4）HTML

超文本标记语言（Hyper-Text Markup Language，HTML），是创建 HTML 文档时需要遵循的一组规范，这些规范保证了服务器端的 HTML 文档显示在用户的浏览器窗口中时，就是直观的网页。

HTML 是表示信息的规范，通过它将 Web 服务器中的信息存储为 HTML 文档，即网页。

（5）HTTP

超文本传输协议（Hyper-Text Transport Protocol，HTTP），是一个与 TCP/IP 一起工作的协议。利用 HTTP，用户可以通过浏览器访问各种 Web 资源。也就是说，HTTP 既能够将浏览器的 Web 资源访问请求发送到 Web 服务器上，也可以在这之后，将 Web 服务器的响应传回给客户的浏览器。

（6）URL

WWW 上的统一资源定位器（Uniform Resource Locator，URL），它代表了一种具体的 Web 资源，由资源类型、存放该资源的计算机域名和资源文件名三部分组成。HTTP 是用于传输超文本信息的协议，统一资源定位符（URL）则帮助浏览器在浩瀚的 Internet 海洋中定位 Web 服务器。

在 Internet 中，每一种信息资源都可以通过 URL 来表示。例如，http://www.baidu.com，

其中,"http"是超文本传输协议,"www.baidu.com"是百度搜索引擎网站首页的计算机域名。

在实际使用中,在浏览器的地址栏中输入URL,它代表了一个Internet上的Web站点,浏览器就会根据用户的要求发出访问请求。在Web服务器方面,它一直监听来自Internet的HTTP访问请求。当请求到达服务器后,Web服务器对其进行校验,找到请求的网页并将其发送到用户计算机。完成这些工作后,服务器继续监听及处理其他的访问请求。

【任务13】掌握IE浏览器的使用方法。

IE浏览器是美国微软公司(Microsoft)推出的一款Web浏览器,该浏览器是与微软的Windows操作系统捆绑的,安装Windows操作系统的计算机上默认浏览器就是IE。IE浏览器的界面如图10-8所示。

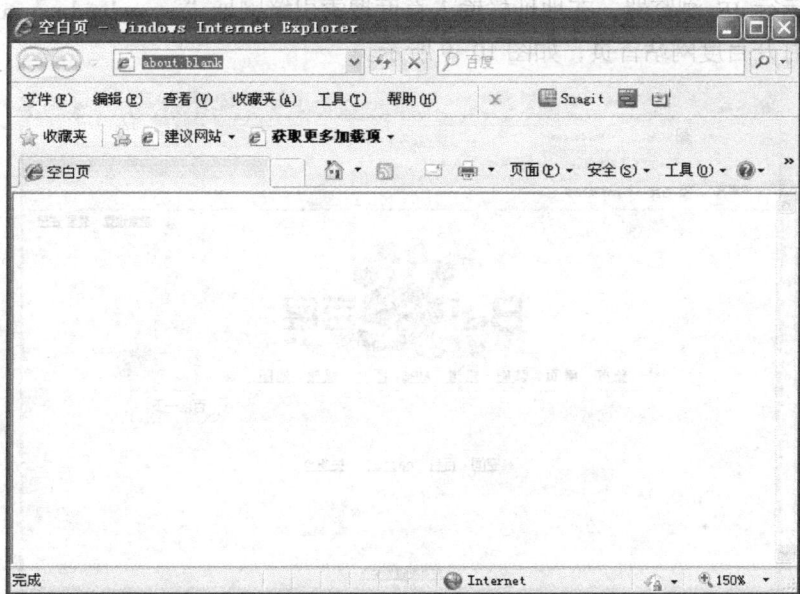

图10-8 IE浏览器界面

1. IE选项的设置

用户在使用IE浏览器时,可以根据自己的需要设置IE选项,以得到个性化的各项功能和浏览环境。设置IE选项的操作方法如下。

STEP 1 单击IE浏览器菜单栏上的"工具"|"Internet选项"命令,弹出"Internet选项"对话框。

STEP 2 通常需要用户设置的内容分别在"常规""连接"和"高级"选项卡中。选择"常规"选项卡,可以设置"主页""浏览历史记录""搜索"、"选项卡"和"外观"内容。

STEP 3 选择"连接"选项卡,可以设置"拨号连接属性""代理服务器信息"和"局域网接入属性"内容。

STEP 4 选择"高级"选项卡,可以设置浏览器的使用配置内容,以达到最佳的使用效果。

2. 收藏夹的管理

收藏夹是在使用IE浏览器上网时方便用户记录自己喜欢或常用的网页。把网页放到一个文件夹里,想用的时候可以快速打开网页。在收藏夹中添加网页的操作方法如下。

STEP 1 在 IE 浏览器的地址栏中输入网页的网址，按回车键打开网页。

STEP 2 单击 IE 浏览器菜单栏上的【收藏夹】|【添加到收藏夹】命令，弹出"添加收藏"对话框。

STEP 3 在"添加收藏"对话框中设置收藏网页的名称，默认的创建位置是"收藏夹"，也可以新建文件夹收藏，单击"添加"按钮。

还可以对收藏夹中的网页进行整理操作，如移动、重命名、删除等。

3.搜索引擎的使用

搜索引擎是指根据一定的策略、运用特定的计算机程序从互联网上搜集信息，在对信息进行组织和处理后，为用户提供检索服务，将用户检索相关的信息展示给用户的系统。百度和谷歌等是搜索引擎的代表，下面以使用百度搜索引擎为例，介绍搜索引擎的操作方法。

STEP 1 运行 IE 浏览器，在地址栏输入百度搜索引擎网址"www.baidu.com"，按回车键打开百度网站首页，如图 10-9 所示。

图 10-9　百度网站首页

STEP 2 在搜索框中输入所要查找信息的关键词，单击"百度一下"按钮，百度搜索引擎就会自动找出相关的网站和资料供用户查看。

4.下载文件

IE6.0 浏览器以及升级版本内建有文件下载功能，可以使用 IE 浏览器下载用户所需的文件。其操作方法如下。

STEP 1 使用 IE 浏览器打开文件所在的网页。

STEP 2 选择文件，单击鼠标右键，在快捷菜单中选择"目标另存为"命令，弹出"另存为"对话框。

STEP 3 在"另存为"对话框中指定文件的存储位置，单击"保存"按钮，就开始下载文件了。

5.收发 E-mail

使用 IE 浏览器能够方便、快捷地收发电子邮件，下面以使用网易 126 免费电子邮箱收发

E-mail 为例，介绍使用 IE 浏览器收发 E-mail 的操作方法。其操作步骤如下。

STEP 1 运行 IE 浏览器，在地址栏输入"www.126.com"，打开网页，单击"注册"按钮，打开注册网页，填写信息注册申请一个电子邮箱。

STEP 2 返回登录页面，输入账号和密码，单击"登录"按钮。

STEP 3 登录成功后，进入自己的电子邮箱页面，如图 10-10 所示，就可以收发电子邮件了。

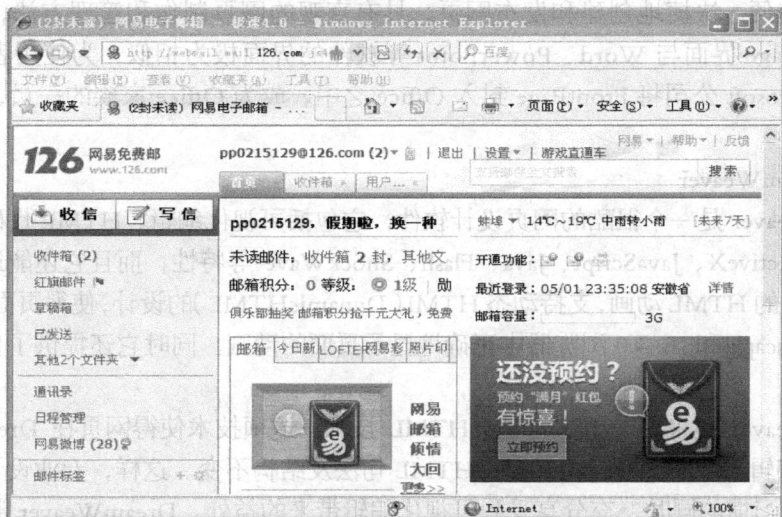

图 10-10　126 免费电子邮箱页面

【任务 14】 了解网页的构成及网页制作的常用工具。

1. 网页的构成

网页的构成包括文本、图像和超链接等基本元素，同时再配合一些特效，构成一个绚丽多彩的网页。文本和图像是网页上运用最广泛的元素，一个内容充实的网站必然会大量应用文本和图像，然后把超链接应用到文本和图像上，使网页互联互通。

（1）文本

文字是网页的主体，在页面上用同样的字体显示，会使页面过于呆板，可以适当调整文字的大小、颜色、字体等样式，改善页面显示效果，纯文本所占用的存储空间非常小，其优势无法被取代。

（2）图像

图像给人强烈的视觉效果，比文字显示更加直观，在网页中灵活应用图像，可以让网页更美观。网页上的图像大部分都是 JPG 或 GIF 格式，因为它们除了具有压缩比例高，还具有跨平台性。

（3）超级链接

在网页中单击超级链接，可实现在不同的页面之间的跳转，或者链接到其他网站上，还可以下载文件或发送 E-mail。网页能否实现如此多的功能，取决于超级链接的规划，无论是文字，还是图像都可以加上超级链接标记。

2. 常用制作网页工具

制作网页的工具有很多种，下面介绍几种常用的制作网页工具。

（1）超文本标识语言（HTML）

HTML（Hypertext Markup Language）是一种专门用于 Web 页制作的编程语言，用来描述超文本各个部分的内容，告诉浏览器如何显示文本，怎样生成与别的文本或图像的链接点。

（2）FrontPage

FrontPage 是由 Microsoft 公司推出的新一代 Web 网页制作工具。FrontPage 使网页制作者能够更加方便、快捷地创建和发布网页，具有直观的网页制作和管理方法，简化了大量工作。FrontPage 界面与 Word、PowerPoint 等软件的界面极为相似，为使用者带来了极大的方便，Microsoft 公司将 FrontPage 封入 Office 之中，成为 Office 家族的一员，使之功能更为强大。

（3）DreamWeaver

DreamWeaver 是一个很酷的网页设计软件，它包括可视化编辑、HTML 代码编辑的软件包，并支持 ActiveX、JavaScript、Java、Flash、ShockWave 等特性，而且它还能通过拖曳从头到尾制作动态的 HTML 动画,支持动态 HTML(DynamicHTML)的设计,使得页面没有 plug-in 也能够在 Netscape 和 IE 4.0 浏览器中正确地显示页面的动画。同时它还提供了自动更新页面信息的功能。

DreamWeaver 还采用了 Roundtrip HTML 技术。这项技术使得网页在 DreamWeaver 和 HTML 代码编辑器之间进行自由转换，HTML 句法及结构不变。这样，专业设计者可以在不改变原有编辑习惯的同时，充分享受到可视化编辑带来的益处。DreamWeaver 最具挑战性和生命力的是它的开放式设计，这项设计使任何人都可以轻易扩展它的功能。

10.3 信息安全

10.3.1 任务要求

小张在一家网络公司上班，经理安排他主要负责公司的计算机信息（数据）安全维护工作，小张需要熟悉常见的信息安全问题，为计算机安装杀毒软件，以检测和防治计算机病毒，并为公司制定一个合理的信息（数据）安全防范措施。

10.3.2 解决方案

小张接到任务后，对任务进行了分析，要想完成这些工作，首先需要了解信息（数据）安全的基础知识，然后要了解计算机病毒的基本知识，并掌握计算机病毒的检测和防治的基本方法，最后要掌握信息安全的一般方法措施。

10.3.3 实现步骤

涉及知识点：信息安全的作用、意义、常见问题、产生原因，计算机病毒的检测、防治，信息安全的防范措施

【任务 15】了解信息安全的作用和重要性。

随着计算机技术的发展，特别是计算机网络的应用普及，人们越来越依赖于计算机存储、处理和传递信息，而计算机系统不仅包含软件、硬件、数据和程序，还包含人。由于人为因素或非人为因素，计算机的信息资源常常受到一些安全威胁。保护计算机信息网络的硬件、

软件及其系统中的数据，不受偶然的或者恶意的原因而遭到破坏、更改、泄露，系统连续可靠正常地运行，信息服务不中断的手段就是信息安全技术。

信息安全主要包括以下 3 方面的内容，即需保证信息的保密性、真实性和完整性。

（1）保密性指系统中的信息只能由授权的用户访问。

（2）完整性指系统中的资源只能由授权的用户进行修改，以确保信息资源不被篡改。

（3）可用性指系统中的资源对授权用户是有效可用的。

【任务 16】了解信息安全的常见问题及产生原因。

1. 常见的安全问题

通常可能对用户产生影响的安全问题主要包括数据的丢失、被盗及损坏。

（1）数据丢失是指数据不能被访问，一般是由于数据被删除引起的，删除的原因可能是偶然的误操作或者是故意的破坏，当然，计算机系统或者存储设备的硬件故障也可能导致数据无法被访问。

（2）数据被盗通常指未经授权的访问或者复制行为，对于具有重要价值的机密数据来说，被盗所带来的损失可能要远远大于其他方面问题引起的损失。同时，如果系统没有很好的安全措施，那么数据被盗后也很难发现。

（3）数据损坏是指数据发生了非正常改变，从而不能反映正确的结果，改变的原因可能是偶然的，也可能是蓄意的破坏，通常是一些人为的恶意攻击。

另外，还可能会遇到系统及网络等方面的安全问题。这些安全问题带来的损失各不相同，但最终的结果均是影响了数据的安全性。

2. 引发安全问题的原因

（1）人为原因

引发信息安全问题的原因大多是人为造成的，如黑客入侵、计算机病毒破坏等一些人为的信息安全威胁。

① 黑客

黑客，最初是指那些"喜欢探索软件程序奥秘，并从中增长其个人才干的人"。传统的黑客钻研更深入的计算机系统知识并乐于与其他人共享成果，为计算机技术的发展起到了一定的推动作用。后来少数黑客怀着不良企图，为了个人私利，利用非法手段获取和破坏重要数据，制造麻烦，于是黑客就慢慢地演变为入侵者、破坏者的代名词。

② 计算机病毒

计算机病毒是人为制造的具有破坏性的程序。计算机病毒在计算机中运行，其危害轻的可以破坏程序与数据，重的甚至可以使计算机无法运行。随着 Internet 的广泛应用，计算机病毒传播的更快更广，其破坏性空前活跃。

③ 其他行为

除了黑客和病毒之外，还存在许多其他的破坏行为。例如，通过网络复制、散播违法信息或个人隐私，利用计算机和网络进行各种违法犯罪活动，通过系统漏洞远程控制他人计算机等行为，也是引起信息安全问题的原因。

（2）非人为原因

信息损害的产生有时并不像想像得那么复杂，实际上，许多信息安全问题仅仅是因为一个偶然的操作失误，不正常的电力供应或者硬件的故障灯所导致的。

① 操作失误

这是每一个计算机用户都有可能会犯的错误，通常这种错误的出现都是偶然的。用户只有熟练地掌握正确的操作方法并养成良好的操作习惯，才能最低限度地减少失误。

② 电源问题

电源可能是整个系统中最脆弱的环节。偶然的停电，突然的电压波动都会对系统产生影响。断电会使正在运行的程序崩溃，保存在内存中的数据将全部丢失，电压的波动则可能会损坏计算机的电路板或者其他部件。通常，电压波动的原因主要有两个方面：一方面，是供电公司的供电系统出现故障；另一方面，是雷雨天气及其他影响电力系统稳定的外部因素。

③ 硬件故障

任何高性能的机器都不可能长久地正常运行下去，几乎所有的计算机部件，都有可能发生故障。I/O 接口损坏、磁介质损坏、板卡接触不良等都是很常见的硬件故障，而内存错误导致的系统运行不稳定也时有发生。

④ 自然灾害

自然灾害主要包括各种天灾，如火灾、水灾、风暴等。自然灾害是难以避免的，我们应该考虑的是当自然灾害发生后，如何控制损失，使损失降低到最少甚至是零。

【任务 17】 了解计算机病毒的基本知识，并掌握病毒检测和防治的基本方法。

1. 计算机病毒的特点

计算机病毒不是生物学意义上的病毒，但与生物学意义上的病毒有一些相似之处，如它们都具有传染性、破坏性等。目前，我们将那些会使文件长度增加、减少、导致不寻常的错误信号出现，并可以不断地去感染其他程序的程序，统称为计算机病毒。

2. 计算机病毒的危害

计算机病毒都会对计算机系统造成不同程度的损害，计算机病毒的危害有轻重之分，轻者没有明显的破坏性或者仅产生一些轻微的干扰，重者可以彻底摧毁数据、文件，甚至导致硬件设备失效，给网络带来沉重负担，导致网络阻塞甚至瘫痪。尤其随着计算机网络技术的发展及 Internet 的广泛应用，计算机病毒通过网络途径传播更快更广，其破坏活动也空前活跃起来。

3. 计算机病毒的种类

计算机病毒发展到现在，其种类和数量到底有多少种？研究专家们说法不一，常用的分类方法有以下几种。

（1）按寄生方式分

按寄生方式可将病毒分为引导型、文件型和复合型。引导型病毒是将正常的计算机引导记录移动到其他存储空间，自身潜伏下来，伺机传染和破坏计算机系统。文件型病毒以应用程序为攻击对象，将病毒寄生在应用程序中并获得控制权，注入内存并寻找可以传染的对象进行传染。复合型病毒指具有引导型和文件型病毒两种寄生方式的计算机病毒。

（2）按破坏性分

可为良性病毒和恶性病毒。良性病毒并不破坏计算机系统和数据，但会占用大量 CPU 时间，增加系统开销，降低系统工作效率。恶性病毒是指那些一旦发作就会破坏系统或数据，甚至造成系统瘫痪的计算机病毒。恶性病毒危害性极大，可能会给用户造成无法挽回的损失。

（3）按传播媒介分

根据病毒传播的媒介不同，病毒可以划分为网络病毒、文件病毒、引导型病毒。

网络病毒通过计算机网络传播感染网络中的可执行文件，文件病毒感染计算机中的文件（如 COM、EXE、DOC 等），引导型病毒感染启动扇区（Boot）和硬盘的系统引导扇区（MBR），还有这三种情况的混合型，例如，多型病毒（文件和引导型）感染文件和引导扇区两种目标。

4. 常见的几种病毒

计算机病毒对计算机系统可以造成很大的影响，大部分的病毒都是把计算机程序及数据破坏，本节介绍 4 种比较有影响的病毒宏病毒、蠕虫病毒、CIH 病毒和木马病毒。

（1）宏病毒是最容易编制和流传的病毒之一，很有代表性。宏病毒发作方式是：在 Word 打开病毒文档时，宏病毒会接管计算机，然后将自己感染到其他文档，或直接删除文件等。Word 将宏和其他样式存储在模板中，因此病毒总是把文档转换成模板再存储它们的宏。这样的结果是某些 Word 版本会强迫你将感染的文档存储在模板中。宏病毒会删除硬盘上的文件，将私人文件复制到公开场合，从硬盘上发送文件到指定的 E-mail、FTP 地址。

（2）蠕虫病毒以尽量多复制自身（像虫子一样大量繁殖）而得名，有两种类型的蠕虫：主机蠕虫与网络蠕虫。主机蠕虫多感染计算机和占用系统造成计算机负荷过重而死机，并以使系统内数据混乱为主要的破坏方式；网络蠕虫攻击网络，感染网络资源，造成拒绝网络服务等。例如，危害很大的"尼姆亚"病毒就是蠕虫病毒的一种，2006 年春天流行的"熊猫烧香"以及其变种也是蠕虫病毒。

（3）CIH 病毒是最著名和最有破坏力的病毒之一，它是第一个能破坏计算机硬件的病毒。CIH 病毒主要是通过篡改主板 BIOS 里的数据，造成计算机开机就黑屏，从而让用户无法进行任何数据抢救和杀毒的操作。CIH 的变种能在网络上通过捆绑其他程序或是邮件附件传播，并且常常删除硬盘上的文件及破坏硬盘的分区表。所以 CIH 发作以后，即使换了主板或其他计算机引导系统，如果没有正确的分区表备份，染毒的硬盘上特别是其 C 分区的数据挽回的机会很少。

（4）木马病毒源自古希腊特洛伊战争中著名的"木马计"，顾名思义就是一种伪装潜伏的网络病毒，等待时机成熟就出来破坏。木马病毒的发作要在用户的机器里运行客户端程序，一旦发作，就可设置后门，定时地发送该用户的隐私到木马程序指定的地址，一般同时内置可进入该用户计算机的端口，并可任意控制此计算机，进行文件删除、复制、改密码等非法操作。如著名的灰鸽子病毒。

5. 计算机病毒的检测与防治

计算机病毒的技术越来越复杂，新的杀毒软件出现后，又会有新的病毒出现，所以计算机病毒以预防为主。用户在使用计算机时的预防措施应注意以下事项。

● 在计算机系统中安装防火墙及杀毒软件，并及时更新。
● 尽可能不打开未知安全的站点和电子邮件。
● 避免直接使用未知来源的移动介质和软件，如果要用，应先用杀毒软件扫描是否安全。
● 使用正版软件，不使用盗版软件。
● 对重要的数据进行备份。

当然，即使做到以上预防措施，计算机也难免会感染上病毒，用户可以通过工具软件自动检测和人工检测的方法判断计算机是否感染病毒，及早发现和清除病毒，避免造成损失。工具软件自动检测使用专门的检测软件进行检测，人工检测对用户的专业素质要求较高，但可以通过一些现象来大致判断计算机是否感染病毒。

- 计算机运行速度异常慢或系统无原因死机。
- 文件莫名其妙丢失。
- 有特殊文件自动生成。
- 文件无原因的发生变化，如大小、日期的变化。
- 杀毒软件无法使用或安装。
- 正常外部设备无法使用。

若计算机感染病毒，应及时进行病毒的清除，病毒的清除不能只是删除感染病毒的文件，还应尽可能地恢复被病毒破坏的文件和数据。

随着人们对信息安全的重视越来越高，防/杀病毒软件也得到了快速的发展和应用，很多厂商开发出了高效的防/杀病毒软件产品，其中部分产品兼具防病毒、检测病毒和清除病毒的功能。国内目前知名的杀毒软件有360杀毒软件、金山毒霸、瑞星杀毒软件等。

【任务18】掌握信息安全的一般防范措施。

基于信息安全的特点和现状，为了应对可能出现的各种信息安全问题，以保护数据的安全，我们应从管理、技术及经济等方面进行全面的考虑，制定完善的信息安全防范措施，来尽可能地保证信息安全。我们通常从以下几方面来实施信息安全的防范措施。

1. 建立使用制度

制度是关于使用计算机系统的规则及条例，通常由管理者制定。单位或者公司通过制度来规范或者约束对重要计算机的访问。制度可以帮助一个公司或者单位对其计算机以及数据的使用做出适当的规定，从而保护数据的安全。

一个好的制度必须是容易操作且界定明确的，制度应该成为每一个相关工作人员的行为准则。通过长时间的约束，制度可以演变成个人的工作习惯。一旦个人形成了良好而规范的工作习惯，出现偶然错误的机会将会大大下降。

制度通常涉及两个方面：技术方面的制度，对操作程序及规范做出明确的规定；管理方面的制度，对每个人访问系统的权限及程序做出适当的规定。

2. 物理保护

对计算机系统进行的物理保护的措施主要有两个方面：一是提供符合技术规范要求的使用环境，二是限制对硬件的访问。

（1）使用环境

一般的微型计算机对使用环境并没有非常严格的要求，考虑到数据库的安全和设备运行的稳定，一般要求环境问题不能过高或者过低，也不能过于干燥，以避免静电对电子部件以及存储设备造成损害。

（2）限制接触

限制接触是指限制对计算机系统的物理接触，如限制无关人员进入机房，给系统加锁等措施都是从物理上限制与系统的接触。

3. 主机系统安全

主机系统安全涉及多方面的内容，其核心是授权与访问控制。授权是指资源的所有者或者控制者根据安全策略分配给访问主体一定的访问权限。访问控制是授权得以顺利实施的基础，控制资源只能被合法的用户在其指定权限范围内访问。

（1）操作系统的访问控制

操作系统安全涉及多种不同安全技术，访问控制是其基础。在大多数操作系统中，用户登录时需要输入账号与密码，系统管理员会根据不同的用户类型为其设置不同的访问权限。操作系统还可以为文件设置访问控制列表，以指定特定用户对该文件的访问权限。当然，文件的所有者可以改变文件访问控制列表的属性。

（2）应用软件的访问控制

应用软件的访问控制也是计算机系统安全的一个重要方面。对于安全性要求较高的应用软件，一般会内置一个访问控制模型，将用户分成不同的类型，根据其类型提供更细粒度的数据访问控制。

（3）数据库的访问控制

数据库也是计算机系统的一部分，因此它的安全关系到计算机系统的安全。大多数数据库都在操作系统基础上提供更多的访问控制，或提供独立于操作系统之外的访问控制机制。

4. 网络安全

对网络进行保护的技术有许多，有基于软件的，也有基于硬件的，还有一些是硬件与软件相结合的。目前常用的技术有以下。

（1）防火墙

防火墙是一种重要的网络防护工具，通常是一种由硬件和软件组合而成的计算机系统，是一种把外部网络与内部网络隔开的安全屏障，是一个用于限制外界访问网络资源或限制内部网络用户访问外界资源的计算机安全系统，可以有效地保护内部网络免受外部的侵入。

防火墙技术根据防范的方式和侧重点的不同可以分为很多种类型，但总体来讲可以分为两大类，即分组过滤与应用代理。

分组过滤作用在网络层和传输层，它根据分组包头的源地址、目的地址、端口号、协议类型等标志确定是否允许数据包通过。多数分组过滤防火墙配置成只有满足过滤逻辑的数据包才被转发到相应的目的端口，其余数据包则从数据流中被丢弃。

应用代理也叫应用网关，它作用在应用层，其特点是完全"阻隔"了网络通信流，通过对每种应用服务编制专门的代理程序，实现监视和控制应用层通信流的功能。实际中的应用网关通常由专门工作站实现。

（2）入侵检测

入侵是指在未经授权的情况下，试图访问信息，处理信息或破坏系统以使系统不可靠、不可用的故意行为。网络入侵者有时与黑客是同义词，他们具有熟练编写和调式计算机程序的能力，能够通过非法途径访问企业的内部网络。

入侵检测是一项重要的安全监控技术，其目的是识别系统中入侵者的非授权使用及系统合法用户的滥用权限行为，尽量发现系统因软件错误、认证模块的失效、不适当的系统管理而引起的安全性缺陷，以采取相应的补救措施。

入侵检测作为一种积极主动的安全防护技术，提供了对内部攻击、外部攻击和误操作的实时保护，在网络系统受到危害之前拦截和相应入侵。从网络安全立体纵深、多层次防御的角度出发，入侵检测理应受到人们的重视。

（3）服务器安全

共享数据及各种资源通常都是通过服务器提供的，服务器的安全直接影响到网络及数据系统的安全。为了保证服务器的安全，可以采取以下措施。

- 升级系统安全补丁。
- 采用 NTFS 文件系统格式。
- 做好系统备份。
- 关闭不必要的服务，只开放必需的端口。
- 开启事件日志。

5. UPS

不间断电源（Uninterruptible Power System，UPS），是一种含有储能装置，以逆变器为主要组成部分的恒压恒频的不间断电源，主要用于给单台计算机、计算机网络系统或其他电力电子设备提供不间断的电力供应。当市电输入正常时，UPS 将市电稳压后供应给负载使用，此时的 UPS 就是一台交流市电稳压器，同时它还向机内电池充电；当市电中断（事故停电）时，UPS 立即将机内电池的电能，通过逆变转换的方法向负载继续供应 220V 交流电，使负载维持正常工作并保护负载软、硬件不受损坏。UPS 设备通常对电压过大和电压太低都提供保护。

USP 解决了断电的烦恼，UPS 是一种电力保障设备，它的组成包括电池及相关电路。如果供电发生故障，它可以持续供电一段时间，以保证各种计算机系统的正常运转。

6. 数据加密和解密

加密和解密的过程组成了一个完整的加密系统，明文与密文总称为报文，任何加密系统，主要包括以下 4 个组成部分：待加密的报文，即明文；加密后的报文，即密文；加密、解密装置或算法；用于加密和解密的钥匙。

加密是在不安全环境中实现信息安全传输的重要方法，传统的加密方法有 4 种，分别是代码加密、替换加密、变位加密和一次性密码簿加密。随着密码技术的广泛应用，密码学也在不断发展和进步，新的加密技术不断地出现。

根据密钥类型不同将现代密码技术分为两类：对称密码（秘钥密码）体系和公钥密码体系。

（1）对称密码体系

对称密码体系是加密和解密均采用同一把秘密钥匙，而且通信双方都必须获得这把钥匙，并保持钥匙的秘密。对称秘密体系到目前最成功和使用最广泛的方案是 IBM 提出的数据加密标准（Data Encryption Standard，DES）。对称加密体系有许多缺点，最大的问题是密钥的分发和管理非常复杂，代价高昂，而且不能实现数字签名。

（2）公钥密码体系

公钥密码体系是一种非对称的密码体系，每个用户的密钥由两个不同的部分组成，公开的加密密钥和保密的解密密钥，而且即使密码算法公开，也很难从其中一个密钥推出另一个。这样任何人都可以使用其他用户的公开密钥来对数据加密，但是只有拥有解密密钥的用户才能对加过密的数据进行解密。这样互不相识的用户也可以进行报名通信。最有影响力的公钥密码算法是由美国麻省理工学院的一个三人小组开发的 RSA 公钥加密算法。虽然公钥密码体系具有密钥易管理和易于实现数字签名的机制，但其加密速度远远低于对称密码体系，无法满足高速网络的要求，因此，在实际的保密系统实际中，往往综合应用这两种密码体系。

7. 数据备份

尽管采取了各种信息安全防范措施，也不能保证计算机系统的绝对安全。因此，如果系统万一出现了问题，数据备份就是数据保护的最后一道防线。数据备份就是为数据制作一个副本，这样当数据被损坏时，可以通过其副本恢复原来的数据。备份是一种被动的保护措施，同时也是最重要的数据保护措施。

在选择了存储备份软件、存储备份技术（包括存储备份硬件及存储备份介质）后，首先需要确定数据备份的策略。备份策略指确定需备份的内容、备份时间及备份方式。各个单位要根据自己的实际情况来制定不同的备份策略。目前被采用最多的备份策略主要有以下 3 种。

（1）完全备份（full backup）

备份时要将本地计算机系统中的所有软件及数据全部备份。例如，星期一用一盘磁带对整个系统进行备份，星期二再用另一盘磁带对整个系统进行备份，依此类推。这种备份策略的好处是：当发生数据丢失的灾难时，只要用一盘磁带，即灾难发生前一天的备份磁带，就可以恢复丢失的数据。然而它也有不足之处。首先，由于每天都对整个系统进行完全备份，造成备份的数据大量重复。这些重复的数据占用了大量的磁带空间，这对用户来说就意味着增加成本。其次，需要备份的数据量较大，因此备份所需的时间也就较长。对于那些业务繁忙、备份时间有限的单位来说，选择这种备份策略是不明智的。

（2）增量备份（incremental backup）

每次备份的数据只是上一次备份后系统增加和修改过的数据。这种备份策略的优点是节省了磁带空间，缩短了备份时间。但它的缺点在于当灾难发生时，数据的恢复比较麻烦。例如，系统在星期三的早晨发生故障，丢失了大量的数据，那么现在就要将系统恢复到星期二晚上时的状态。这时系统管理员就要首先找出星期天的那盘完全备份磁带进行系统恢复，然后再找出星期一的磁带来恢复星期一的数据，然后找出星期二的磁带来恢复星期二的数据。很明显，这种方式很繁琐。另外，这种备份的可靠性也很差。在这种备份方式下，各盘磁带间的关系就像链子一样，一环套一环，其中任何一盘磁带出了问题都会导致整条链子脱节。如在上例中，若星期二的磁带出了故障，那么管理员最多只能将系统恢复到星期一晚上时的状态。

（3）差分备份（differential backup）

每次备份的数据是相对于上一次全备份之后新增加和修改过的数据。差分备份策略在避免了以上两种策略的缺陷的同时，又具有了它们的所有优点。首先，它无需每天都对系统做完全备份，因此备份所需时间短，并节省了磁带空间。其次，它的灾难恢复也很方便。系统管理员只需两盘磁带，就可以将系统恢复。

在实际应用中，备份策略通常是以上三种的结合。

8. 恢复数据

恢复数据是在系统崩溃或部分数据损坏时，利用备份文件可以将设备上的数据抢救和恢复到备份前的状态。例如，硬盘软故障、硬盘物理故障或误操作等造成硬盘中数据破坏和丢失，就可以通过数据恢复最大限度地拯救遭遇意外的数据，避免更大的损失。

恢复数据可以通过相应的备份软件或专门的数据恢复软件来操作，如非常著名和功能强大的数据恢复软件——Easyrecovery 软件，无论是误删除或格式化数据、重新分区后的数据丢失等，其都可以轻松解决，甚至可以不依靠分区表而按照簇进行硬盘扫描。

267

项目十　网络基础及信息安全

10.4　项目总结

在本章的 3 个项目中，我们主要完成了以下工作：了解计算机网络的基础知识；了解 Internet 的基本知识，掌握 Internet 的基本应用方法；了解信息安全基础知识，掌握常用的安全防范措施。

- 在完成第一个项目的过程中，我们进一步熟悉了计算机网络的定义、功能、分类，理解了计算机网络的拓扑结构以及数据通信的基础知识。
- 在完成第二个项目的过程中，我们进一步熟悉了 Internet 的发展、协议、接入方式，并在此基础上掌握了 Internet 的基本应用方法，如 E-mail、远程登录、FTP 文件传输、IE 浏览器的使用。
- 在完成第三个项目的过程中，我们了解了信息安全的概念、常见问题、产生原因，了解了计算机病毒的概念、危害性、种类以及几种常见病毒，掌握了信息安全的一般防范措施以及计算机病毒的检测、防治的基本方法。

10.5　技能拓展

理论考试练习

一、单项选择题

1. 在互联网主干中所采用的传输介质主要是_____。
　　A. 双绞线　　　　　B. 同轴电缆　　　　　C. 无线电　　　　D. 光纤

2. 调制解调器的作用是_____。
　　A. 控制并协调计算机和电话网的连接
　　B. 负责接通与电信局线路的连接
　　C. 将模拟信号转换成数字信号
　　D. 实现模拟信号与数字信号相互转换

3. 局域网的硬件组成有_____、用户工作站、网络设备和传输介质四部分。
　　A. 网络协议　　　B. 网络操作系统　　　C. 网络服务器　　D. 路由器

4. 某计算机的 IP 地址是 192.168.0.1，其属于_____地址。
　　A. A 类　　　　　B. B 类　　　　　C. C 类　　　　　D. D 类

5. 传统的 IP 地址使用 IPv4，其 IP 地址的二进制位数是_____。
　　A. 32 位　　　　　B. 24 位　　　　　C. 16 位　　　　D. 8 位

6. URL 地址中的 HTTP 是指_____，在其支持下，WWW 可以使用 HTML 语言。
　　A. 文件传输协议　　　　　　　　　B. 计算机域名
　　C. 超文本传输协议　　　　　　　　D. 电子邮件协议

7. 目前 IP 地址一般分为 A、B、C 三类，其中 C 类地址的主机号占_____二进制位，因而一个 C 类地址网段内最多只有 250 余台主机。
　　A. 16 个　　　　　B. 8 个　　　　　C. 4 个　　　　　D. 24 个

8. 域名系统中的顶层域中组织性域名 COM 的意义是_____。
　　A. 非营利机构　　B. 教育类　　　　C. 国际机构　　　D. 商业类

9.　下面 4 个 IP 地址中，合法的是＿＿＿＿＿＿＿。

A.　311.311.311.311　　　　　　　　　　B.　9.23.01

C.　1.2.3.4.5　　　　　　　　　　　　　D.　211.211.211.211

10.　在 Internet 中，通过＿＿＿＿＿＿＿将域名转换为 IP 地址。

A.　Hub　　　　　B.　WWW　　　　　C.　BBS　　　　　D.　DNS

11.　反映宽带通信网络网速的主要指标是＿＿＿＿＿＿＿。

A.　带宽　　　　　B.　带通　　　　　C.　带阻　　　　　D.　宽带

12.　关于 TCP/IP 的描述中，错误的是＿＿＿＿＿＿＿。

A.　TCP/IP 由四层组成

B.　TCP/IP 的中文名是"传输控制协议/互联协议"

C.　TCP/IP 中只有两个协议

D.　TCP/IP 是互联网的通信基础

13.　计算机网络中的服务器是指＿＿＿＿＿＿＿。

A.　32 位总线的高档微机

B.　具有通信功能的 PII 微机或奔腾微机

C.　为网络提供资源，并对这些资源进行管理的计算机

D.　具有大容量硬盘的计算机

14.　家庭计算机申请了账号并采用拨号方式接入 Internet 网后，该机＿＿＿＿＿＿＿。

A.　拥有 Internet 服务商主机的 IP 地址　　B.　拥有独立 IP 地址

C.　拥有固定的 IP 地址　　　　　　　　　D.　没有自己的 IP 地址

15.　通过电话线把计算机接入网络，则需购置＿＿＿＿＿＿＿。

A.　路由器　　　　B.　网卡　　　　　C.　调制解调器　　D.　集线器

16.　在网络传输中，ADSL 采用的传导介质是＿＿＿＿＿＿＿。

A.　同轴电缆　　　B.　电磁波　　　　C.　电话线　　　　D.　网络专用电缆

17.　在 Internet 上下载文件通常使用＿＿＿＿＿＿＿功能。

A.　E-Mail　　　　B.　FTP　　　　　C.　WWW　　　　　D.　Telnet

18.　常用的电子邮件协议 POP3 是指＿＿＿＿＿＿＿。

A.　就是 TCP/IP　　　　　　　　　　　B.　中国邮政的服务产品

C.　通过访问 ISP 发送邮件　　　　　　D.　通过访问 ISP 接收邮件

19.　Internet 中，FTP 指的是＿＿＿＿＿＿＿。

A.　用户数据协议　　　　　　　　　　　B.　简单邮件传输协议

C.　超文本传输协议　　　　　　　　　　D.　文件传输协议

20.　人们若想通过 ADSL 宽带上网，下列＿＿＿＿＿＿＿不是必须的。

A.　网卡　　　　　B.　采集卡　　　　C.　网线　　　　　D.　用户名和密码

21.　在下列网络接入方式中，不属于宽带接入的是＿＿＿＿＿＿＿。

A.　普通电话线拨号接入　　　　　　　　B.　城域网接入

C.　LAN 接入　　　　　　　　　　　　　D.　光纤接入

22.　和广域网相比，局域网＿＿＿＿＿＿＿。

A.　有效性好，但可靠性差　　　　　　　B.　有效性差，但可靠性好

C.　有效性好，可靠性也好　　　　　　　D.　只能采用基带传输

23. 在 Internet 的应用中，用户可以远程控制计算机，即远程登录服务，它的英文名称是_____。

    A. DNS   B. Telnet   C. Internet   D. SMPT

24. 通常用一个交换机作为中央节点的网络拓扑结构是_____。

    A. 总线型   B. 环状   C. 星型   D. 层次型

25. 某网络中的各计算机的地位平等，没有主从之分，我们把这种网络称为_____。

    A. 互联网   B. 客户/服务器网络操作系统

    C. 广域网   D. 对等网

26. 关于局域网的叙述，错误的是_____。

    A. 可安装多个服务器

    B. 可共享打印机

    C. 可共享服务器硬盘

    D. 所有的共享数据都存放在服务器中

27. 当网络中任何一个工作站发生故障时，都有可能导致整个网络停止工作，这种网络的拓扑结构为_____结构。

    A. 星型   B. 环型   C. 总线型   D. 树型

28. 星型拓扑结构的优点是_____。

    A. 结构简单   B. 隔离容易   C. 线路利用率高   D. 主节点负担轻

29. 以下列举的关于 Internet 的各功能中，错误的是_____。

    A. 网页设计   B. WWW 服务   C. BBS   D. FTP

30. 合法的电子邮件地址是_____。

    A. 用户名#主机域名   B. 用户名+主机域名

    C. 用户名@主机域名   D. 用户地址@主机名

31. E-mail 邮件的本质是_____。

    A. 文件   B. 传真   C. 电话   D. 电报

32. 文件型病毒传染的对象主要是_____类文件。

    A. DBF 和 DAT   B. TXT 和 DOT   C. COM 和 EXE   D. EXE 和 BMP

33. 引发数据安全问题的原因是多方面的，归纳起来主要有_____两类。

    A. 物理原因与人为原因   B. 黑客与病毒

    C. 系统漏洞与硬件故障   D. 计算机犯罪与破坏

34. 为了保证内部网络的安全，下面的做法中无效的是_____。

    A. 制定安全管理制度

    B. 在内部网与因特网之间加防火墙

    C. 给使用人员设定不同的权限

    D. 购买高性能计算机

35. 下列现象中，肯定不属于计算机病毒的危害是_____。

    A. 影响程序的执行，破坏用户程序和数据

    B. 能造成计算机器件损坏

    C. 影响计算机的运行速度

    D. 影响外部设备的正常使用

36. 为了保证系统在受到破坏后能尽可能地恢复，应该采取的做法是_____。
    A. 定期做数据备份　　　　　　　　　　B. 多安装一些硬盘
    C. 在机房内安装 UPS　　　　　　　　　D. 准备两套系统软件及应用软件

37. 为了数据安全，一般为网络服务器配备的 UPS 是指_____。
    A. 大容量硬盘　　　　　　　　　　　　B. 大容量内存
    C. 不间断电源　　　　　　　　　　　　D. 多核 CPU

38. 在计算机病毒中，有一种病毒能自动复制传播，并导致整个网络运行速度变慢，也可以在计算机系统内部复制从而消耗计算机内存，其名称是_____。
    A. 木马　　　　　B. 灰鸽子　　　　　C. 蠕虫　　　　　D. CIH

39. 下列软件中，不能用于检测和清除病毒的软件或程序是_____。
    A. 瑞星　　　　　B. 卡巴斯基　　　　C. Winzip　　　　D. 金山毒霸

40. 蠕虫病毒攻击网络的主要方式是_____。
    A. 修改网页　　　B. 删除文件　　　　C. 造成拒绝服务　D. 窃听密码

41. 计算机病毒一般会造成_____。
    A. CPU 的烧毁　　　　　　　　　　　　B. 磁盘驱动器的物理损坏
    C. 程序和数据的破坏　　　　　　　　　D. 磁盘存储区域的物理损伤

42. 目前常用的加密方法主要有两种_____。
    A. 密钥密码体系和公钥密码体系　　　　B. DES 和密钥密码体系
    C. RES 和公钥密码体系　　　　　　　　D. 加密密钥和解密密钥

43. 以下有关加密的说法中不正确的是_____。
    A. 密钥密码体系的加密密钥与解密密钥使用相同的算法
    B. 公钥密码体系的加密密钥与解密密钥使用不同的密钥
    C. 公钥密码体系又称对称密钥体系
    D. 公钥密码体系又称不对称密钥体系

二、多项选择题

1. 在下列计算机异常情况的描述中，可能是病毒造成的有_____。
    A. 硬盘上存储的文件无故丢失
    B. 可执行文件长度变大
    C. 文件/文件夹的属性无故被设置为"隐藏"
    D. 磁盘存储空间陡然变小

2. 在下列关于计算机病毒的叙述中，错误的有_____。
    A. 反病毒软件通常滞后于新病毒的出现
    B. 反病毒软件总是超前于病毒的出现，它可以查、杀任何种类的病毒
    C. 感染过病毒的计算机具有对该病毒的免疫性
    D. 计算机病毒不会危害计算机用户的健康

3. 在下列关于计算机网络协议的叙述中，错误的有_____。
    A. 计算机网络协议是各网络用户之间签订的法律文书
    B. 计算机网络协议是上网人员的道德规范
    C. 计算机网络协议是计算机信息传输的标准
    D. 计算机网络协议是实现网络连接的软件总称

4. 电子邮件服务器需要的两个协议是_____。

    A. POP3　　　　　　B. SMTP　　　　　　C. FTP　　　　　D. MAIL

5. OSI 参考模型中的最低两层是_____。

    A. 数据链路层　　　B. 物理层　　　　　C. 网络层　　　　D. 传输层

6. 以下 IP 地址中属于 A 类地址的有_____。

    A. 128.0.3.12　　　B. 127.255.255.255　　　C. 192.168.0.34　　　D. 118.22.0.22

7. 下列叙述中正确的是_____。

    A. Internet 上的域名由域名系统 DNS 统一管理

    B. WWW 上的每一个网页都可以加入收藏夹

    C. 每一个 E-mail 地址在 Internet 中是唯一的

    D. 每一个 E-mail 地址中的用户名在该邮件服务器中是唯一的

8. 下列有关局域网的叙述，正确的有_____。

    A. 构建局域网时，需集线器或交换机等网络设备，可不需要路由器

    B. 局域网可以采用的工作模式主要有对等模式和客户机/服务器模式

    C. 局域网必须使用 TCP/IP 进行通信

    D. 局域网一般采用专用的通信协议